金沙江白鹤滩水电站工程建设管理丛书

白鹤滩水电站
缆 机 工 程

吉沙日夫　王德金　罗荣海　等　著

中国三峡出版社

内 容 提 要

本书以白鹤滩水电站缆机工程管理实践为基础，系统总结和归纳了白鹤滩工程缆机群全生命周期中的建设管理经验、关键技术和技术创新；论述了缆机的布置与选型、设计与制造、安装、运行、拆除、建设管理与专题研究、价值与未来，对白鹤滩缆机工程技术与管理成果进行了总结，对该缆机工程实践中有关经验和教训以思考与借鉴的方式予以论述。

本书图文并茂，通俗易懂，具有较强的应用性和指导性，可为施工机械工程技术和管理人员提供借鉴，也可供相关专业高校师生参阅。

图书在版编目（CIP）数据

白鹤滩水电站缆机工程 / 吉沙日夫等著. -- 北京：中国三峡出版社，2025.2
（金沙江白鹤滩水电站工程建设管理丛书）
ISBN 978-7-5206-0302-7

Ⅰ．①白… Ⅱ．①吉… Ⅲ．①金沙江－水力发电站－缆机－工程技术 Ⅳ．①TV752②TH21

中国国家版本馆CIP数据核字（2023）第237006号

责任编辑：危雪

中国三峡出版社出版发行
（北京市通州区粮市街2号院　101199）
电话：（010）59401531　59401529
http://media.ctg.com.cn

北京华联印刷有限公司印刷　新华书店经销
2025年2月第1版　2025年2月第1次印刷
开本：787毫米×1092毫米 1/16　印张：13.75
字数：335千字
ISBN 978-7-5206-0302-7　定价：130.00元

金沙江白鹤滩水电站工程建设管理丛书
编辑委员会

顾　　问：陆佑楣　张超然　卢　纯　雷鸣山　王　琳　韩　君

主　　任：刘伟平　李富民

副 主 任：曾　义　陈瑞武　吕庭彦　王武斌　王昕伟　吴胜亮
　　　　　范夏夏　张定明

委　　员：（按姓氏笔画排序）
　　　　　王世平　文小平　杜建国　李　斌　李志国　吴海斌
　　　　　何　炜　汪志林　张友斌　张为民　张成平　张曙光
　　　　　陈文夫　陈文斌　罗荣海　荣跃久　胡伟明　洪文浩
　　　　　高　鹏　涂阳文　康永林　程永权　谭云影　魏云祥

主　　编：汪志林　何　炜

执行主编：陈文夫

副 主 编：周孟夏　段兴平　谭云影　张友斌　康永林　罗荣海
　　　　　涂阳文　文小平　徐建荣　荣跃久

编　　委：（按姓氏笔画排序）
　　　　　上官方　王　玮　王永华　王孝海　王克祥　王德金
　　　　　石焱炯　兰永禄　朱祥东　任大春　刘　洁　苏锦鹏
　　　　　李　毅　李将伟　李海军　宋刚云　张光飞　陈　洋
　　　　　范宏伟　周天刚　周建忠　郝国鹏　胡念初　段　杭
　　　　　高世奎　郭增光　黄明辉　龚远平　舒兴中　靳　坤
　　　　　蔡振峰　廖望阶

本 书 著 者

吉沙日夫	王德金	罗荣海	季顺发	丁利东	陈昌建
焦　翔	王永华	黄明辉	舒兴中	张地继	陈　坚
祝秋华	孙德炳	李　林	曹　明	廖旭东	钟云平
陈志宇	马士雯	胡剑平	林　鹏	莫让华	骆小华
颜小华	游海武	贾洪斌	傅明君	赵　强	游　凯
周廷超	隗玉双				

丛书序一

白鹤滩水电站是仅次于三峡工程的世界第二大水电站，是长江流域防洪体系的重要组成部分，是促改革、调结构、惠民生的大国重器。白鹤滩水电站开发任务以发电为主，兼顾防洪、航运，并促进地方经济社会发展。

白鹤滩水电站从1954年提出建设构想，历经47年的初步勘察论证，2001年纳入国家水电项目前期工作计划，2006年5月通过预可研审查，2010年10月国家发展和改革委员会批复同意开展白鹤滩水电站前期工作，同月工程开始筹建，川滇两省2011年1月发布"封库令"，2017年7月工程通过国家核准，主体工程开始全面建设。2021年6月28日首批机组投产发电，习近平总书记专门致信祝贺，指出："白鹤滩水电站是实施'西电东送'的国家重大工程，是当今世界在建规模最大、技术难度最高的水电工程。全球单机容量最大功率百万千瓦水轮发电机组，实现了我国高端装备制造的重大突破。你们发扬精益求精、勇攀高峰、无私奉献的精神，团结协作、攻坚克难，为国家重大工程建设作出了贡献。这充分说明，社会主义是干出来的，新时代是奋斗出来的。希望你们统筹推进白鹤滩水电站后续各项工作，为实现碳达峰、碳中和目标，促进经济社会发展全面绿色转型作出更大贡献！"2022年12月20日全部机组投产发电，白鹤滩水电站开始全面发挥效益，习近平总书记在二〇二三新年贺词中再次深情点赞。

至此，中国三峡集团在长江干流建设运营的乌东德、白鹤滩、溪洛渡、向家坝、三峡、葛洲坝6座巨型梯级水电站全部建成投产，共安装110台水电机组，总装机容量7169.5万kW，占全国水电总装机容量的1/5，年均发电量3000亿kW·h，形成跨越1800km的世界最大清洁能源走廊，为华中、华东地区以及川、滇、粤等省份经济社会发展和保障国家能源安全及能源结构优化作出了巨大贡献，为保障长江流域防洪、航运、水资源利用、生态安全提供了有力支撑，为推动长江经济带高质量发展注入了强劲动力。

从万里长江第一坝——葛洲坝工程开工建设，到兴建世界最大水利枢纽工程——三峡工程，再到白鹤滩水电站全面投产发电，世界最大清洁能源走廊的建设跨越半个世纪。翻看这段波澜壮阔的岁月，中国三峡集团无疑是这段水电建设史的主角。

三十年前为实现中华民族的百年三峡梦，我们发出了"为我中华、志建三峡"的民族心声，百万移民舍小家建新家，举全国之力，从无到有、克服无数困难，实现建成三峡工程的宏伟夙愿，是人类水电建设史上的空前壮举。三十载栉风沐雨、艰苦创业，在党中央、国务院的坚强领导下，中国三峡集团完成了从建设三峡、开发长江向清洁能源开发与长江生态保护"两翼齐飞"的转变，已成为全球最大的水电开发运营企业和中国领先的清洁能源集团，成为中国水电一张耀眼的世界名片。

世界水电看中国，中国水电看三峡。白鹤滩水电站工程规模巨大，地质条件复杂，气候恶劣，面临首次运用柱状节理玄武岩作为特高拱坝基础、巨型地下洞室群围岩开挖稳定、特高拱坝抗震设防烈度最高、首次全坝使用低热水泥混凝土、高流速巨泄量无压直泄洪洞高标准建设等一系列世界级技术难题，主要技术指标位居世界水电工程前列，综合技术难度为同类工程之首。白鹤滩水电站是世界水电建设的集大成者，代表了当今世界水电建设管理、设计、施工的最高水平，是继三峡工程之后的又一座水电丰碑。

近3万名建设者栉风沐雨、勠力同心鏖战十余载，胜利完成了国家赋予的历史使命，建成了世界一流精品工程，成就了"水电典范、传世精品"，为水电行业树立了标杆；形成了大型水电工程开发与建设管理范式，为全球水电开发提供了借鉴；攻克了一系列世界级技术难题、掌握了关键技术，提升了中国水电建设的核心竞争力；研发应用了一系列新理论、新技术、新材料、新设备、新方法、新工艺，推动了水电行业技术发展；成功设计、制造和运行了全球单机容量最大功率百万千瓦的水轮发电机组，实现了我国高端装备制造的重大突破；形成了巨型水电工程建设的成套标准、规范，为引领中国水电"走出去"奠定了坚实的基础；传承发扬三峡精神，形成了以"为我中华，志建三峡"为内核的水电建设文化。

从百年三峡梦的提出到实现，再到白鹤滩水电站的成功建设，中国水电从无到有，从弱到强，再到超越、引领世界水电，这正是百年以来近现代中国发展的缩影。总结好白鹤滩水电站工程建设管理经验与关键技术，进一步完善"三峡标准"，形成全面系统的水电工程开发建设技术成果，为中国水电事业发展提供参考与借鉴，为世界水电技术发展提供中国方案，是时代赋予三峡人新的历史使命。

中国三峡集团历时近两载，组织白鹤滩水电站建设管理各方技术骨干、专家学者，回顾了整个建设过程，查阅了海量资料，对白鹤滩水电站工程建设管理与关键技术进行了全面总结，编著"金沙江白鹤滩水电站工程建设管理丛书"共20分册。丛书囊括了白鹤滩水电站工程建设的技术、管理、文化各个方面，涵盖工程前期论证至工程全面投产发电全过程，是水电工程史上第一次全方位、全过程、全要素对一个工程开发与建设的全面系统总结，是中国水电乃至世界水电的宝贵财富。

中国古代仁人志士以立德、立功、立言"三不朽"为人生最高追求。广大建设者传承发扬三峡精神，形成水电建设文化，是为"立德"；建成世界一流精品工程，铸就水电典范、传世精品，是为"立功"；全面总结白鹤滩水电站工程管理经验和关键技术，推动中国水电在继往开来中实现新跨越，是为"立言"！

向伟大的时代、伟大的工程、伟大的建设者致敬！

2023 年 12 月

丛书序二

古人言"圣人治世，其枢在水"，可见水利在治国兴邦中具有极其重要的地位。滔滔江河奔流亘古及今，为中华民族生息提供了源源不断的源泉，抚育了光辉灿烂的中华文明。

我国地势西高东低，蕴藏着得天独厚的水能资源，水电作为可再生清洁资源，在国民经济发展和生态文明保障中具有举足轻重的地位。水利水电工程的兴建不仅可以有效改善能源结构、保障国家能源安全，同时在防洪、抗旱、航运、供水、灌溉、减排、生态等方面均具有巨大的经济、社会和生态效益。

中华人民共和国成立之初，全国水电装机容量仅36万kW。中华人民共和国成立70余年来，我国水电建设事业发生了翻天覆地的变化，取得举世瞩目的成就。截至2022年底，我国水电总装机容量达4.135亿kW，稳居世界第一。其中，世界装机容量超过1000万kW的7座特大型水电站中我国就占据四席，分别为三峡工程（2250万kW，世界第一）、白鹤滩水电站（1600万kW，世界第二）、溪洛渡水电站（1386万kW，世界第四）和乌东德水电站（1020万kW，世界第七）。中国水电实现了从无到有、从弱到强、从落后到超越的历史性跨越式发展。

1994年，三峡工程正式动工兴建，2003年，首批6台70万kW水轮发电机组投产发电，成为中国水电划时代的里程碑，标志着我国水利水电技术已从学习跟跑到与世界并跑，跨入世界先进行列。

继三峡工程之后，中国三峡集团溯江而上，历时二十余载，相继完成了金沙江下游向家坝、溪洛渡、白鹤滩和乌东德4座巨型梯级水电站的滚动开发，实现了从设计、施工、管理、重大装备制造全产业链升级，巩固了我国在世界水利水电发展进程中的引领者地位。金沙江下游4座水电站的多项技术指标及综合难度均居世界前列，其中白鹤滩水电站综合技术难度最大、综合技术参数最高，是世界水电建设的超级工程。

白鹤滩水电站地处金沙江下游，河谷狭窄、岸坡陡峻，工程建设面临高坝、高边坡、高流速、高地震烈度和大泄洪流量、大单机容量、大型地下厂房洞室群"四高三大"的世界级技术难题；且工程地质条件复杂，地质断裂构造发育，坝基柱状节理玄武岩开挖、保护、处理难度极大，地下厂房围岩层间、层内错动带发育，开挖、支护和围岩变形稳定均面临诸多难题；加之白鹤滩坝址地处大风干热河谷气候区，极端温差大、昼夜温差变化明显，大风频发，大坝混凝土温控防裂面临巨大挑战。

白鹤滩水电站是当时世界在建规模最大的水电工程，其中300m级高坝抗震设计参数、地下洞室群规模、圆筒式尾水调压井尺寸、无压直泄洪洞群泄洪流量、百万千瓦水轮发电机组单机容量等多项参数均居世界第一。

自建设伊始，白鹤滩全体建设者肩负"建水电典范、铸传世精品"的伟大历史使命，先后破解了柱状节理玄武岩特高拱坝坝基开挖保护、特高拱坝抗震设计、大坝大体积混凝土温控防裂、复杂地质条件巨型洞室群围岩稳定、百万千瓦水轮发电机组设计制造安装等一系列世界性难题。首次全坝采用低热硅酸盐水泥混凝土，成功建成世界首座无缝特高拱坝；安全高效完成世界最大地下洞室群开挖支护，精品地下电站亮点纷呈；全面打造泄洪洞精品工程，抗冲耐磨混凝土过流面呈现镜面效果。与此同时，白鹤滩水电站全面推动设计、管理、施工、重大装备等全产业链由"中国制造"向"中国创造"和"中国智造"转型，并在开发模式、设计理论、建设管理、关键技术、质量标准、智能建造、绿色发展等多方面实现了从优秀到卓越、从一流到精品的升级，全面建成了世界一流的精品工程，登上水电行业"珠峰"。

从三峡到白鹤滩，中国水电工程建设完成了从"跟跑""并跑"再到"领跑"的历史性跨越。这样的发展在外界看来是一种"蝶变"，但只有身在其中奋斗过的人才明白，这是建设者们几十年备尝艰辛、历尽磨难后实现的全面跨越。从三峡到白鹤滩，中国水电成为推动世界水电技术快速发展的重要力量。白鹤滩建设者们经历了长时间的探索和深刻的思考，通过反复认知、求索、实践，系统梳理和累积沉淀形成了可借鉴的水电建设管理经验和工程技术，进而汇集成书，以期将水电发展的过去、当下和未来联系在一起，为大型水电工程建设和新一代"大国重器"建设者提供借鉴与参考。

"金沙江白鹤滩水电站工程建设管理丛书"全套共20分册，分别从关键技术、工程管理和建设文化等多维度切入，内容涵盖了建设管理、规划布置、质量管理、安全管理、合同管理、设备制造及安装等各个方面，覆盖大坝、地下电站、泄洪洞等主体工程，囊括了土建、灌浆、金属结构、机电、环保等多个专业。丛书是全行业对大型水电建设技术及管理经验进行全方位、全产业链的系统总结，展示了白鹤滩水电站在防洪、发电、航运及生态文明建设方面作出的巨大贡献。内容既有对特高拱坝温控理论的深化认知、卸荷松弛岩体本构模型研究等理论创新，也包含低热水泥筑坝材料、

800MPa 级高强度低裂纹钢板制造等材料技术革新，同时还囊括 300m 级无缝混凝土大坝快速优质施工、柱状节理玄武岩坝基及巨型洞室群开挖和围岩变形控制、百万千瓦水轮发电机组制造安装、全工程智能建造等施工关键核心技术。

丛书由工程实践经验丰富的专业技术负责人及学科带头人担任主编，由国内水电和相关专业专家组成了超强编撰阵容，凝聚了中国几代水电建设工作者的心血与智慧。丛书不仅是一套水电站设计、施工、管理的技术参考书和水利水电建设管理者的指导手册，也是一部三峡水电建设者"治水兴邦、水电报国"的奋斗史。

白鹤滩水电站的技术和经验既是中国的，也是世界的。我相信，丛书的出版，能够为中国的水电工作者和世界的专家同仁开启一扇深入了解白鹤滩工程建设和技术创新的窗口。期待丛书为推动行业科技进步、促进水电高质量绿色发展起到有益的作用。

作为中国水电事业的建设者、奋斗者，见证了中国水电事业的发展和历史性的跨越，我深感骄傲与自豪，也为丛书的出版而高兴。希望各位读者能够从丛书中汲取智慧和营养，获得继续前行的能量，共同推进我国水电建设高质量发展更上一个新的台阶，谱写新的篇章。

借此序言，向所有为我国水电建设事业艰苦奋斗、抛洒心血和汗水的建设者、科技工作者、工程师们致以崇高的敬意！

中国工程院院士

2023 年 12 月

序 一

缆索起重机是金沙江下游向家坝、溪洛渡、白鹤滩、乌东德4座特大型水电站大坝施工的关键设备，三峡集团对此极为重视。项目前期，三峡集团成立了缆机专家组，在组织考察了构皮滩、景洪、小湾、锦屏等水电工程使用国内外缆机的情况后，在缆机布置、选型、采购时，充分考虑了工程特点、缆机的技术发展、提升我国缆机运行管理水平和推动我国高端装备设计制造进步等因素，经过充分论证，4座水电站均选用了国内有丰富经验厂家设计、制造的30 t高速缆机。

白鹤滩水电站工程选用7台、分双层布置的国产缆机。截至2021年6月28日，白鹤滩水电站如期实现首批机组投产发电，7台缆机始终运行安全可靠，在白鹤滩大坝工程施工中发挥了不可替代的作用。

白鹤滩水电站坝址地处干热河谷，大风频发，全年出现7级以上大风达240天以上，缆机群在这样特殊的气候能否保证高强度连续安全运行，能否确保工程按计划顺利推进，均存在一定的不确定性。因此，由三峡集团组织召开多次技术研讨会议，对大坝施工方案和缆机设备布置进行优化，白鹤滩工程建设部在缆机实际安装与运行管理过程中采取了一系列技术和管理措施，均取得了良好的效果。

第一，考虑大风天气对缆机运行效率的影响等降效因素，将工程设计单位最初选择的6台缆机调整为7台，且分上、下两层布置。

第二，考虑大风条件下缆机运行的安全性，首次在内陆地区确定将缆机工作状态最大计算风压由国家标准推荐的 250 N/m^2 提高到 375 N/m^2。

第三，针对在白鹤滩工程之前各水电站建设使用国内外缆机所采用的直流调速系统，常因电压不稳或突然停电引起直流电动机损坏而造成停机停工的问题，决定首次在缆机的主要机构上采用交流变频调速技术。

第四，组织对缆机的性能参数和关键技术进行系统专题研究和试验，研发应用了多项新技术，主要包括对缆机的关键部件——承马从材料到结构进行全面优化改进；通过对运行区域的河谷断面风场测试和大风条件下缆机吊罐摆动试验，针对性地制定大风条件下的缆机安全运行规定；采用防碰撞系统、轴承在线监测系统、疲劳辨识系统等；探索实现缆机运行标准化等。

第五，严格落实强制性定期维护保养制度，包括通过大量的运行数据分析，科学制定不同运行条件下缆机钢丝绳报废标准等，确保了缆机运行状态良好。

实践证明，白鹤滩缆机的设计制造和运行管理达到了国际领先水平。白鹤滩工程建设部及时组织对缆机从布置选型、设计制造、运行管理等方面进行系统总结，形成本书，对推动缆机技术进步具有重要意义，对今后类似工程使用缆机具有很好的借鉴价值。

张世保

2023 年 12 月

序二

依然清晰记得，2010年5月在成都由三峡集团组织的首次白鹤滩水电站缆机布置方案讨论会，迄今已过去12年有余，参加那次会议的有三峡集团领导、工程设计单位、施工单位和各行业的专家，会议在热烈、开放的氛围中进行，最终确立了3台A字塔架加4台刚性塔架，共7台超千米大跨距30 t缆机的布置方案。从此，世界上最大规模缆机群大戏拉开了序幕。

我有幸以缆机设备专家的身份参加了这次会议，之后又参加了三峡集团组织的白鹤滩缆机技术交流会、大风条件下施工应对相关研讨会和防大风措施在工程中应用实例考察等活动，处处深切感受到三峡集团对待工程一贯科学和严谨的工作作风。

作为白鹤滩水电站的主体工程，耸立在高山峡谷间的超级拱坝历经4年3个月夜以继日地施工，于2021年5月浇筑完成，7台缆机是完成大坝混凝土入仓的唯一手段。在这种复杂地形地质条件下布置的7台大跨距、高塔架的大型缆机，直接关系到工程能否安全、如期完工，其设计、制造、安装、运行本身就对缆机技术和管理水平提出了巨大挑战。电站施工阶段我曾多次到工地现场回访，在各参建方的不懈努力下，这个被戏称为"七仙女"的缆机群一直处于安全、高效的良好状态，让大坝工程的质量和进度得到了可靠的保障。这一令人满意的结果很大程度上来源于三峡集团白鹤滩建设部的精心组织、领导和各参建方的通力协作。2021年6月28日，继三峡工程后的又一超级水电站——白鹤滩水电站历经10余年的奋战，工程到了里程碑时刻——首批机组投产发电，意味着白鹤滩工程缆机群的大戏即将圆满落幕。

为总结提炼缆机在设计、制造、安装、运行管理等方面的管理经验和关键技术，为后续类似工程提供参考，三峡集团及时组织了专门的团队，编写出版了本书，无疑为"功在当下，利在长远"之举。

全书系统地总结和归纳了白鹤滩缆机群在布置上的特色以及全生命周期中的建设管理经验、关键的技术创新，体现了传统科学和现代技术的充分融合。

白鹤滩缆机群采用高低双层布置，极大方便了运行中的调度和多机抬吊；首次在靠近主塔侧设置了移动检修平台，等同减小了实际工作跨距，有效简化索道系统，减少了索道维护工作量，延长了承马、钢丝绳等零部件的使用寿命；首次采用缆机副塔后垂直轨后置的构造形式，可在不增加副塔平台尺寸的情况下，加大了副塔轨距，使副塔轮压较为均匀。

白鹤滩缆机还成功研发应用了多项新技术，进行了科学管理。首次在大调速范围的高速缆机上采用交流变频调速技术；研制并首次正式使用高强度、轻质材料行走轮的新型自行式承马；复杂工况下满罐快速平稳起升和更高效的吊罐防摇摆功能；缆机群与坝面施工设备交叉作业防碰撞系统；新版缆机运行安全智能化系统，各种功能更加完善；在国家标准没有明确规定的情况下，通过大量的运行数据分析，对缆机钢丝绳全尼龙滑轮组合的许用循环数进行科学控制，较好地解决了在安全条件下最大限度延长钢丝绳使用寿命的问题；探索并实践了缆机退役零部件在大型水电工程间再利用的应用；探索和总结大风天气下缆机安全运行规律等。

上述在白鹤滩水电站工程成功应用后获得的技术和管理成果，在后续的水电工程缆机项目中也得到了推广应用，使我国的缆机设计、制造和运行管理水平得到了进一步提升。

书中还客观地阐述了白鹤滩缆机管理的思考和对后续缆机项目管理的建议，具有较强的可读性和可参考性。

综上所述，本书在白鹤滩工程实践基础上，对缆机的选型布置、设计制造、安装、运行和拆除管理等方面进行了全方位的总结，对今后类似工程的应用提供了十分宝贵的经验，谨以极大诚意推荐给行业内的读者。全文内容之全面、详尽，足以体会到所有撰写、审核人员付出的宝贵精力，在此表示诚挚的敬意！

徐一军

2023 年 12 月

前言

白鹤滩水电站在建设期间是当时世界在建规模最大、技术难度最高的水电工程，建成后是仅次于三峡工程的世界第二大水电站，是国家"西电东送"的骨干电源，是长江流域防洪体系的重要组成部分，是促改革、调结构、惠民生的大国重器。水电站开发任务以发电为主，兼顾防洪、航运，并促进地方经济社会发展。

白鹤滩水电站工程缆机群由7台30 t缆机组成，是当今世界最大的缆机群，是白鹤滩大坝工程施工的关键设备，发挥了不可替代的作用。缆机群为高低双层布置，承担大坝工程施工吊运任务，吊运工程量巨大、强度高、历时长；坝址区为干热河谷，大风频发，气候恶劣，缆机群运行安全风险高。

在总结前期类似工程的经验基础上，白鹤滩建设者对白鹤滩缆机进行了多项改进和创新，成功应用了多项新技术，使缆机的技术性能得到了全面提升。首次在缆机这类特殊负载工况下应用了交流变频调速技术，大大降低了对施工电网供电质量要求，提高了设备运行的可靠性；全面应用新一代高强度轻质材料行走轮的自行式承马，提高了承马运行可靠性；首次在主塔侧设置了移动检修平台，有效减少了索道维护工作量；研发应用了后垂直轨后置的副塔形式，减小了副塔平台的土建工程量；应用了缆机与其他施工设备防碰撞系统，为仓面施工设备安全运行提供了可靠的保障；研发应用了针对缆机运行的目标位置保护系统、司机疲劳辨识警示等智能安全保护系统，提高了缆机运行安全性；研发应用了新一代平稳提升系统和小车行走自动防摇摆系统，提高了缆机运行效率的稳定性；研发应用了缆机生产信息管理系统，实现了缆机运行主要技术数据的自动采集与分析功能，提升了缆机运行管理水平。

管理方面，在大坝浇筑前，开展了大风天气下提高缆机安全运行效率的试验研究，编制了大风条件下缆机安全运行规程；确定了缆机群运行标准化流程，保证缆机运行规范化；建立了强制性检修及维护保养制度，确保缆机良好状态；制定了提升绳与牵引绳更换临控标准，为同类工程钢丝绳使用提供了借鉴；委托设计制造单位和检测机构开展全过程专业服务，为缆机运行提供了技术保障；引入了独立的缆机运行监理机构，实施了专业监理。

白鹤滩水电站工程缆机群实现了安全、高效运行，高质量完成了大坝工程施工吊运任务，诸多技术创新及先进技术的应用，推动了缆机在选型布置、设计、制造、安装、运行管理等方面的进步与发展。

本书全面系统梳理和总结了白鹤滩水电站工程缆机群在规划、管理、关键技术和科技创新等方面的成果，是缆机工程规划、设计、制造、运行、监理、科研等参建各方智慧的结晶。期望本书为施工机械工程技术和管理人员提供借鉴，亦可供相关专业高校师生参阅。

本书的编著由王德金担任组长，吉沙日夫负责书籍的统稿。吉沙日夫负责第一章概述、第二章布置与选型、第七章缆机工程建设管理与专题研究、第八章价值与未来的编著，丁利东、陈坚、祝秋华等负责第三章设计与制造的编著，季顺发负责第四章缆机安装、第五章缆机运行、第六章缆机拆除的编著。

本书的编著得到了参建单位、高等院校等方面的大力支持，也获得了业内知名专家学者的悉心指导。在此，谨向给予指导帮助的同仁和专家表示诚挚感谢！

鉴于作者的学识和水平有限，书中的疏忽与不足之处在所难免，恳请读者批评指正。

作者

2023 年 12 月

目录

丛书序一
丛书序二
序一
序二
前言

第1章　概述 ·· 1
　1.1　白鹤滩工程概况 ··· 1
　1.2　缆机发展历程 ··· 2
　　1.2.1　国外缆机 ·· 3
　　1.2.2　国产缆机 ·· 5
　1.3　白鹤滩缆机布置与特性 ·· 8
　　1.3.1　缆机布置 ·· 8
　　1.3.2　缆机性能参数 ··· 8
　　1.3.3　白鹤滩缆机特点 ··· 12
　1.4　亮点及成果概要 ··· 13
　　1.4.1　工程定位 ··· 13
　　1.4.2　困难挑战 ··· 13
　　1.4.3　管理亮点 ··· 13
　　1.4.4　关键技术 ··· 13
　　1.4.5　建设成效 ··· 14

第2章　布置与选型 ·· 15
　2.1　基本条件 ··· 15
　　2.1.1　地形条件 ··· 15
　　2.1.2　气象条件 ··· 17
　　2.1.3　缆机吊运需求 ··· 17

2.2 缆机布置 ... 18
2.2.1 布置原则 ... 18
2.2.2 布置研究 ... 19
2.2.3 布置方案比选及结果 ... 20
2.2.4 承载索铰点高程确定 ... 23
2.2.5 塔架结构选型及确定 ... 26
2.3 缆机台数确定 ... 27
2.3.1 缆机参数选择范围 ... 27
2.3.2 缆机入仓强度分析 ... 27
2.3.3 缆机入仓强度模拟仿真 ... 32
2.3.4 最终缆机数量确定 ... 34
2.4 缆机平台布置 ... 35
2.5 思考与借鉴 ... 36

第3章 设计与制造 ... 39
3.1 缆机设计 ... 39
3.1.1 设计条件 ... 39
3.1.2 主要机械和结构设计 ... 41
3.1.3 电气设计 ... 58
3.1.4 缆机局部辐射式运行设计 ... 67
3.1.5 混凝土吊罐 ... 70
3.2 缆机制造 ... 72
3.2.1 关键构件的制造工艺 ... 72
3.2.2 质量管理 ... 72
3.2.3 质量验收 ... 77
3.3 退役零部件再利用 ... 78
3.3.1 载荷状态级别和载荷谱系数 ... 79
3.3.2 起重机的使用等级和工作级别 ... 79
3.3.3 零部件寿命分析 ... 80
3.3.4 部件可利用的条件分析 ... 81
3.3.5 缆机零部件再利用措施 ... 81
3.3.6 零部件再利用成效 ... 83
3.4 思考与借鉴 ... 83

第4章 缆机安装 ... 86
4.1 安装场地规划与安装流程 ... 86
4.1.1 场地布置原则 ... 86
4.1.2 场地规划及辅助设施布置 ... 86
4.1.3 安装流程 ... 91

4.2 高缆临时承载索安装 ···················· 94
4.2.1 临时承载索受力计算 ············· 94
4.2.2 临时承载索安装 ··················· 95
4.3 低缆临时承载索安装 ···················· 96
4.3.1 受力计算 ··························· 96
4.3.2 临时承载索移位安装 ············· 97
4.4 高缆 A 型塔架安装 ······················ 99
4.4.1 塔架组拼 ··························· 99
4.4.2 塔架提升 ··························· 99
4.4.3 塔架自升 ·························· 100
4.5 承载索安装 ································ 103
4.5.1 索头浇铸 ·························· 103
4.5.2 承载索过江 ······················· 103
4.5.3 后拉索平衡台车安装及承载索张紧 ·· 106
4.6 机台及机构安装 ························ 106
4.6.1 行走机构 ·························· 106
4.6.2 机台安装 ·························· 107
4.6.3 牵引机构 ·························· 107
4.6.4 提升机构 ·························· 109
4.7 思考与借鉴 ································ 110

第 5 章 缆机运行 ································ 112
5.1 管理机构 ··································· 112
5.2 运行调度及执行 ························ 114
5.2.1 工作程序 ·························· 114
5.2.2 缆机生产安排 ···················· 114
5.3 标准化运行 ······························· 115
5.3.1 混凝土吊运 ······················· 115
5.3.2 大件吊装 ·························· 116
5.3.3 吊零 ································ 120
5.4 维护保养 ··································· 120
5.4.1 强制保养 ·························· 120
5.4.2 缆机检修 ·························· 125
5.5 备品备件 ··································· 129
5.5.1 备品备件预寿命动态管理 ······ 129
5.5.2 采购管理 ·························· 131
5.5.3 使用管理 ·························· 134
5.5.4 运行单位库存备件折价回购 ··· 134

5.6 安全管理 …………………………………………………………………… 134
　5.6.1 安全管理难点 ………………………………………………………… 134
　5.6.2 风险分析及防控 ……………………………………………………… 135
　5.6.3 避让原则 ……………………………………………………………… 138
　5.6.4 大风条件的运行规定 ………………………………………………… 138
　5.6.5 缆机防碰撞管理 ……………………………………………………… 139
　5.6.6 异常情况处置 ………………………………………………………… 139
5.7 缆机运行效率提升 ………………………………………………………… 140
　5.7.1 数据采集与分析 ……………………………………………………… 140
　5.7.2 效率提升措施 ………………………………………………………… 142
　5.7.3 成效 …………………………………………………………………… 146
5.8 设备优化改进 ……………………………………………………………… 148
　5.8.1 电气设备运行环境改善 ……………………………………………… 148
　5.8.2 吊罐优化改进 ………………………………………………………… 149
5.9 思考与借鉴 ………………………………………………………………… 152

第 6 章　缆机拆除 ………………………………………………………………… 153
6.1 拆除安排及基本要求 ……………………………………………………… 153
6.2 拆除准备 …………………………………………………………………… 153
　6.2.1 卷扬机及地锚布置 …………………………………………………… 153
　6.2.2 辅助设施布置 ………………………………………………………… 153
6.3 缆机拆除 …………………………………………………………………… 156
　6.3.1 拆除流程 ……………………………………………………………… 156
　6.3.2 重难点及安全技术要点 ……………………………………………… 156
　6.3.3 索道系统拆除 ………………………………………………………… 157
　6.3.4 塔架拆除 ……………………………………………………………… 159
6.4 设备保养与退库 …………………………………………………………… 161

第 7 章　缆机工程建设管理与专题研究 ………………………………………… 162
7.1 管理目标和理念 …………………………………………………………… 162
7.2 管理体系 …………………………………………………………………… 162
　7.2.1 管理机构 ……………………………………………………………… 162
　7.2.2 运行管理机制 ………………………………………………………… 162
　7.2.3 管理制度 ……………………………………………………………… 166
7.3 管理措施 …………………………………………………………………… 172
　7.3.1 设备管理与使用管理部门协调 ……………………………………… 172
　7.3.2 配置专业化运行监理 ………………………………………………… 172
　7.3.3 专业机构专项技术支持 ……………………………………………… 172
　7.3.4 实施缆机运行智能监控 ……………………………………………… 173

  7.3.5 大风气候条件下吊罐摆幅试验 ················ 173
  7.3.6 备品备件统供核销回购 ····················· 174
 7.4 专题研究 ··· 174
  7.4.1 大风气候条件下吊罐摆动试验研究 ············· 174
  7.4.2 基于大风条件下缆机轨迹包络图的安全分析 ······ 177
  7.4.3 钢丝绳更换标准研究 ······················· 179
  7.4.4 缆机目标位置保护系统 ····················· 182
  7.4.5 缆机与塔机防碰撞预警系统 ·················· 184
  7.4.6 司机疲劳辨识技术 ························· 186
  7.4.7 轴承温度在线监测系统 ····················· 188
 7.5 思考与借鉴 ······································ 189

第8章 价值与未来 190
 8.1 行业价值 ··· 190
 8.2 未来展望 ··· 191

参考文献 193

后记

第1章 概述

1.1 白鹤滩工程概况

白鹤滩水电站是金沙江下游4座梯级电站——乌东德、白鹤滩、溪洛渡、向家坝中的第二座梯级水电站。水电站位于金沙江下游四川省宁南县和云南省巧家县境内，距巧家县城45 km，上游距离乌东德水电站坝址约182 km，下游距离溪洛渡水电站坝址约195 km。坝址距昆明公路里程约306 km，至重庆、成都、贵阳直线距离均在400 km左右，至上海的直线距离为1850 km。白鹤滩水电站坝址控制流域面积为43.03万 km²，占金沙江总流域面积的91%，多年平均流量为4170 m³/s，多年平均径流量1315亿 m³。金沙江白鹤滩水电站地理位置示意图如图1.1-1所示。

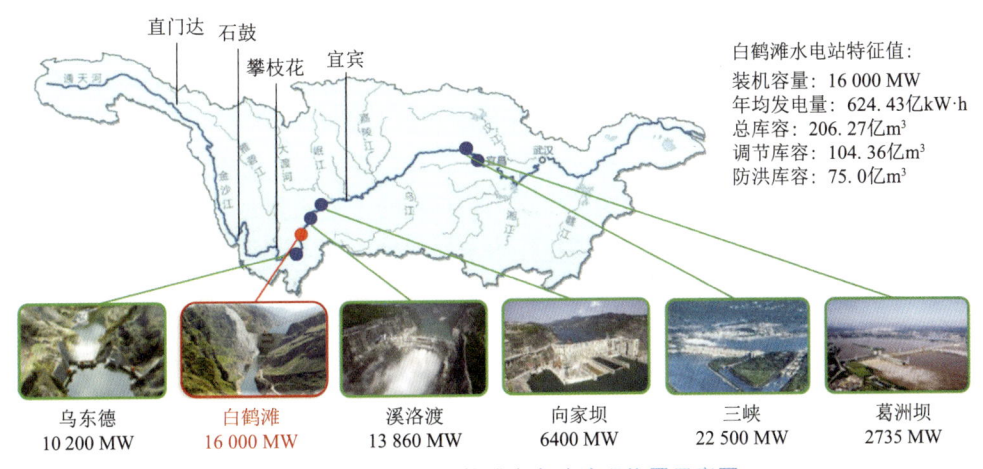

图1.1-1 金沙江白鹤滩水电站地理位置示意图

白鹤滩水电站的开发任务以发电为主，兼顾防洪、航运，并促进地方经济社会发展。

白鹤滩水电站正常蓄水位825 m，防洪限制水位785 m，死水位765 m，调节库容达104.36亿 m³，水库具有年调节性能。水电站装机容量16 000 MW，是仅次于长江三峡水电站的世界第二大水电站，为"西电东送"中部通道的骨干电站。

白鹤滩水电站工程为Ⅰ等大（1）型水电工程，枢纽主要建筑物由挡水坝、引水发电系统、泄洪消能建筑物等组成，根据坝址处工程地质条件，采用"拱坝+左右岸地下厂房"的枢纽布置。挡水坝采用易于布置坝身泄洪建筑物的混凝土双曲变厚拱坝；枢纽采用分散泄洪，分区消能，坝身泄洪消能设施由6个表孔、7个深孔和坝体下游水垫塘组成,坝外泄洪消能设施由3条泄洪隧洞组成;发电厂房采用全地下厂房布置,布置在两岸坝肩上游侧山体内,不设上游调压室,左、右岸基本对称布置;地下厂房采用首部开发方式布置,左、右岸各布置8台水轮发电机组;地下厂房洞室群包括主副厂房洞、主变洞、母线洞、出线竖井及平洞、通风洞和进厂交通洞等;主副厂房洞、主变洞、尾水管检修闸门室、尾水调压室平行布置;引水隧洞采用单机单洞竖井式布置。白鹤滩水电站枢纽建筑物布置三维透视图如图1.1-2所示,白鹤滩水电站工程全景如图1.1-3所示。

图1.1-2　白鹤滩水电站枢纽建筑物布置三维透视图

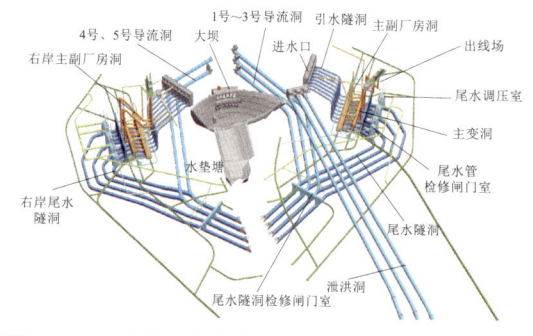

图1.1-3　白鹤滩水电站工程全景

白鹤滩水电站作为典型的高坝大库水电工程,坝区属高山峡谷地貌,地势北高南低,向东侧倾斜。坝基所在部位河谷呈不对称的"V"形峡谷,左岸为缓坡与陡壁相间出现的台阶状地形,坡度45°,右岸主要为陡壁地形,坡度约60°。

白鹤滩大坝为混凝土双曲拱坝,坝顶高程834 m,最大坝高289 m,拱冠梁底厚63.5 m,坝顶宽度14 m,最大拱端厚度为83.91 m,坝顶中心线弧长为709 m,厚高比为0.22,弧高比为2.45,混凝土浇筑方量(含垫座、扩大基础)约为800万 m³。

对于高山峡谷中修建的混凝土高坝,国内外工程经验表明,缆机由于具有跨度大、覆盖面广、浇筑效率高、不受汛期影响等特点,是首选的主要混凝土吊运设备。考虑到白鹤滩大坝的结构特点和地形条件,选择缆机作为主要混凝土吊运设备,塔机、门机作为辅助吊运设备用于坝体低高程的部位及缆机覆盖不到的部位的混凝土吊运。

1.2　缆机发展历程

缆机是缆索起重机的简称,是一种以柔性钢索(承载索)作为大跨距架空支承构件,供悬吊重物的起重小车在承载索上往返运行,兼有垂直运输(起升)和水平运输(牵引)功能的特种起重机械。广泛应用于国内外水电工程建设中,尤其在河床狭窄、两岸陡峭的水电建设工地是最合适的施工设备。

缆机是由架空索道技术演变而成的,其发展历程可追溯到远古时代,人们以藤条、竹篾编制而成的绳索悬于空中载人载物,实现了跨越运载的目的,这种运载方式即为架空索道技术的雏形。随着制索技术的发展,麻索的应用使该技术形成了一定的体系,由人在吊篮内用手拉动绳索而移动,并能用畜力牵引驱动运行。但由于麻索及其他纤维制成的承载索强度低,寿命短,只能作为临时性跨越或娱乐性工具使用。到了19世纪,随着钢铁冶炼技术的发展,钢索的问世,使缆索起重技术开始应用于生产建设之中,并沿着"架空索道运输"和"缆索起重"两个分支发展,开始逐渐发展成为真正意义上的缆索起重机,并在后续的生产和研究中不断得到提高和完善。

1.2.1 国外缆机

1.2.1.1 国外缆机的发展历程

国外在工程上使用缆机大致出现在19世纪末期,20世纪30年代开始有了正规制造缆机的厂家。五六十年代,各工业发达国家开发水电能源达到高潮,促使缆机的生产及应用进入高峰时期。到了70年代,欧洲、美国、日本等国主要缆机制造厂商生产(含小部分改造转用)的缆机总数已逾450台(未计入苏联、东德产量),多销售和使用于本国或本地区。进入70年代末,发达国家新建水电工程及缆机使用数量逐渐减少,缆机开始逐渐销售和使用于亚洲、非洲、拉丁美洲等发展中国家。到20世纪80年代,国外一些知名的缆机制造厂商,如日本的石川岛播磨重工业株式会社(Ishikawajima-Harima Heavy Industries Co., Ltd.)和日立建机株式会社(HITACHI)、美国的艾德勒公司(EDERER,原名华盛顿铁工)等都已开始逐步淡出缆机市场。在缆机市场上主要制造厂商为德国的PWH公司(PHB-Weserhuette公司),后来,经改制后成为KRUPP物料搬运技术有限公司的下属部门。

1.2.1.2 国外缆机的技术特点

德国的缆机制造厂以PWH公司为主,1950年迄今该公司生产的缆机总数已超过170余台。随着水电工程施工需要和设计制造水平的提高,该公司的缆机向大型化方向发展,20世纪70年代以来已生产了多台额定起重量为28~30 t级(配用9 m³ 混凝土吊罐)和跨距在1000 m以上的缆机,采用中等偏高的工作速度,起重小车运行速度约为7.5 m/s,重罐下降及空罐升降速度约为3 m/s。该公司在缆机技术方面的创新颇多,例如,无塔架的主车、A型塔架加配重台车的高支架形式、用齿条驱动在大坡度轨道上行走的辐射式缆机副塔(也称副车)等,都是该公司首先推出的。20世纪末,该公司在应用电子信息技术方面也有很大的进步。

美国制造和使用的缆机共约28台,其中半数以上为改造转用。美制缆机的额定起重量均为20 t,跨距900 m以内,其主要特点为工作速度高,起重小车运行速度约为10 m/s,重罐下降速度约为4.8 m/s,使用在缆机上的电动机功率较大,工作时的加、减速度也比较大。美国缆机在技术方面的进步和创新相对较少,特别是所用的机构部件基本都沿用比较传统的构造形式。

日本的水电工程规模都比较小,其制造使用的缆机绝大多数都是额定起重量在20 t及以下,跨距在650 m以内,采用中、低工作速度的中小型缆机,但机型的种类比较齐全。主要以日本的石川岛播磨重工业株式会社(Ishikawajima-Harima Heavy Industries Co., Ltd.)和日立建机株式会社(HITACHI)两个厂家为主,其生产和使用的缆机共约200台,其中约半数为改造转用。除以上两家大公司外,日本还有一些中小型企业也生产过缆机,有的还制定了缆机的系列参数。总的来说,日本在发展中小机型的缆机和派生机型方面积累有不少经验。

1.2.1.3 国外缆机在国内应用

我国自20世纪80年代以来,在龙羊峡、岩滩、三峡、小湾等大中型水电工程建设中,先后使用过从日本、美国、德国等国进口的缆机共为25台,其中日本1台,美国2台,其余均为德国产品。具体统计见表1.2-1。

表 1.2-1　国内水电工程使用过的进口缆机统计表

参　数	龙羊峡	岩滩	水口		五强溪	隔河岩	二滩		三峡	小湾		锦屏一级
台数	1	2	2	1	2	2	3	1	2	2	3	4
机型	平移式	平移式	平移式	平移式	平移式	辐射式	辐射式	辐射式	摆塔式	平移式	平移式	平移式
额定起重量/t	20	20	30	20	20/25	20	28	28	20/25	30	30	30
设计/使用跨距/m	650.15	1100/693	1073	1073	1000	892	1275	682	1416	1158	1048	670
垂跨比/%	5.0	5.0	5.5	5.5	5	5	5.65	5.13	5.44	5.44	5.25	5
起升高度/m	250	170	110	110	165	180	310	190	215	350	300	340
满载提升速度/(m/s)	2.67	4.81	1.75	1.75	2.08	2	2.15	1.8	2.2	2.2	2.2	2.5
满载下降速度/(m/s)	3.33	4.97	2.5	2.5	2.67	3	3	2.5	3	3	3	2.5
空罐升降速度/(m/s)	4	5.58	2.5	2.5	3.3	3.3	3	2.5	3	3	3	3.5
起重小车运行速度/(m/s)	8.33	10.83	8	8	7.5	8.33	7.5	6	7.5	7.5	7.5	7.5
承马形式	牵引式	自行式	固定张开式	固定张开式	固定张开式	固定张开式	固定张开式	固定张开式	固定张开式	固定张开式	固定张开式	固定张开式
制造厂商	日本日立	美国欧德勒	德国PWH	德国PWH	德国PWH	德国PWH	德国PWH	德国PWH	德国PWH	德国KRUPP	德国KRUPP	德国KRUPP
安装年份	1985	1988	1990	1990	1990	1991	1996	1996	1997	2003	2003	2007

注　额定起重量20/25，指吊运混凝土时（高速）为20 t，吊运金属结构设备时（低速）为25 t。

1.2.2 国产缆机

我国水电工程使用国产缆机始于20世纪50年代，发展于20世纪80年代。通过消化吸收国外先进技术，进行自行设计、自行生产，国产缆机先后经历了三个发展阶段。

1.2.2.1 第一阶段

我国从20世纪50年代初期开始自行研制缆机，尽管起步较早，但发展缓慢，直到80年代初的近30年间，仅制造了约10台缆机，并且有的转移到了多个工程使用，实际使用的时间也较少。在50年代，研制缆机的单位主要为上海建筑机械厂，之后大连起重机厂也开始研制缆机。这个阶段的产品可称为国产第一阶段的缆机，其主要技术特点为：

(1) 额定起重量除两台为10 t外，其余均为20 t。
(2) 承载索多为双索或四索。
(3) 工作速度多属中速偏低，起升速度约2.0~2.5 m/s，起重小车运行速度约6 m/s。
(4) 主、副塔均为带刚性高塔架的传统构造形式。

第一阶段国产典型缆机技术参数见表1.2-2。

表1.2-2 第一阶段国产典型缆机技术参数表

参　数	使　用　工　程		
	湖南柘溪	东　江	
台数	1	2	1
机型	平移式	辐射式	平移式
额定起重量/t	10	20	10
设计/使用跨距/m	700/650	600/496	700/569
垂跨比/%	5	5	5
扬程/m	137	160	160
满载提升速度/(m/min)	90	90	90
满载下降速度/(m/min)	120	120	120
空罐升降速度/(m/min)	120	120	120
起重小车运行速度/(m/min)	420	420	360
承马形式	牵引式	牵引式	牵引式

1.2.2.2 第二阶段

到了20世纪80年代中期，国内一批大中型水电站陆续开工建设，为满足施工需要，在原水电总局的部署下，原电力部杭州机械设计研究所的起重机部门（杭州国电大力机电工程有限公司的前身）开始设计、研制缆机。到20世纪90年代中期，约10年期间，国内自行设计与制造了共17台缆机（其中万家寨2台为岩滩缆机改造转用），成功地使用于岩滩、五强溪等水电站工程，打开了我国自行设计、制造和使用缆机的新局面。这个阶段的产品较第一阶段缆机有较大进步，其主要技术特点为：

(1) 额定起重量均为20 t，配用6 m³混凝土吊罐。
(2) 除东风水电站缆机外，全部采用了单根承载索。
(3) 起升机构都加用排绳机构，以减小起升绳的导绳偏角，并为设计无塔架主车提供了条件。

（4）大多数缆机的主、副塔采用了轨距小、自重轻、压重少、安装方便的无塔架构造形式。

（5）中等偏高的工作速度，满罐起升速度2.0 m/s，空罐升降速度约3.0 m/s，起重小车牵引速度为7.5 m/s。

这个阶段后期，通过总结前阶段的经验教训，借鉴进口缆机技术和吸取有关施工单位积累的经验，在技术上作出了大幅度的改进，对国产缆机的发展有着承前启后的意义。例如：采取更恰当的承载索计算方法，提高了承载索使用安全性；避免起升绳经过导向滑轮时发生反向弯曲；用合成材料制造的滑轮和起重小车行走轮替代原来使用的钢制轮；改用可编程序控制器（PLC）以改善控制系统；采用可移动式机外司机室等。第二阶段国产典型缆机技术参数见表1.2-3。

表1.2-3 第二阶段国产典型缆机技术参数表

参 数	使 用 工 程									
	宝珠寺	岩滩	东风	漫湾	五强溪	隔河岩	大朝山	龙滩
台数	2	2	2	3	2	2	2	2
机型	平移式	平移式	辐射式	平移式	平移式	辐射式	辐射式	平移式	平移式
额定起重量/t	20	20	20	20	20/25	20/25	20/25	20	20
设计/使用跨距/m	850/784	900/850	500/308	650	900/855.5	750/745	900/856	700/650	950/950
垂跨比/%	5	5	5	5	5	5	5	5	5
扬程/m	180	180	180	180	165	160	160	180	260
满载提升速度/(m/min)	120	120	120	120	125	120	120	120	125
满载下降速度/(m/min)	160	160	160	160	160	180	180	160	200
空罐升降速度/(m/min)	160	160	160	160	160	180	180	160	200
起重小车运行速度/(m/min)	450	450	450	450	450	450	450	450	450
承马形式	牵引式	牵引式	牵引式	牵引式	牵引式	牵引式	牵引式	牵引式	固定张开式

1.2.2.3 第三阶段

20世纪90年代以后，构皮滩、景洪、拉西瓦等一批大型水电站陆续开工建设，对施工所需的缆机提出了更高的要求。21世纪以来，随着溪洛渡、向家坝、乌东德和白鹤滩等大型水电工程的建设，全面使用杭州国电大力机电工程有限公司设计制造的缆机，国产缆机的设计制造和管理达到国际领先水平，本阶段的产品可称为国产第三阶段缆机，该阶段缆机技术上的特点主要有：

（1）缆机的额定起重量达30 t，配用9 m³混凝土吊罐。

（2）缆机起升高度达300 m以上。

（3）采用特种钢丝绳，有利于增加工作绳的使用寿命。

（4）牵引机构改用带特种摩擦材料衬槽的大直径驱绳轮，以提高牵引绳的使用寿命。

（5）在跨度超过500 m的缆机上，广泛采用自行式承马。

（6）采用可搬移的机外司机室，以便根据现场情况及时变更司机室位置。

（7）用晶闸管整流代替过去传统的直流发电机组获得直流电源的方式。

（8）由可编程序控制器（PLC）、计算机和信息无线传输等组成更完善的控制系统。

第三阶段国产典型缆机技术参数见表1.2-4。

第1章 概述

表1.2-4 第三阶段国产典型缆机技术参数表

参 数	构皮滩	景洪	思林	拉西瓦	溪洛渡		金安桥	小湾	向家坝	阿海	龙开口	大岗山	观音岩	亭子口	锦屏	藏木	白鹤滩		乌东德	大华桥	加查	新疆JH二级	叶巴滩	东庄
台数	3	2	1	3	1	3+1	2	1	3	2	3	4	2	2	1	4	3	4	3	1	3	2	4	3
机型	平移式	平移式	固定式	辐射式	平移式	平移式	平移式	平移式	平移式	平移式	辐射式	平移式	辐射式	平移式	平移式	平移式	平移式	平移式	平移式	辐射式	平移式	平移式	平移式	平移式
额定起重量/t	30	30	30	30	30	30	30	30	30	30	30	30	30	30	30	20	30	30	30	30	20	30	30	30
设计/使用跨距/m	700/700	910/902	520	650/632	708/708	708/708	800/797	1200/1158	1360/1351/1342	650/650	1100/1090	700/691	1400/1380	1270/1268	650/630	500/500	1200	1100	450/400	1100/350	800/785	640	700	600/567
垂跨比/%	5	5	5	5	5	5	5	5.2	5.2	5	5.2	5	5.2	5.2	5	5	5.2	5.2	5	5	5	5	5	5
扬程/m	180	180	180	300	230	230	210	350	180	180	180	270	220	170	350	180	350	300	300	180	180	180	180	180
满载提升速度/(m/min)	150	150	90	180	150	150	150	180	150	150	150	150	150	150	150	150	150	150	150	150	150	150	150	150
满载下降速度/(m/min)	180	180	120	210	210	210	210	210	210	180	180	180	180	180	210	180	210	210	210	180	180	180	180	180
空罐升降速度/(m/min)	180	180	120	210	210	210	210	210	210	180	180	180	180	180	210	180	210	210	210	180	180	180	180	180
起重小车运行速度/(m/min)	450	450	120	450	450	450	450	450	480	450	450	450	450	450	450	450	450	450	450	450	450	450	450	450
承马形式	牵引式	自行式	牵引式	牵引式	自行式	自行式	牵引式	自行式	自行式	自行式	自行式	自行式	自行式	自行式	自行式	自行式	自行式	自行式	自行式	自行式	自行式	自行式	自行式	自行式

1.3 白鹤滩缆机布置与特性

1.3.1 缆机布置

白鹤滩水电站工程建设共布置7台缆机，采用高低双层平移式布置，其中高平台布置3台缆机（简称高缆，编号为1号~3号缆机），低平台布置4台缆机（简称低缆，编号为4号~7号缆机）。为便于区分，7台缆机采用7种颜色涂装，3台高缆颜色依次为大红、孔雀蓝、深黄；4台低缆颜色依次为艳蓝、柠黄、橘红、艳绿。缆机群涂装示意图如图1.3-1所示。

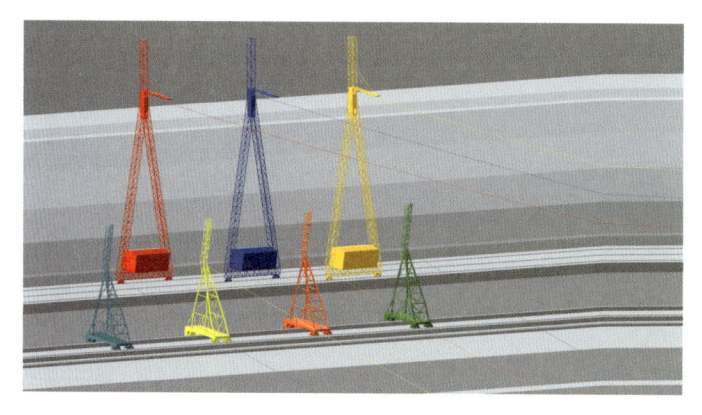

图 1.3-1 缆机群涂装示意图

3台高缆实用跨度分别为1187.00 m、1178.00 m、1169.00 m，设计承载索最大垂度61.36 m。主塔（设置有起升机构和牵引机构，也称主车）布置在左岸，采用A型塔架，带平衡台车。A型塔架向山体侧后倾10°，塔架高度101.00 m，承载索铰点距轨面高度75 m。副塔布置在右岸，采用无塔架结构。缆机布置示意图如图1.3-2所示。

低缆实用跨度为1110.00 m，设计承载索最大垂度57.72 m。主塔布置在左岸，采用高塔架，塔架高度30.00 m。副塔布置在右岸，采用无塔架结构。白鹤滩缆机群布置如图1.3-3和图1.3-4所示。

1.3.2 缆机性能参数

白鹤滩缆机额定起重量30 t（配9 m³混凝土吊罐），满载起升速度2.5 m/s，满载下降速度3.5 m/s，空载升降速度3.5 m/s，起重小车运行速度8 m/s，大车运行速度0.3 m/s。缆机可单台独立运行，也可双机或多机抬吊并车运行。并车抬吊时，高缆的最小间距为10 m，低缆的最小间距为12.5 m，2台缆机的抬吊最大负荷为60 t（吊钩以下重量）。高缆和低缆主要技术参数见表1.3-1和表1.3-2。

缆机主塔电源为AC10 kV（-5%~+10%），50 Hz，功率约1900 kW。缆机司机室与主塔间配置一套无线遥控系统和一套有线控制系统，两者互为备用；司机室与副塔之间采用两套无线遥控系统，两套系统互为备用，每套系统的通信正常与否均有智能诊断及相应的保护功能。

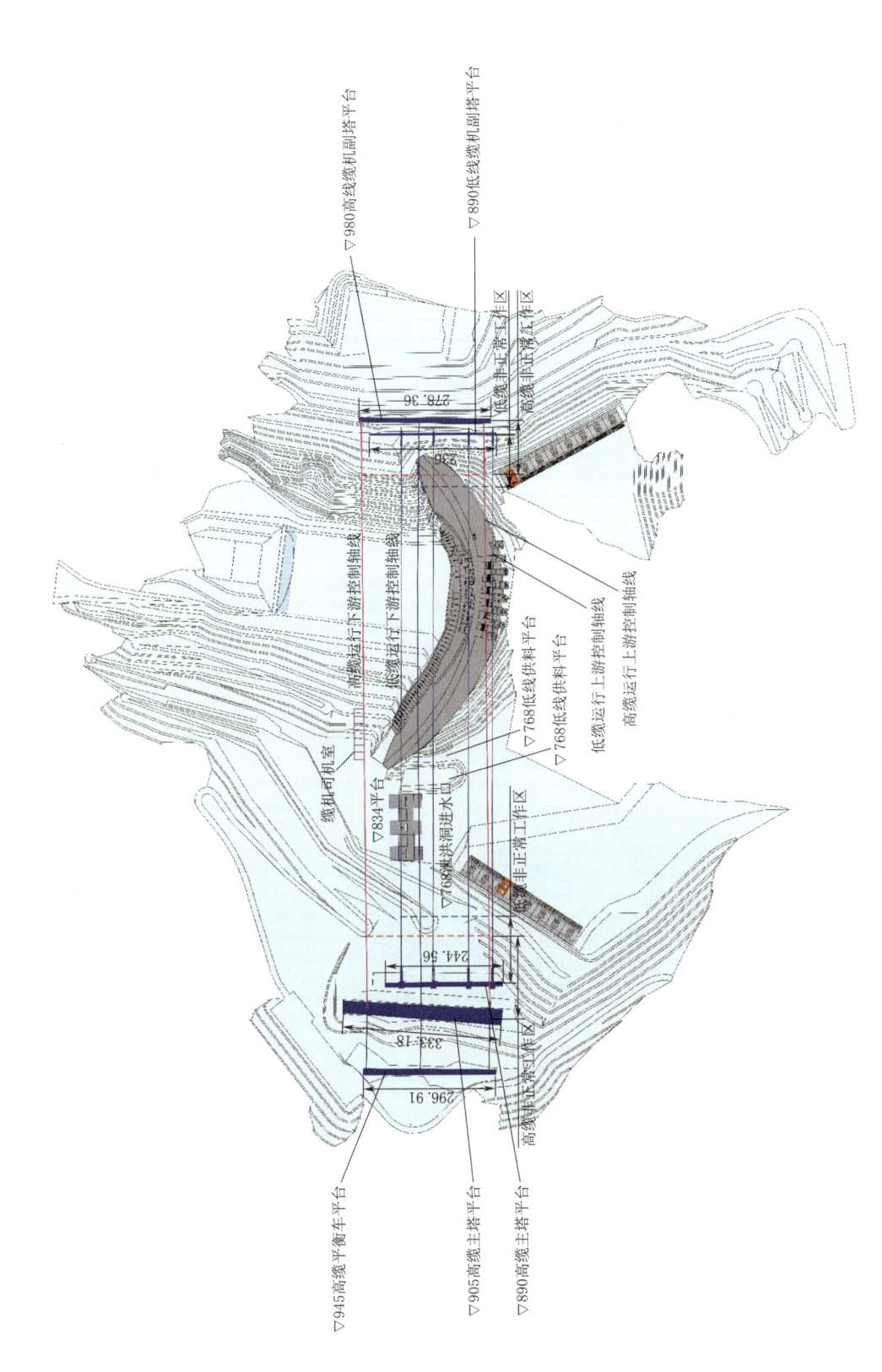

图 1.3-2 缆机布置示意图（单位：m）

图 1.3-3 白鹤滩缆机群布置图（主塔）

图 1.3-4 白鹤滩缆机群布置图（副塔）

表 1.3-1 高缆主要技术参数

序号	项目名称	单位	参 数 值	备注
1	形式		LQP30 t/1200 m 平移式缆索起重机	A 型塔架
2	工作级别		FEM.A7	
3	额定起重量	t	30	吊钩以下重量
4	跨度（设计/实用）	m	1200/1187、1178、1169	
5	吊钩扬程	m	372	即起升高度

续表

序号	项目名称	单位	参 数 值	备注
6	风压	N/m²	正常工作状态最大允许风压375（对应风速为24.5 m/s）	风压小于375 N/m² 工况，缆机正常运行
			非正常工作状态计算风压500（对应风速为28.3 m/s）	风压为375~500 N/m² 工况，缆机限制运行
			非工作状态计算风压800（对应风速为35.7 m/s）	风压大于500 N/m² 工况，缆机禁止运行
7	满载时承重索最大垂度	%	5.2% 跨度	
8	承载索结构及参数		密闭6层"Z"形丝，ϕ108 mm	
9	起升绳形式及参数		面接触、ϕ36 mm	
10	牵引绳形式及参数		面接触、ϕ32 mm	
11	左岸轨道长	m	310	
12	右岸轨道长	m	270	
13	左岸前轨道高程	m	905.17	
14	右岸前轨道高程	m	981.52	
15	起重小车运行速度	m/s	8.0	
16	满载起升速度	m/s	2.5	
17	满载下降速度	m/s	3.5	
18	空载升降速度	m/s	3.5	
19	大车运行速度	m/s	0.3	
20	两台缆机靠近时承重索间最小距离	m	10	
21	总功率	kW	约2075	
22	主塔供电电源 50 Hz	kV	10	

表 1.3-2 低缆主要技术参数

序号	项目名称	单位	参 数 值	备注
1	形式		LQP30 t/1100 m 平移式缆索起重机	刚性塔架
2	工作级别		FEM. A7	
3	额定起重量	t	30	吊钩以下重量
4	跨度（设计/实用）	m	1110/1110.49	
5	吊钩扬程	m	330	
6	风压	N/m²	正常工作状态最大允许风压375（对应风速为24.5 m/s）	风压小于375 N/m² 工况，缆机正常运行
			非正常工作状态计算风压500（对应风速为28.3 m/s）	风压为375~500 N/m² 工况，缆机限制运行
			非工作状态计算风压800（对应风速为35.7 m/s）	风压大于500 N/m² 工况，缆机禁止运行

续表

序号	项目名称	单位	参 数 值	备注
7	满载时承重索最大垂度	%	5.2%跨度	
8	承载索结构及参数		密闭6层"Z"形丝、φ108 mm	
9	起升绳形式及参数		面接触、φ36 mm	
10	牵引绳形式及参数		面接触、φ32 mm	
11	左岸轨道长	m	243	
12	右岸轨道长	m	234	
13	左岸前轨道高程	m	890.27	
14	右岸前轨道高程	m	921.52	
15	起重小车运行速度	m/s	8.0	
16	满载起升速度	m/s	2.5	
17	满载下降速度	m/s	3.5	
18	空载升降速度	m/s	3.5	
19	大车运行速度	m/s	0.3	
20	两台缆机靠近时承重索间最小距离	m	12.5	
21	总功率	kW	约2000	
22	主塔供电电源50 Hz	kV	10	
23	主塔平衡配重	t	490	

1.3.3 白鹤滩缆机特点

白鹤滩缆机是在向家坝、溪洛渡、乌东德等第三阶段国产缆机的基础上进一步优化、完善，并研发应用了一些安全智能化技术的缆机，其技术特点主要有：

（1）采用交流变频调速技术，大大降低了对施工电网供电质量稳定性的要求，提升电气系统运行可靠性。

（2）全面应用新一代高强度轻质材料行走轮的自行式承马，提高了承马运行可靠性。

（3）应用缆机与其他施工设备防碰撞系统，研发应用了针对缆机运行的目标位置保护系统、司机疲劳辨识警示系统等智能安全保护系统，提高了缆机运行安全性。

（4）研发应用了缆机生产信息管理系统，实现了缆机运行主要技术数据的自动采集与分析功能，提升了缆机运行管理水平。

（5）程序控制和无线通信技术进一步完善。

白鹤滩缆机与国内外缆机主要参数及功能对比见表1.3-3。

表1.3-3 白鹤滩缆机与国内外缆机主要参数及功能对比

参 数	进口缆机	国产第三代缆机	白鹤滩缆机	备 注
额定起重量/t	30	30	30	
满载下降速度/(m/s)	3.0	3.5	3.5	
满载起升速度/(m/s)	2.5	2.5	2.5	

续表

参　数	进口缆机	国产第三代缆机	白鹤滩缆机	备　注
起重小车运行速度/(m/s)	7.5	7.5	8.0	
大车运行速度/(m/s)	0.2	0.3	0.3	
无塔架副车平台宽度/m	12.5	12	11	宽度越小占地越小，土建工作量越小
调速方式	直流调速	直流调速	交流变频调速	
自行式承马	单轮单槽钢轮	单轮单槽钢轮	双轮带槽铝合金轮	
司机疲劳辨识系统			有	
目标位置保护技术			有	
轴承温度在线监测			有	
生产效率统计系统			有	

1.4 亮点及成果概要

1.4.1 工程定位

白鹤滩水电站工程缆机群是当今世界规模最大的缆机群，是大坝工程施工的关键设备，发挥了不可替代的作用；缆机群为高低双层布置，共7台缆机，承担大坝工程施工吊运任务；缆机群的运行可靠性及效率直接关系到白鹤滩水电站工程能否按期投产发电。

1.4.2 困难挑战

白鹤滩缆机群跨距均超过1100 m，分高低双层布置，采用高低双供料平台供料，运行环境复杂；地处干热河谷，最高温度在40℃以上，大风频发，全年7级以上大风在240天以上，气候恶劣，安全风险高；缆机群需在50个月内完成包括800余万 m^3 大坝混凝土、2万t金属结构和启闭机设备、10万t钢筋及模板等物料的吊运任务，任务重、强度高、历时长，安装运行及管理难度大。保证缆机安全安装与运行、高效作业都面临巨大挑战。

1.4.3 管理亮点

在大坝混凝土浇筑前，开展了大风天气下提高缆机安全运行效率的试验研究，掌握吊罐在大风条件下的摆动规律，编制大风条件下缆机安全运行规程；缆机运行标准化，确定了缆机群运行标准化流程，保证缆机运行规范化；建立了强制性检修及维护保养制度，确保缆机良好状态；制定了提升绳与牵引绳等重要部件更换临控标准，为同类钢丝绳使用提供借鉴；委托设计制造单位和检测机构开展全过程专业服务，为缆机运行提供技术保障；配置了独立的缆机运行监理机构，实施了专业监理。

1.4.4 关键技术

首次在缆机这类特殊负载工况下应用了交流变频调速技术，大大降低了缆机安全运行对施工电网供电质量稳定性的要求，提高了设备运行的可靠性；全面应用新一代高强度轻质材料行走轮的自行式承马，提高了承马运行可靠性；首次在主塔侧设置了移动平台，有效减少了索道维护工作量；研发应用了后垂直轨后置的副塔形式，减小了副塔平台的土建工程量；应用了缆机与其他施工设备防碰撞系统，为坝面施工设备安全运行提供了可靠的保障；研发应用了针对缆机运行的目标位置保护系统、司机疲劳辨识警示系统等智能安全保护系统，提高了缆机运行安全性；新一代平稳提升系统和小车行走自动防摇摆系统，提高了缆机运行效率的稳定性；研发应用了缆机生产信息管理系统，实现了缆机运行主要技术数据的自动采集与分析功能，提升了缆机运行管理水平。

1.4.5 建设成效

白鹤滩大坝于 2017 年 4 月 12 日开始浇筑，2021 年 5 月 28 日全线到顶，白鹤滩工程建设者攻克了大风条件下缆机群高强度安全高效运行中的诸多技术难题，缆机群安全高效运行 50 个月，使得大坝工程提前 4 个月施工完成。

缆机群 7 台缆机共运行 25.49 万个制度台时，设备平均完好率达到 99%，高峰期月平均利用率达 86%，缆机检修、维护保养高标准完成。

完成大坝混凝土吊运 817.48 万 m^3，每台缆机平均吊运 116.78 万 m^3，每台缆机平均每月浇筑 2.29 万 m^3，其中单机最高月浇筑量为 4.48 万 m^3，7 台缆机月产量最高峰 27.3 万 m^3，连续 3 年年浇筑量 200 万 m^3 以上，7 台缆机年浇筑量最高峰为 270 万 m^3，创同类工程国际最高纪录。

第 2 章 布置与选型

大型水电站缆机的布置和选型是否合理，直接影响到缆机投运后的使用效率和安全性，对控制工程造价、保证施工进度也十分重要。本章就白鹤滩缆机的布置和选型要点进行论述。

2.1 基本条件

2.1.1 地形条件

白鹤滩坝址区地形呈左缓右陡的非对称地形，地形地质结构复杂，白鹤滩坝址原始地形如图 2.1-1 所示。

图 2.1-1 白鹤滩坝址原始地形图（下游视角）

2.1.1.1 左岸地形条件

左岸河谷谷肩（高程 850.0 m 左右）以上为斜坡地形，谷肩以下为临江陡壁。从上游至下游（顺金沙江流向方向）主要由 3 个规模较大的斜坡组成，斜坡之间由北西向陡壁相衔接。大坝左岸坝肩处在 2 号斜坡中间偏下游位置，斜坡倾向上游，倾角 20°左右；左岸坝肩上游约 150 m 为延吉沟，834.0 m 高程以上平均沟深约 25 m，其他多条冲沟汇入延吉沟，对 2 号斜坡地顺坡向造成一定的切割。

边坡主要为裸露弱风化基岩，高程 760.0 m 以上岩性为微晶—隐晶玄武岩及杏仁状少斑玄武岩，岩层倾向与地表坡向基本一致。延吉沟北侧（沟的左侧）覆盖层最大厚度为 17.8 m，整个覆盖层呈向下游逐步变薄的趋势。延吉沟南侧（沟右侧）覆盖层厚度

21.0~47.0 m，上部 1.5~13.0 m 为碎（块）石，少量粗砂、泥质充填，部分被后期钙质胶结，大多呈架空结构；下部 13.0~42.0 m 为碎（块）石，泥质充填，胶结紧密。坝址左岸地形如图 2.1-2 所示。

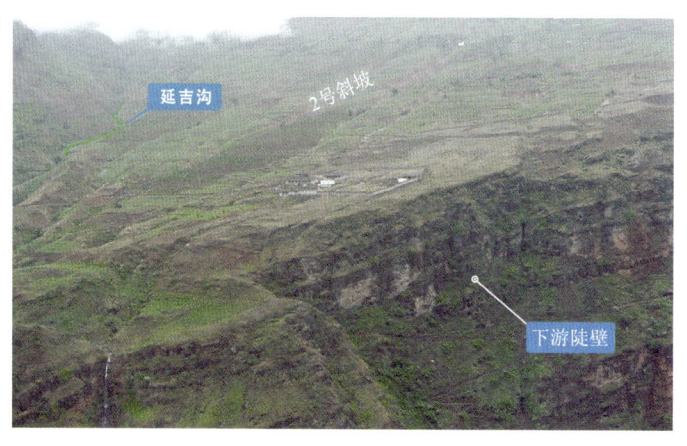

图 2.1-2　坝址左岸地形

2.1.1.2　右岸地形条件

右岸河谷谷肩 1150.0 m 高程以上为倾向上游大寨沟的红岩村缓坡地，总体坡度 10°~15°；1150.0 m 以下至 1050.0 m 高程为倾向金沙江的陡坡，倾角 45°左右；1050.0 m 高程以下为台坎状的临江陡壁。

上游距右岸坝肩 250 m 为大寨沟，为坝线附近规模最大的冲沟，坝址右岸地形如图 2.1-3 所示，沟谷呈明显不对称"V"形，大寨沟左岸坡度约为 60°，大寨沟右岸坡度为 15°~20°，沟口底高程 910.0~890.0 m 局部呈跌水；沟口高程 890.0~740.0 m 为高约 150 m 的瀑布，高程 740.0 m 以下为跌坎；沟口略受沟左侧山梁遮挡，山梁上部高程 1000.0~1030.0 m 为马脖子村缓坡地，临江高程 1000.0~950.0 m 段为陡坡，高程 950.0~590.0 m 为陡壁。

图 2.1-3　坝址右岸地形

坝址处右岸侧地形为陡壁，上游由大寨沟截断，地质情况较好。由于地形相对左岸高差较大，基础平台布置高程较低，右岸无论布置平移式缆机平台或辐射式缆机固定端，均有较大的开挖量和较高的开挖边坡高度。白鹤滩坝址边坡开挖如图 2.1-4 所示。

图 2.1-4　白鹤滩坝址边坡开挖

2.1.2　气象条件

白鹤滩工程地处亚热带季风区，冬半年受青藏高原南支西风环流影响，盛行西风环流，天气晴朗干燥，降雨稀少；夏半年受副热带西风和西南季风影响，水汽较为丰沛，降水较为频繁、集中，年内干、湿季的交替变化极其明显。

根据白鹤滩气象站 1994—2009 年共 16 年的气象观测资料进行统计、分析，白鹤滩气象站多年平均气温 21.9℃，极端最高气温 42.7℃，极端最低气温 0.8℃；多年平均相对湿度 66%；多年平均降水量 733.9 mm；多年平均蒸发量（ϕ20 cm 口径蒸发皿）2231.4 mm。

白鹤滩水电站常年大风天气多，新田站观测数据显示，2012—2014 年日极大风速 7 级以上平均天数为 241 天，占全年总日数的 66.0%，极大风速为 32.4 m/s（偏西风 11 级），出现在 2013 年 1 月 2 日 20 时 42 分。7 级以上大风主要分布于 11 月到次年 5 月，8 级以上大风主要分布于 1 月到 3 月，9 级以上大风主要分布于 1 月到 2 月。7 级以上大风天数远多于其他类似工程。2012—2014 年新田站逐月日 7 级以上大风月平均天数统计见表 2.1-1，2012—2014 年新田站日 7 级以上大风月平均天数对比图如图 2.1-5 所示。

表 2.1-1　2012—2014 年新田站逐月日 7 级以上大风月平均天数统计表　　单位：天

时间	1月	2月	3月	4月	5月	6月	7月	8月	9月	10月	11月	12月	合计
2012 年	29	29	31	28	26	16	3	10	13	17	26	27	255
2013 年	26	27	26	27	21	7	6	6	9	11	24	25	215
2014 年	26	24	31	29	31	21	6	7	9	15	28	27	254
合计	81	80	88	84	78	44	15	23	31	43	78	79	724
平均	27	27	29	28	26	15	5	8	10	14	26	26	241

2.1.3　缆机吊运需求

白鹤滩工程大坝河床建基面底高程 545 m，坝顶高程 834 m，最大坝高 289 m，拱冠梁底厚 63.5 m，坝顶宽度 14 m，最大拱端厚度为 83.91 m，坝顶中心线弧长为 709 m，厚

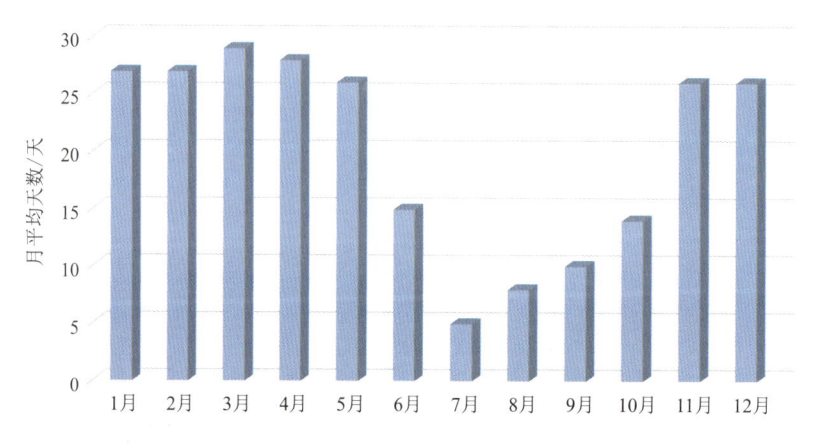

图 2.1-5　2012—2014 年新田站日 7 级以上大风月平均天数对比图

高比 0.22，弧高比 2.45，混凝土浇筑方量约 820 万 m³。大坝共分为 31 个坝段；坝身布置 6 个泄洪表孔、7 个泄洪深孔和 6 个导流底孔，坝体孔洞分 3 层布置，共计 19 个孔。坝体金属结构及埋件总重约 2.0 万 t。大坝及孔洞周边结构钢筋、防裂钢筋、抗震钢筋、钢材等总量约 10 万 t。白鹤滩大坝三维图如图 2.1-6 所示。

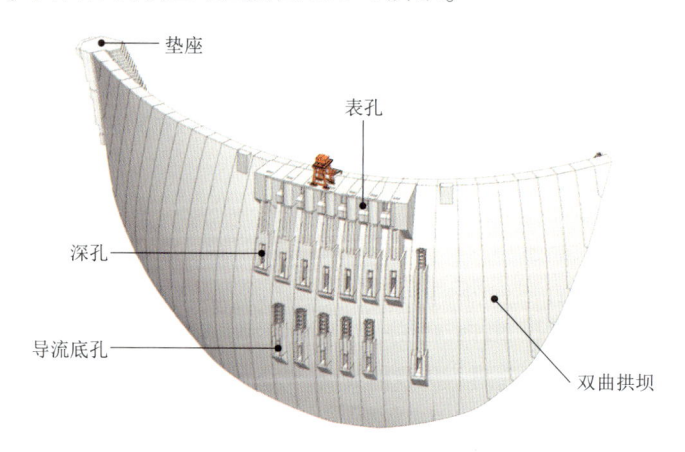

图 2.1-6　白鹤滩大坝三维图

2.2　缆机布置

2.2.1　布置原则

根据大坝体型、坝址区地形地质条件、不同缆机特点和国内外大型水电工程缆机布置的经验，并综合考虑与配套的供料平台、混凝土供料线的布置位置相协调，缆机的布置位置应满足以下基本原则：

(1) 满足大坝施工需要。缆机布置应满足大坝混凝土浇筑及金属结构安装等吊运要求。

(2) 适应地形地质条件。缆机布置应较好地适应两岸地形的特点，不仅考虑缆机平台的布置，而且与之配套的供料平台的布置都能够在满足缆机使用要求的前提下尽量充利用现有的地形条件。

（3）与枢纽布置相协调。缆机布置与左右岸坝肩、泄洪洞进口和引水进水口开挖方案相协调，即尽可能避开引水进水口、泄洪洞进水口和其他枢纽建筑物有塔机等其他施工设备施工的区域，减少相互施工干扰。

（4）混凝土供料线顺畅。缆机平台、供料平台布置应使大坝混凝土实现低供料平台为低高程坝段混凝土浇筑供料，高供料平台为高高程坝段供料，提高缆机的生产效率。

（5）经济指标合理。在满足大坝浇筑要求的前提下，缆机跨距尽量缩短，左岸塔架高度尽量降低，以降低缆机的造价；尽量减小缆机平台、供料线等土建工程量。

2.2.2 布置研究

白鹤滩缆机有多种布置方案可供选用，缆机布置除了须考虑缆机的合理覆盖范围、运行安全、运行效率和经济指标外，还需综合考虑缆机布置避开对坝肩、机组进水口、泄洪洞进水口等建筑物施工的影响。

由于坝址附近地形地质条件复杂，特别是白鹤滩坝址右岸地形高陡，右岸坝肩边坡高度近 600 m，其坝肩开挖为白鹤滩工程的控制性项目，因此，右岸缆机平台布置应尽量避免加大右坝肩开挖工程量和增加施工难度。而左岸坡度低缓，若通过地形增加承载索铰点高程将会迅速增大缆机跨度，因此承载索布置高度受左岸地形制约，通过高塔架弥补地形不足较为合理，以缩短缆机跨度；左岸地形向上游倾斜，走向与主河道方向不平行，夹角达 40°左右，对宽主塔基础的布置非常不利；主塔基础还须跨越延吉沟，其较深的覆盖层需要进行较大的地基处理。

考虑到右岸地形是影响白鹤滩缆机布置方案的最重要因素，因此缆机布置方案应基于如何有利于减轻对右岸坝肩开挖的影响，全面研究左右岸缆机平台、供料平台的平面布置和垂直布置方案。拟定缆机布置方案所需考虑的因素和分析研究的主要内容如下：

（1）右岸缆机平台位置。右岸缆机平台设置在右坝头上方是较常规的布置，但所选坝轴线位置的右岸坝肩上方开挖高度超过 300 m，缆机平台增加了右岸坝肩开挖难度，因此，右岸缆机平台布置于坝肩上方时应与右岸边坡处理统筹考虑，尽量通过加强支护等方式减轻不利影响；考虑到右岸坝肩上游 170 m 左右为大寨沟，可以将右岸缆机平台或固定端布置在大寨沟沟口附近，因此，以右岸缆机平台布置在不同的位置来进行方案比选。

（2）缆机形式。采用辐射式缆机并将固定端布置在右岸可大大减少对右岸开挖的影响，但加大了左岸缆机平台的开挖工程量，因此不论右岸缆机平台设在右岸坝肩上方还是大寨沟沟口，均须对平移式缆机和辐射式缆机布置方案进行全面研究。另外，由于两岸地形差，左岸缆机塔架须采用高架式，应对普通高塔架和 A 型塔架的形式与地形的适应性进行比较。

（3）混凝土供料线的布置方案。由于不同的缆机布置方案对供料线的布置均有影响，因此不同的布置方案的技术经济比较必须考虑供料线的布置方案。

（4）缆机分层布置。对于总数达 6 台以上的缆机布置，采用双层平台布置比较合理，但由于单层缆机平台可大大降低缆机平台布置难度，因此也需要提出不同的垂向布置方案，分析其对减少缆机平台工程量的影响。

根据上述思路，缆机布置需根据坝址附近的地形地质条件进行多种方案的拟定和比选，分析各种可能的布置方案及主要利弊，在此基础上选择几种代表性方案进行详细分析比较。

2.2.3 布置方案比选及结果

根据已有的缆机布置方案的经验，结合白鹤滩工程实际情况，可以确定的是单层缆机布置方案在运行上不能满足白鹤滩工程大坝施工强度需要，其技术经济指标与双层缆机布置方案不具可比性，故主要对双层缆机布置的各代表性方案进行对比分析。

2.2.3.1 代表性方案初选

可供选择的双层缆机布置的代表性方案如下。

方案1：坝肩上方平移式双层布置方案。

缆机轨道平台布置在左、右岸坝肩附近，高、低平台各3台共布置6台缆机。右岸为副塔，左岸为主塔；供料平台布置在左岸，分高、低线布置。坝肩上方平移式双层布置方案示意图如图2.2-1所示。

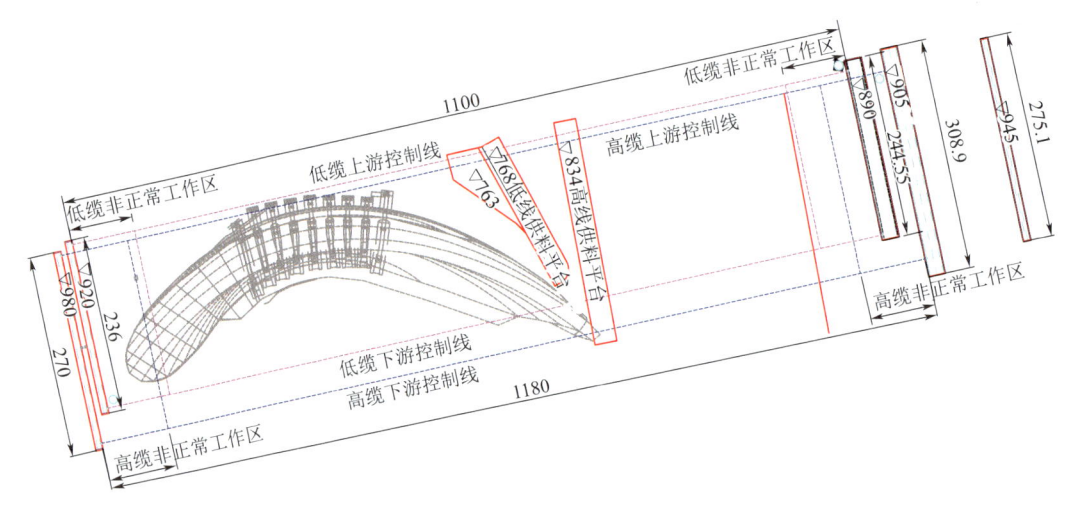

图2.2-1 坝肩上方平移式双层布置方案示意图（单位：m）

方案2：坝肩上方辐射式双层布置方案。

高低缆的固定端均布置在右坝肩开挖边坡内，移动端布置在左岸泄洪洞、进水口后侧倾向上游的岸坡上，分高、低双层布置，高、低层各3台共布置6台缆机；高缆采用55m塔架，低缆采用25m塔架；供料平台布置在左岸，分高、低双层布置。坝肩上方辐射式双层布置方案示意图如图2.2-2所示。

方案3：大寨沟平移式双层布置方案。

右岸缆机平台跨大寨沟布置，左岸缆机平台布置在左岸倾向上游的边坡上；分高、低双层布置，高、低层各3台共布置6台缆机；右岸为副塔，左岸为主塔。供料平台布置在左岸，分高、低双层布置。大寨沟平移式双层布置方案示意图如图2.2-3所示。

方案4：大寨沟辐射式双层布置方案。

高低缆的固定端均布置在右岸大寨沟进水口开挖边坡内，移动端布置在左岸倾向上游的边坡上；分高、低双层布置，高、低层各3台共布置6台缆机；右岸为副塔，左岸为主塔，高低缆均为辐射式塔架。供料平台布置在左岸，分高、低双层布置。大寨沟辐射式双

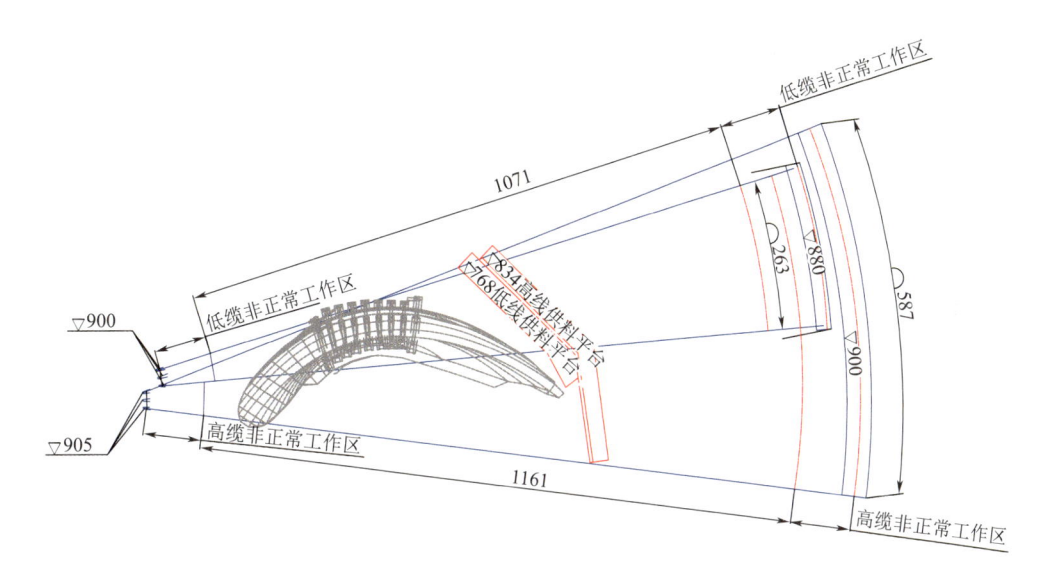

图 2.2-2 坝肩上方辐射式双层布置方案示意图（单位：m）

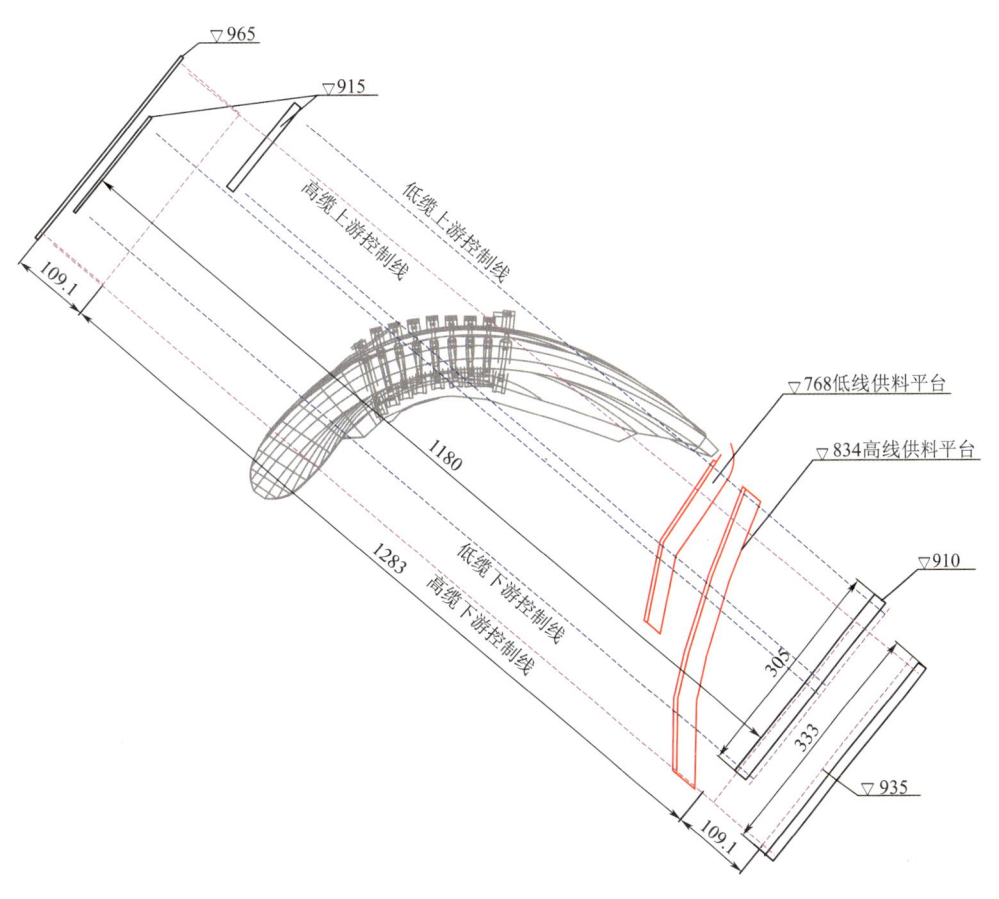

图 2.2-3 大寨沟平移式双层布置方案示意图（单位：m）

层布置方案示意图如图 2.2-4 所示。

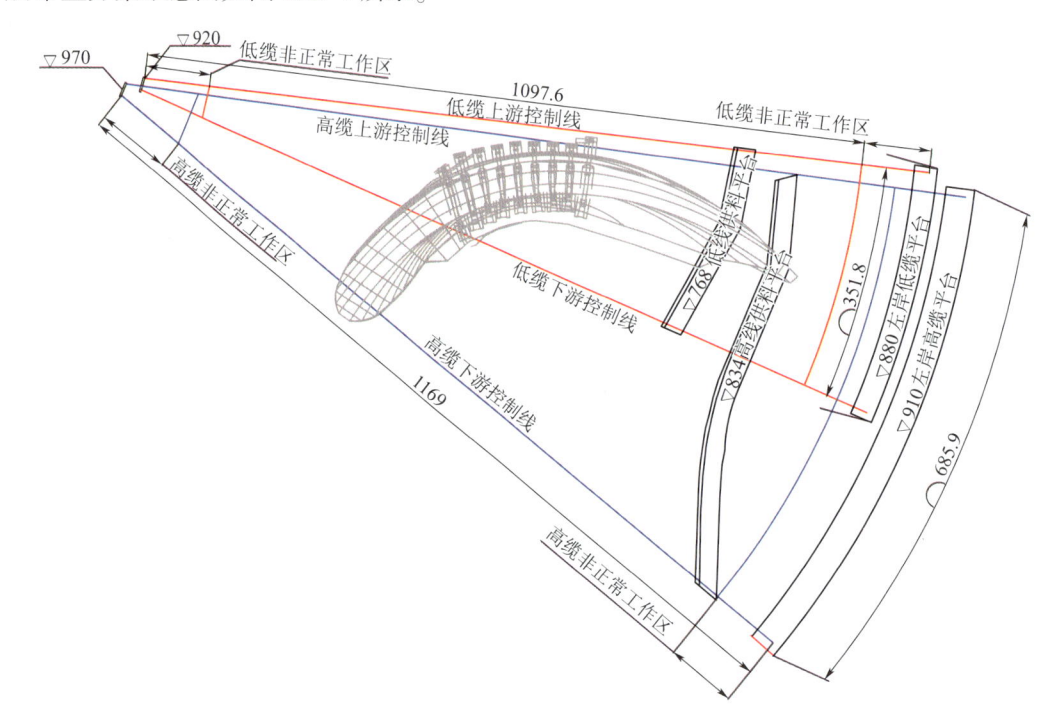

图 2.2-4　大寨沟辐射式双层布置方案示意图（单位：m）

2.2.3.2　缆机布置方案对比

1. 覆盖范围的比较

从对大坝施工的可覆盖范围来看，4 个代表性方案的右岸均有若干坝段处在缆机覆盖范围之外或者缆机的正常工作区之外。坝肩平移式双层布置方案处于非正常工作区内的 2 个坝段可由缆机辅助其他手段入仓，优于其他方案。大寨沟辐射式双层布置方案，右岸有 2 个坝段未能覆盖。坝肩上方辐射式方案，右岸有 4 个坝段未能覆盖。覆盖范围最小的是大寨沟平移式双层布置方案，右岸有 5 个坝段未能覆盖。因此，就缆机覆盖有效范围的因素考量，坝肩平移式双层布置方案优于其他 3 个方案。

2. 平移式布置和辐射式布置的比较

平移式布置的缆机覆盖范围为矩形，缆机沿轨道平行移动，缆机主副塔间的间距相同，相邻缆机起重小车在任何位置，吊钩的间距与承载索的间距相同，运行较安全；辐射式缆机覆盖范围在平面上为一扇形，高低两层缆机在运行中有交叉，且右岸坝段浇筑时，相邻缆机的吊罐间距相对较小，不利于仓内缆机铺料，左岸的移动端也需要移动更多的距离。平移式方案总体上比辐射式方案安全，且比辐射式缆机运行难度小，吊钩的位置调整方便。

3. 坝肩方案和大寨沟方案的比较

因右岸坝肩开挖是白鹤滩工程的一个施工难点，也是关键项目，故肩平移式方案对右岸坝肩开挖的影响较大。根据地形，右岸坝肩及水垫塘上部边坡马道作为缆机平台布置的位置较为合适，进行局部调整后，该边坡马道上就可以留出平移式缆机平台布置的位置。大寨沟方案使右岸缆机平台或固定端和坝肩边坡完全脱开，缆机平台施工对右坝肩开挖的影响较小，左岸缆机平台顺地形布置，平台结构简单，该方案避开了左岸延吉沟，且覆盖一部分右岸进水口，从右岸进水口可以吊运大坝金属结构、施工设备和物资，但缆机跨度比坝肩方案大。综合分析，两类布置方案均受大坝轴线和右坝头布置的影响较大，当大坝轴线和右岸坝肩布置越偏向上游，则坝肩上方缆机布置方案越不利，且平移式缆机的左岸轨道及左岸供料平台土建工程量增加较多，缆机跨度亦加大；大坝轴线和右岸坝肩布置越偏向下游，则大寨沟缆机布置方案越不利，使得缆机布置造成的右岸边坡开挖量及边坡开挖高度均增加，左岸供料平台土建工程量亦增加，缆机覆盖范围减少。

4. 大寨沟方案中平移式和辐射式比较

平移式方案跨度大，跨大寨沟部位缆机平台结构复杂且土建投资大；平移式方案低高程缆机平台分两段布置，缆机整体协作性较差。辐射式方案无以上问题。

缆机布置方案综合比较见表 2.2-1。

2.2.3.3 缆机布置方案比选结果

综上分析，坝肩上方平移式缆机双层布置方案运行覆盖范围优于其他方案，且平移式缆机运行效率高、维护管理相对简单，运行安全保证性好，缆机的承载索最大跨度、塔架形式等均有成熟的设备方案可供选择，对保证大坝混凝土浇筑施工顺利实施最为有利，而且考虑供料平台等设施后总体投资未超过其他方案（其他方案尚未考虑右岸部分坝段需增加的辅助浇筑设备的费用），因此该方案在经济上也是最合理的；坝肩上方平移式缆机双层布置方案存在左岸平台开挖量增加的不利因素，但所增加的缆机平台高程以上的开挖量不到 20 万 m³，与右岸 920 m 高程以上超过 600 万 m³ 的开挖量相比，增加的开挖量在总开挖量中占比较小。与其他方案相比，坝肩上方平移式缆机双层布置方案还有一个优点是，可以较早投入运行，因而可提前进行缆机平台以下右坝肩开挖施工机械、施工材料的吊运，部分弥补其对右坝肩施工进度的影响。综合考虑，白鹤滩工程缆机采用坝肩上方平移式双层布置方案。

2.2.4 承载索铰点高程确定

缆机承载索的垂度与跨度有关，在满足大坝施工需求前提下，宜减小承载索跨度。

由于坝顶门机及坝面其他设备安装可使用其他吊装设备，缆机铰点高程确定主要考虑满足坝体混凝土浇筑要求。

为提高缆机运行的平顺性，将主副塔承载索铰点高程设置为相同，承载索铰点高程 Z 按下式计算：

$$Z = H + S_{max} + i + k \tag{2.2-1}$$

$$S_{max} = f \times l \tag{2.2-2}$$

式中：H 为坝顶高程；S_{max} 为承载索最大垂度；l 为跨度；f 为垂跨比，30 t 缆机承载索垂跨比一般取值为 5%~5.5%；i 为承载索至吊罐底面的最小距离，一般取 17~18 m；k 为吊罐运行安全高度，取 6.0 m，以保证吊罐底部高程不低于 840.0 m。

根据左右岸地形条件和缆机覆盖范围分析，缆机跨度在 1000~1300 m 之间，按上述方法算得不同跨度下缆机承载索铰点高程等参数。缆机不同跨度的承载索铰点高程见表 2.2-2。

表 2.2-1 缆机布置方案综合比较

布置方案		坝肩上方平移式双层布置方案	坝肩上方辐射式双层布置方案	大寨沟平移式双层布置方案	大寨沟辐射式双层布置方案	备 注
布置形式		平移式双层布置	辐射式双层布置	平移式双层布置	辐射式双层布置	
缆机跨距/m	高缆/m	1180.0	1161.0	1283.0	1169.0	
	低缆/m	1110.0	1071.0	1180.0/1034.0	1097.6	
平台结构形式	缆机平台	左岸：跨延吉沟部位为钢筋混凝土框架结构，其他部位为地基梁结构 右岸：地基梁结构	左岸：跨延吉沟部位为钢筋混凝土框架结构，其他部位为地基梁结构 右岸：隧洞内设墩墙结构作固定端	左岸：地基梁结构 右岸：跨大寨沟为高缆土墩墙桥结构，低缆为混凝土墩墙结构，其他部位为地基梁结构	左岸：局部混凝土框架结构，其他部位为地基梁结构 右岸：混凝土实体结构作固定端	
	供料平台	高线：开挖形成 低线：开挖形成	高线：平台上游段为钢筋混凝土框架结构，平台下游段为开挖形成	高线：开挖形成，局部修挡墙 低线：跨坝肩槽设钢栈桥，其他部位开挖形成	高线：开挖形成，局部修挡墙 低线：跨坝肩槽为钢栈桥，其他部位开挖形成	
开挖量/万 m³		137.3	207.4	137.0	126.4	含供料平台，不含右岸边坡
混凝土量/万 m³		8.3	9.6	8.3	8.1	
土建投资/万元		19 328.9	24 253.5	20 784.6	20 143.0	
缆机覆盖范围		全坝段覆盖，但 30 号、31 号坝段处在缆机非正常工作区	除右岸 28～31 号共 4 个坝段不能覆盖外，其他坝段均可覆盖	除右岸 27～31 号共 5 个坝段不能覆盖外，其他坝段均可覆盖	除右岸 30 号、31 号共 2 个坝段不能覆盖外，其他坝段均可覆盖	
辅助入仓		30 号、31 号坝段由缆机减载运行浇筑	缆机不能覆盖的坝段需要其他辅助手段进行大坝混凝土吊运入仓			

续表

布置方案	坝肩上方平移式双层布置方案	坝肩上方辐射式双层布置方案	大寨沟平移式双层布置方案	大寨沟辐射式双层布置方案
主要优点	(1) 缆机跨度相对较小，对各坝段覆盖范围所有坝段，低缆联合覆盖所有坝段可采用缆机减载人仓浇筑，不必配置混凝土减载人仓辅助入仓设备 (2) 平移式缆机效率高、有利于联合抬吊大型金属结构，有利于维护简便、安全保障较高 (3) 缆机承载索基本垂直于各坝段，有利于多台缆机联合浇筑同一个仓号	(1) 缆机跨度相对较小 (2) 右岸坝肩施工影响最小，对右岸坝肩施工影响最小 (3) 缆机承载索基本垂直于各坝段，有利于缆机吊运混凝土，有效保证浇筑强度	(1) 右岸缆机平台可与右坝肩开挖同步施工，减轻大坝右坝肩开挖的施工进度 (2) 左岸缆机平台开挖条件好，结构简单 (3) 供料平台大部分布置在下游，对泄洪洞进口左岸引水进口影响较小 (4) 增加了左岸进水口平台吊物点	(1) 右岸缆机固定端布置于大寨沟右坝肩开挖边坡上，减轻于大坝右坝肩开挖施工干扰 (2) 左岸缆机平台开挖量小，地形较为平坦，开挖量小 (3) 缆机跨度相对较小 (4) 增加了右岸进水口平台吊物点
主要缺点	(1) 右岸开挖工程量增加一定的开挖工程量，对右岸鹤滩工程关键项目右坝肩开挖精度有影响 (2) 左岸缆机平台须跨延告沟，轨道基础处理工程量较大 (3) 右岸缆机平台结构在缆机非正常工作区需采用辅助手段或减载吊运混凝土进行浇筑	(1) 右岸 4 个坝段处在缆机覆盖范围之外，需要其他手段浇筑混凝土 (2) 左岸缆机平台须跨延告沟，轨道长度较长，开挖和基础结构工程量大，投资高 (3) 高线供料平台结构复杂 (4) 两组辐射式缆机固定端间距较大，运行时存在空间交叉的问题，运行管理难度大	(1) 缆机跨度较大 (2) 右岸 5 个坝段未覆盖，需要辅助浇筑设备 (3) 缆机平台跨大寨沟结构复杂，投资大 (4) 右岸低缆机平台分两段布置 (5) 右岸坝段横缝和缆机承载索交角较小，多坝段同时浇筑一个坝段难度大 (6) 左岸低供料平台占压坝段，使用时间短	(1) 为扩大覆盖范围，右岸固定端需要往靠山体侧移动较多，开挖量大，且加大了右岸边坡施工进度压力 (2) 右岸 2 个坝段未覆盖，需增加辅助设备 (3) 双层安全管理难度大，干扰和安全管理难度大，右岸缆机平台多台合缆机联合作业 (4) 左岸机平台工程量大，土建工程量大 (5) 左岸低供料平台占压坝段，使用时间较短
综合评价	好	一般	一般	较好

表 2.2-2 缆机不同跨度的承载索铰点高程

跨度 l/m	坝顶高程 H/m	承载索至吊罐底面的最小距离 i/m	吊罐运行安全高度 k/m	垂跨比 $f/\%$	垂度 S/m	承载索铰点高程/m
1000	834	18	6	5.5	55.0	913.0
1050	834	18	6	5.5	57.8	915.8
1100	834	18	6	5.5	60.5	918.5
1150	834	18	6	5.5	63.3	921.3
1200	834	18	6	5.5	66.0	924.0
1300	834	18	6	5.5	71.5	929.5

根据以上分析，当缆机布置为单层平台时，缆机承载索铰点高程应控制在913.0~929.5 m以上；如果缆机布置为高低双层平台时，则高层平台的承载索铰点高程宜不低于929.5 m，同时低缆承载索铰点最低布置高程至少需满足大坝初期蓄水前的坝体混凝土浇筑，因此低缆承载索铰点高程应控制在913.0 m以上。若考虑高、低两层缆机全部能满足浇筑到坝顶的要求，高缆铰点比低缆铰点高50.0 m左右，即963.0 m以上，以保证高缆在混凝土吊罐为空罐状态下安全跨越低缆。

2.2.5 塔架结构选型及确定

根据缆机选型布置和承载索铰点确定的初步结果，缆机主、副塔分别布置在大坝的左、右岸。

缆机塔架形式、高度、轨距等对缆机布置影响较大，因此，缆机塔架结构形式宜根据地形条件和缆机布置形式、结合缆机平台土建工程量进行优化比选。国内类似工程常见缆机塔架形式对比见表2.2-3。

表 2.2-3 国内类似工程常见缆机塔架形式对比

塔架结构形式		无塔架	低塔架	中、高塔架	A型架+平衡车
塔高 h/m		—	5~15	20~45	60~90
轨距	主塔/m	8	8~10	$0.6h$	通常不小于$4h$
	副塔/m	3~5	8~10		
基距	主塔/m	7~11	7~8	$0.45~0.6h$	$0.35~0.5h$
	副塔/m	5~7	6		
相邻两机承载索中心距/m		10~12	12~14	$0.6h+3$	8
水平力支承方式		水平轨	水平轨	斜轨/水平轨	平衡车水平轨
混凝土配重		无/少量	较重	很重	较重
适用地形		地面高程不小于布置高程	地面高程小于布置高程	地面高程小于布置高程	地面高程小于布置高程

白鹤滩坝址右岸缆机平台地势较高，上、下层缆机的副塔采用无塔架形式均可满足浇筑高程。考虑到右岸地形较陡峭，为尽可能减少平台的土建工程量，研制了后垂直轨后置的副塔，在减少平台土建工程量的同时，加大了副塔轨距，使副塔轮压较为均匀。

左岸地势较低，在尽可能缩小缆机跨距的条件下，同时满足覆盖范围和浇筑高程时需要选择适当高度的塔架形式。而且左岸相对平缓的地形也给布置高塔架提供了便利条件。

国内30 t缆机采用（刚性）高塔架或A型塔架的工程包括景洪（30 m/25 m的高塔

架）、阿海（25 m 的高塔架）、向家坝（75 m 的 A 型塔架）等，根据这些工程缆机的布置选型和使用情况，这两种塔架形式均有设计、制造、安装、使用等成熟经验，都能适应高强度浇筑的要求。

针对白鹤滩工程状况和缆机布置方案，通过对地形地质条件的分析和对设备、土建费用的对比，最终确定左岸上层缆机的主塔采用 75 m 的 A 型塔架加平衡车形式，下层缆机的主塔采用 30 m 的刚性高塔架形式。

2.3 缆机台数确定

2.3.1 缆机参数选择范围

缆机额定起重量的选择直接影响大坝混凝土浇筑进度。白鹤滩工程大坝混凝土浇筑强度位于国内外同类工程前列，缆机应选择当前国内外具有先进技术水平和成熟运行经验的设备。根据近年来小湾、构皮滩、溪洛渡和向家坝等大型水电工程的实践经验，国产 30 t 缆机技术上已基本成熟，可选择的机型较多。白鹤滩工程缆机的额定起重量为 30 t，其主要运行参数如下：

承载索最大垂度：跨距的 5.2%；
起重小车运行速度：8.0 m/s；
大车运行速度：0.3 m/s；
满载起升速度：2.5 m/s；
满载下降速度：3.5 m/s；
空罐升降速度：3.5 m/s。

2.3.2 缆机入仓强度分析

2.3.2.1 缆机吊运循环时间

对缆机进行入仓强度分析时，缆机吊运混凝土的循环时间，可分为固定工作时间和可变工作时间两部分。固定工作时间包括混凝土运输车对位时间、缆机空罐对位时间、料罐装料时间、缆机重罐提升时间、仓面对位时间、料罐卸料时间；可变工作时间包括缆机重罐下降时间、缆机空罐提升时间和起重小车运行时间。

实际操作过程中，缆机大车一般较少移动，为方便计算，将其运行时间按固定工作时间考虑，以每个循环的平均时间计。

除取料和卸料外，一般情况下吊罐下降或提升运动和起重小车牵引运动是同时进行的，因此，计算时取其水平运动时间与垂直运动时间两者间的较大值。分析缆机工作时每一循环的时间，可以按下式计算缆机一个循环所需时间。

缆机单个循环工作时间：

$$T = t_1 + t_2 + t_3 + t_4 + t_5 + t_6 + t_7 + t_8 + t_9 \quad (2.3\text{-}1)$$

重罐提升时间：

$$t_1 = \frac{h_1}{v_1} \quad (2.3\text{-}2)$$

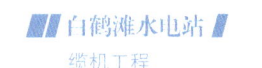

重罐下降时间：
$$t_2 = \frac{h_2}{v_2} \tag{2.3-3}$$

空罐提升时间：
$$t_3 = \frac{h_3}{v_3} \tag{2.3-4}$$

空罐下降时间：
$$t_4 = \frac{h_4}{v_4} \tag{2.3-5}$$

起重小车运行时间：
$$t_5 = \frac{L}{v_5} \tag{2.3-6}$$

起动、制动时间：
$$t_6 = 20 \text{ s}$$

稳罐、取料时间：
　　t_7（缆机运行初期取 120 s，中期取 100 s，后期取 80 s）

稳罐、卸料时间：
　　t_8（缆机运行初期取 120 s，中期取 100 s，后期取 70 s）

大车运行每循环分摊时间：
$$t_9 = 5 \text{ s}$$

式中：h_1 为重罐提升距离，取 5.0 m；v_1 为重罐上升速度，取 2.5 m/s；h_2 为重罐下降距离，根据不同坝段、不同高程确定；v_2 为重罐下降速度，考虑到各个循环速度的不均衡，不取最高运行速度，取 3 m/s；h_3 为空罐提升距离，根据不同坝段、不同高程确定；v_3 为空罐上升速度，考虑到各个循环速度的不均衡，不取最高运行速度，取 3 m/s；h_4 为空罐下降取料距离，取 10.0 m；v_4 为空罐下降速度，考虑到各个循环速度的不均衡，不取最高运行速度，取 3 m/s；L 为起重小车运行距离，根据不同坝段确定；v_5 为起重小车运行速度，考虑到各个循环速度的不均衡，不取最高运行速度，取 7.5 m/s。

根据式（2.3-1）~式（2.3-6），可以计算缆机运行的固定工作时间、各典型坝段缆机运行工作循环时间和每小时循环次数，见表 2.3-1~表 2.3-3。

表 2.3-1　缆机运行的固定工作时间表

高程范围/m	运行时间/s						
	t_1	t_4	t_6	t_7	t_8	t_9	汇总
834~800	2	3.3	20	80	80	5	190.3
800~768	2	3.3	20	80	80	5	190.3
768~720	2	3.3	20	90	90	5	210.3
720~680	2	3.3	20	100	100	5	230.3
680~610	2	3.3	20	110	110	5	250.3
610~580	2	3.3	20	110	110	5	250.3
580~545	2	3.3	20	120	120	5	270.3

第 2 章 布置与选型

表 2.3-2 各典型坝段缆机运行工作循环时间表

单位：s

高程/m	1号	2号	3号	4号	5号	6号	7号	8号	9号	10号	11号	12号	13号	14号	15号	16号	17号	18号	19号	20号	21号	22号	23号	24号	25号	26号	27号	28号	29号	30号	31号
800~834	207	207	208	211	216	220	225	229	234	238	243	248	253	259	264	270	276	283	289	296	302	308	314	320	326	331	336	342	348	354	—
768~800	224	229	229	229	229	229	229	230	234	238	243	248	253	259	264	270	276	283	289	296	302	308	314	320	326	331	336	342	348	354	—
720~768	—	267	275	275	275	275	275	275	275	246	251	257	262	267	272	278	284	291	297	304	262	316	323	328	334	339	345	350	356	374	—
680~720	—	—	314	325	325	325	325	325	325	281	281	281	282	287	292	298	304	311	317	324	282	336	343	348	354	359	365	370	376	—	—
610~680	—	—	—	—	365	371	375	380	381	337	337	337	337	337	337	337	337	337	338	344	337	356	363	368	374	379	385	390	396	—	—
580~610	—	—	—	—	—	—	—	—	408	371	371	371	371	371	371	371	371	371	371	371	371	371	371	371	374	379	—	—	—	—	—
545~580	—	—	—	—	—	—	—	—	—	—	402	404	406	408	409	410	412	412	412	412	410	409	407	406	403	—	—	—	—	—	—

表 2.3-3 各典型坝段缆机每小时循环次数表

单位：罐/h

高程/m	1号	2号	3号	4号	5号	6号	7号	8号	9号	10号	11号	12号	13号	14号	15号	16号	17号	18号	19号	20号	21号	22号	23号	24号	25号	26号	27号	28号	29号	30号	31号
800~834	17	17	17	17	17	16	16	16	15	15	15	15	14	14	14	13	13	13	12	12	12	12	11	11	11	11	11	11	10	10	—
768~800	16	16	16	16	16	16	16	16	15	15	15	15	14	14	14	13	13	13	13	12	12	12	11	11	11	11	11	11	10	10	—
720~768	—	14	13	13	13	13	13	13	13	15	14	14	14	13	13	13	12	12	12	12	14	11	11	11	10	10	10	10	10	10	—
680~720	—	—	12	11	11	11	11	11	11	13	12	12	12	12	12	12	11	11	11	11	13	10	10	10	10	10	10	10	9	—	—
610~680	—	—	—	—	10	10	10	10	10	10	10	10	10	10	10	10	10	10	10	10	10	10	10	9	10	10	9	9	9	—	—
580~610	—	—	—	—	—	—	—	—	9	9	9	9	9	9	9	9	9	9	9	9	9	9	9	9	9	—	—	—	—	—	—
545~580	—	—	—	—	—	—	—	—	—	—	9	9	9	9	9	9	9	9	9	9	9	9	9	9	9	—	—	—	—	—	—

注 31号坝段通过皮带机配合缆机送料入仓。

29

2.3.2.2 浇筑仓面积统计

从坝体的分缝、结构布置,可以统计不同高程的仓面面积,由不同高程坝体平切图可知,坝体中上部混凝土浇筑无超过 2000 m² 的大仓,扩大基础多集中在河床和左岸坝段,面积在 1800~2440 m² 范围,包括扩大基础在内,仓位面积统计结果见表 2.3-4。

从统计结果可以看出,白鹤滩工程超过 2000 m² 的仓面不多,主要为 700 m 高程以下的坝体扩大基础仓,大多数浇筑仓面积均在 1800 m² 以下。其中,1800 m² 以上的仓面占总数的 14.6%,1600 m² 以上的仓面占总数的 30.4%。

表 2.3-4 仓面面积统计 单位:m²

坝段号	高程/m									
	545	568	580	610	640	680	720	760	800	834
1 号									176	965
2 号									816	452
3 号								285	785	444
4 号							30	1146	746	427
5 号						615	1591	1116	738	412
6 号						2207	1467	1114	721	408
7 号						372	1980	1433	1078	725	406
8 号					2351	1726	1396	1063	720	400
9 号				536	2377	1645	1353	1062	702	388
10 号			510	2240	1861	1596	1334	1036	708	388
11 号			1421	2092	1774	1553	1300	1036	715	375
12 号		687	2130	1787	1693	1507	1296	1024	704	381
13 号		1272	2035	1591	1533	1864	1346	1151	669	348
14 号		1913	2169	1722	1649	1944	1425	1238	747	386
15 号		2285	1728	1657	1599	1475	1668	1157	1043	974
16 号		2160	1663	1613	1563	1451	1672	1149	984	826
17 号	244	1634	1621	1584	1330	1495	1327	1165	1147	839
18 号	1005	1620	1609	1578	1346	1523	711	1170	1139	903
19 号	1564	1625	1615	1581	1328	1499	1265	1212	984	876
20 号	1948	2174	1645	1599	1557	1459	730	1256	1150	883
21 号	2202	2311	1734	1675	1641	1546	1777	1356	1189	775
22 号	1192	2353	2185	1705	1667	2073	1883	1336	773	384
23 号		1353	2371	1766	1725	2157	1530	1368	770	395
24 号			1520	1672	1684	1609	1599	1090	707	334
25 号				2004	1879	1769	1418	1217	818	394

续表

坝段号	高程/m									
	545	568	580	610	640	680	720	760	800	834
26号				223	1977	1860	1542	1267	856	404
27号					1015	1986	1609	1357	882	427
28号						1296	1730	1435	961	434
29号							1846	1517	1021	464
30号							1317	1475	1120	482
31号									555	450

从仓面面积上看，白鹤滩工程大坝浇筑仓面超过 2000 m² 的有 197 仓，占总仓数的 7.6%，大多数浇筑仓面积均在 2000 m² 以下，其中 1800 m² 以下的浇筑仓块数占总浇筑仓的 85% 以上，坝体浇筑块仓面面积统计分析见表 2.3-5。

表 2.3-5 坝体浇筑块仓面面积统计分析

序号	浇筑仓面积/m²	主要分布高程/m	主要分布坝段/号	浇筑块数/块	累计块数/块	占总浇筑块数比例/%
1	2000~2440	540~700	6~28	197	197	7.62
2	1800~2000	540~730	6~29	181	378	7.00
3	1600~1800	540~750	5~29	407	785	15.75
4	1400~1600	540~780	5~30	447	1232	17.30
5	1200~1400	540~796	4~30	310	1542	12.00
6	1000~1200	540~806	4~30	226	1768	8.75
7	800~1000	540~831	3~30	229	1997	8.86
8	600~800	540~834	1~30	203	2200	7.86
9	<600	540~834	1~31	384	2584	14.86
10	合计					100

2.3.2.3 缆机浇筑入仓强度分析

大坝施工的浇筑块数量多，仓面面积变化区间大，为满足平铺法施工的要求，需根据仓面条件配置缆机数量。按平铺法坯层厚度 0.5 m，铺层间满足在混凝土初凝时间 3~5 h 内覆盖的要求，并分别考虑缆机初期投入时效率较低的仓面和正常浇筑仓面的入仓效率，单仓配置不同缆机台数等因素，入仓强度及能够满足混凝土凝固时间要求的控制浇筑仓面面积计算分析如下：

$$S = \frac{v \times n \times i \times t}{h} \quad (2.3-7)$$

式中：S 为控制仓面面积，m²；v 为缆机小时浇筑罐数，罐/h，常规入仓强度取 11 罐/h，初期入仓强度取 8 罐/h；n 为缆机台数；i 为每罐混凝土方量，取 9 m³/罐；t 为覆盖时间，h；h 为坯层厚度，取 0.5 m；入仓强度为 $n \times v$。

通过计算得出，平铺法浇筑出入仓强度及可控制的最大仓面面积见表 2.3-6。

表 2.3-6 平铺法浇筑可控制的最大仓面面积

覆盖时间/h	单仓浇筑设备	常规入仓强度/(m³/h)	正常控制浇筑仓面面积/m²	初期入仓强度/(m³/h)	初期控制浇筑仓面面积/m²
3	2 台缆机	198	1188	144	864
	3 台缆机	297	1782	216	1296
	4 台缆机	396	2376	288	1728
	5 台缆机	495	2970	360	2160
	6 台缆机	594	3564	432	2592
4	2 台缆机	198	1584	144	1152
	3 台缆机	297	2376	216	1728
	4 台缆机	396	3168	288	2304
	5 台缆机	495	3960	360	2880
	6 台缆机	594	4752	432	3456
5	2 台缆机	198	1980	144	1440
	3 台缆机	297	2970	216	2160
	4 台缆机	396	3960	288	2880
	5 台缆机	495	4950	360	3600
	6 台缆机	594	5940	432	4320

从上述计算成果可以看出，在常规浇筑条件下，面积在 1800 m² 以下的仓面，如果配置不多于 3 台缆机同仓浇筑，铺层覆盖时间可控制在 3 h 以内。如果铺层覆盖时间控制在 4 h 时，单仓配置 3 台缆机即能够满足面积在 1800 m² 以上的仓面。说明对于大部分浇筑块，本工程 6 台缆机具有满足同时浇筑两个仓面的能力。对大坝浇筑初期施工的仓面，当面积超过 1800 m² 时，可选择 4~6 台缆机同仓浇筑。说明通过对不同面积浇筑仓内缆机浇筑数量的调配，6 台缆机可以满足白鹤滩大坝混凝土的入仓浇筑强度要求。

2.3.3 缆机入仓强度模拟仿真

运用坝体浇筑仿真软件进行仿真研究，对比缆机台数和布置方案，分别对 5 台缆机、6 台缆机和 7 台缆机双层轨道平台布置方案进行浇筑仿真，同时也对 6 台缆机双层平台布置方案以及 6 台缆机布置在同一高程平台方案进行仿真对比。仿真所需的大坝混凝土浇筑参数见表 2.3-7，仿真成果见表 2.3-8。

表 2.3-7 大坝混凝土浇筑参数

序号	项目名称	单位	参数值	备注
1	拌和楼混凝土供应强度	m³/h	900	三座楼同时供应
2	基础强约束区		0.2L	含老混凝土约束区

续表

序号	项目名称	单位	参数值	备注
3	强约束区浇筑厚度	m	1.5	
4	正常浇筑区厚度	m	3.0	
5	≤2.0 m 浇筑层厚的间歇时间	天	5	
6	>2.0 m 浇筑层厚的间歇时间	天	7	
7	混凝土初凝时间（夏季/冬季）	h	3.0 h/5.0 h	
8	老混凝土形成的时间间隔	天	≥28	
9	基础固结灌浆影响时间	天	30	
10	钢衬段施工时间	天	60	
11	反坡段上升高度	m	3	间歇10天
12	表孔隔墙上升高度	m	3	间歇15天

注 表中 L 为浇筑块长边的尺寸。

表 2.3-8 缆机台数及布置形式浇筑仿真成果

缆机布置方案	单位	双层平移式	单层平移式	双层平移式	双层平移式
缆机台数	台	5	6	6	7
浇筑工期	月	58	55	54	49
平均月强度	万 m³/月	15.3	16.2	16.5	18.2
高峰月强度	万 m³/月	20.0	22.7	23.2	27.9
高峰小时强度	m³/h	420	500	470	570
平均上升速度	m/月	4.98	5.25	5.35	5.90
单台缆机高峰强度	万 m³/月	4.86	4.51	4.35	4.46
19号坝段（典型坝段）最高小时罐数	罐/h	7.7	7.7	7.1	7.7
缆机浇筑利用率（单机最大）	%	71.3	64.7	66.7	62.4
缆机备仓利用率（单机最大）	%	5.4	4.3	4.0	4.6
缆机平均空闲天数（含检修）	天	520	679	506	540

根据施工总进度及大坝混凝土浇筑模拟仿真研究成果，同时考虑拌和系统、混凝土供料等缆机的配套设施投入及实际使用效率，参考已建和在建工程经验，白鹤滩工程需要6台30 t缆机才能满足大坝浇筑强度的需要。根据计算成果，按高、低层各3台平移式缆机，高低双层混凝土供料线布置方案，大坝高峰浇筑强度约23万 m³/月，坝体上升速度约在5~6 m/月，大坝混凝土浇筑工期约54个月，可满足工程总体进度要求。国内已建和在建的类似规模的高拱坝工程的大坝浇筑特征指标和采用的缆机台数统计见表2.3-9。

表 2.3-9 类似工程缆机台数对比

序号	比较内容	二滩	小湾	锦屏一级	溪洛渡	白鹤滩
一、缆机生产能力情况							
1	大坝混凝土工程量/万 m³	407	860	478	654	892

续表

序号	比较内容	二滩	小湾	锦屏一级	溪洛渡	白鹤滩
2	使用缆机台数/台	3	6	4	5	6
3	混凝土浇筑工期/月	40	51	54	60	54
4	单台缆机月平均强度/万 m³	3.39	2.81	2.21	2.18	2.75
二、仓面浇筑情况							
1	坝高/m	240.0	292.5	305.0	285.5	289.0
2	坝段数	39	43	27	31	31
3	最大仓面面积/m²	1200	1800	1452	1800	2150

综合入仓强度分析和模拟仿真显示，白鹤滩大坝混凝土设计浇筑工期为54个月，根据其他工程缆机实际使用情况和模拟测算，单台缆机的平均生产率按2.8万 m³/月考虑，6台缆机双层布置可满足大坝施工需求。

2.3.4 最终缆机数量确定

缆机运行过程中，平均每台缆机每天的零星物资设备吊运（简称"吊零"）时间2 h，空中构件的检查维护（简称"架空"）时间1 h，其他时间（包括交接班、就餐时间、吊零摘吊罐和挂吊罐时间等）约1 h，每月固定1天月保养时间，换算到每台缆机每月更换绳索（起升绳和牵引绳）时间为1天。根据缆机运行经验，当风力等级大于9级时，缆机应停止运行；当风力在8~9级时，不允许联动（即起升和牵引联合动作），效率大幅降低。在出现大雾和雷暴天气的日历天数内每天缆机的停运时间2 h。各月缆机有效运行时间见表2.3-10。

表2.3-10　各月缆机有效运行时间　　　　　　　单位：天

运行时间	1月	2月	3月	4月	5月	6月	7月	8月	9月	10月	11月	12月
日历天数	31	28	31	30	31	30	31	31	30	31	30	31
影响天数	9.4	8	5.4	5.9	5.3	4.7	1.4	1.3	4	4	2	4
有效天数	21.6	20	25.6	24.1	25.7	25.3	29.6	29.7	26	27	28	27

综合以上因素，强制保养和检修，大风、大雾和雷暴天气等全年对白鹤滩缆机运行影响天数为55.4天，占15.18%。为确保白鹤滩大坝施工质量和工期，适当的数量冗余配置是必要的，故按7台缆机配置，在运行效率更高的低平台布置4台。

根据布置与选型研究得出，白鹤滩水电站工程缆机布置方案为坝肩上方双层平移式缆机布置，高平台布置3台缆机，低平台布置4台缆机，布置方案如图2.3-1所示，缆机参数见表2.3-11。

图2.3-1 坝肩上方双层平移式缆机布置方案

表2.3-11 坝肩上方双层平移式缆机布置参数

项 目		高 缆	低 缆
缆机台数/台		3	4
缆机跨距/m		1180.0	1110.0
左岸	平台长/m	308.9	244.7
	平台宽/m	24.0	30.0
	平台高程/m	905.0	890.0
	承载索铰点高程/m	980.0	920.0
	塔架高度/m	75.0	30.0
右岸	平台长/m	269.1	235.6
	平台宽/m	10.0	10.0
	平台高程/m	980.0	920.0
	承载索铰点高程/m	980.0	920.0
	塔架高度/m	无	无

2.4 缆机平台布置

1. 左岸缆机平台布置

左岸缆机平台及平衡台车平台上游跨延吉沟，岩性为微晶-隐晶玄武岩及杏仁状少斑玄武岩，上游覆盖层较厚（21～41 m），下游覆盖层较薄（约17 m）。在跨延吉沟部位分别制作框架和墩墙结构，跨沟以外，上、下游缆机轨道梁也制作地基梁结构；延吉沟及上游深覆盖层部位制作桩基基础，左岸缆机平台结构如图2.4-1～图2.4-3所示。

2. 右岸缆机平台布置

右岸缆机平台均设置无塔架副车，布置在坝肩以上开挖边坡中扩挖形成的基岩平台上，高缆高程980 m，低缆高程890 m。高低缆机平台均在开挖岩基上，采用地基梁结构。

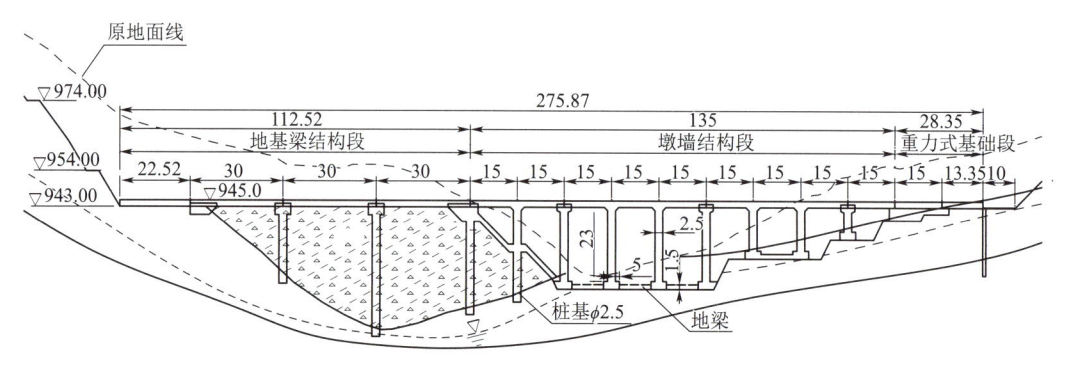

图 2.4-1　左岸高缆平衡台车平台（单位：m）

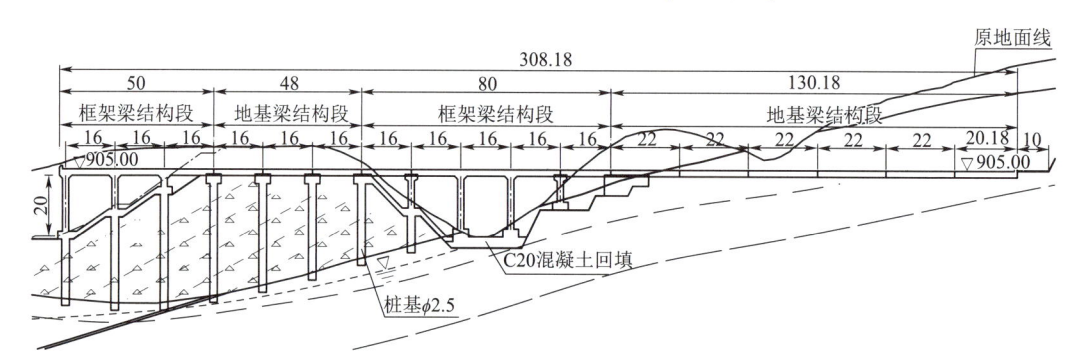

图 2.4-2　左岸高缆台车平台（单位：m）

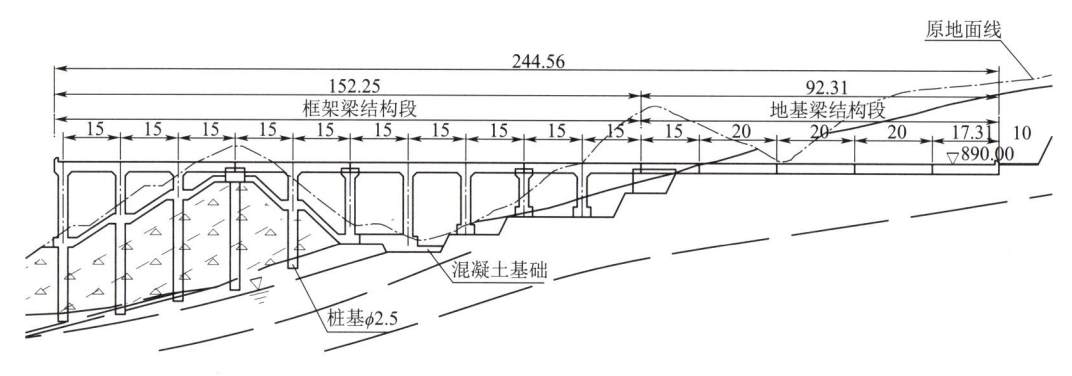

图 2.4-3　左岸低缆平台（单位：m）

2.5　思考与借鉴

经过实践证明，白鹤滩水电站大坝施工的主要入仓设备选择缆机是合适的。"高低双层平移式缆机"的布置方式更好地适应了大坝左右岸地形和地质条件，减少了边坡开挖量；同时，平移式缆机更利于拱坝的混凝土浇筑和金属结构吊运，且这种形式的缆机在设计、制造上技术成熟，维修和操作相对简单，造价相对较低，满足白鹤滩大坝浇筑时间长、强度高的施工需要。后续工程的缆机布置和选型，可重点考虑以下几个方面：

（1）缆机适用于高山峡谷中的混凝土高坝的施工。缆机架设在坝顶高程以上，可覆盖全部浇筑高程，一次安装可全施工期使用，且无须在汛期停止工作或撤出；吊运工作范围大，使用方便，与其他施工机械干扰少；运行速度快，工作效率较高。设备选型方面优先选用平移式缆机。

（2）关于缆机布置。缆机双层布置方式虽然增加了布置规划的难度，增加了轨道基础平台的工程量，但采用高低双层布置的方式，高缆可以跨越低缆，高低缆可间隔运行，在平面上可相互补位，相互支援；在高低缆之间可得到较小的承载索中心距，高低缆运行间距只有同层缆机间距的一半，便于双机同浇一个仓面及实现多机同仓浇筑，不仅双机抬吊更加灵活，且可进行三机及四机抬吊，提高混凝土浇筑和设备吊装效率；高低双层布置有利于对缆机进行合理分工，如安排一台缆机专门用作吊零；双层布置可实现安全高效且覆盖全坝段的混凝土入仓手段，可解决缆机群占位干涉的难题，实现缆机群灵活调度、高效调配，最大限度发挥缆机群运行效率，为实现拱坝的快速施工提供条件；高缆先投入使用还可用于低缆的安装工作。因此，在条件允许的情况下，大型工程使用4台及以上缆机的布置优先考虑按双层布置。白鹤滩高低缆和高低线供料平台及拌和系统如图2.5-1所示。

图 2.5-1 白鹤滩高低缆和高低线供料平台及拌和系统

（3）关于供料平台布置。常见的缆机供料平台布置主要考虑地形和总体布置需要，往往将供料平台的供料边布置成垂直于承载索的方式，造成取料点上方承载索部位弯折集中，降低承载索使用寿命。后续工程宜考虑将缆机供料平台供料边布置成与缆机承载索形成一定的夹角（见图2.5-2），或设计成折线式供料平台，避免供料平台上方承载索可能出现的集中断丝的情况；高低双供料平台及配套混凝土生产系统可提高缆机运行效率；供料平台落罐区可设置向内的坡度，便于吊罐停靠时，罐口向供料平台侧倾斜。此外，取料点须保证布置在

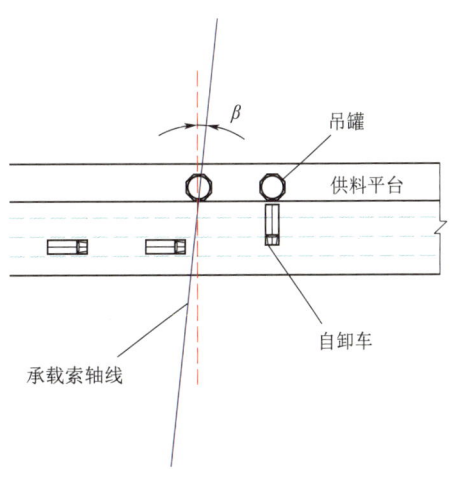

图 2.5-2 供料平台与缆机承载索示意图

缆机正常工作区内。

（4）关于缆机数量选择。项目设计和建设管理单位在确定缆机数量时，一般主要考虑两个方面的因素，一是混凝土浇筑强度，二是参考其他工程经验，而对缆机使用寿命的影响因素和自然条件引起缆机运行效率降低方面考虑较少。后续工程缆机数量规划中，应充分考虑缆机使用寿命是否超过设计寿命，以及恶劣天气对缆机运行效率的影响，从工程总体效益综合考虑，适当留有余量是合适的。

第 3 章　设计与制造

白鹤滩缆机是在向家坝、溪洛渡、乌东德等三阶段国产缆机的基础上，设计团队充分消化、吸收国内外先进缆机的优点，对关键技术进行了大量的分析、计算和试验，并逐步应用，同时研发应用了一些安全智能化技术，使缆机设备安全可靠、性能优良。本章论述了白鹤滩缆机群的主要结构、机械及电气控制等方面的设计，主要包括塔架设计、承马创新设计、交流变频技术的应用、稳钩系统和轴承温度在线监测等智能化系统的设计，并论述了缆机制造质量控制要点和退役设备零部件再利用。

3.1　缆机设计

3.1.1　设计条件

白鹤滩布置 7 台 30 t 平移式缆机，分高低双层平台布置，其中低平台布置 4 台，高平台布置 3 台。各台缆机可单独运行，也可两台或多台缆机并车抬吊运行。必要时，高缆可以跨越低缆，同样可与低缆进行并车运行。白鹤滩缆机群布置图如图 3.1-1 所示，高缆总示意图如图 3.1-2 所示，低缆总示意图如图 3.1-3 所示。

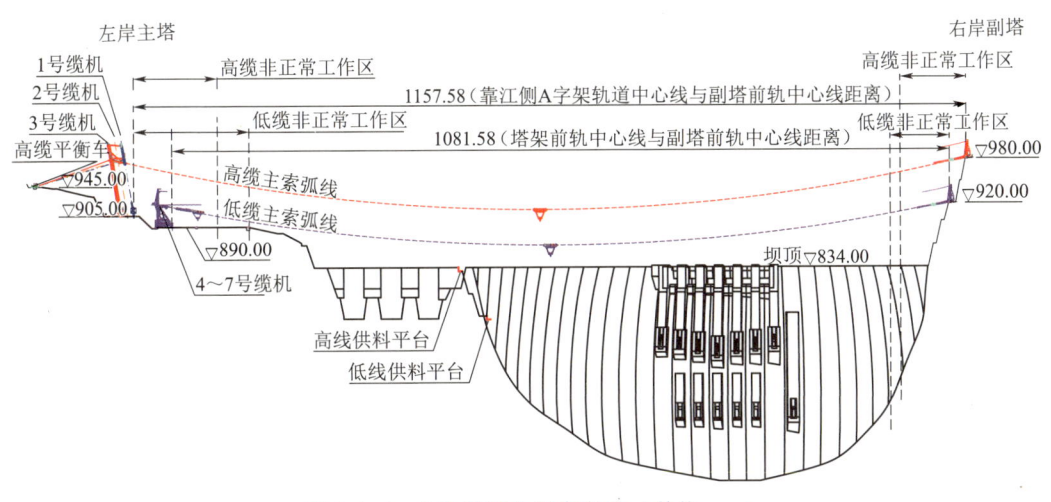

图 3.1-1　白鹤滩缆机群布置图（单位：m）

白鹤滩工区常年盛行大风天气，据坝址附近新田气象站监测，最大极大风速达 32.4 m/s（偏西风 11 级），缆机设计需考虑白鹤滩大风影响因素。根据布置与选型研究的成果，缆机设计需符合的主要技术参数见表 3.1-1。

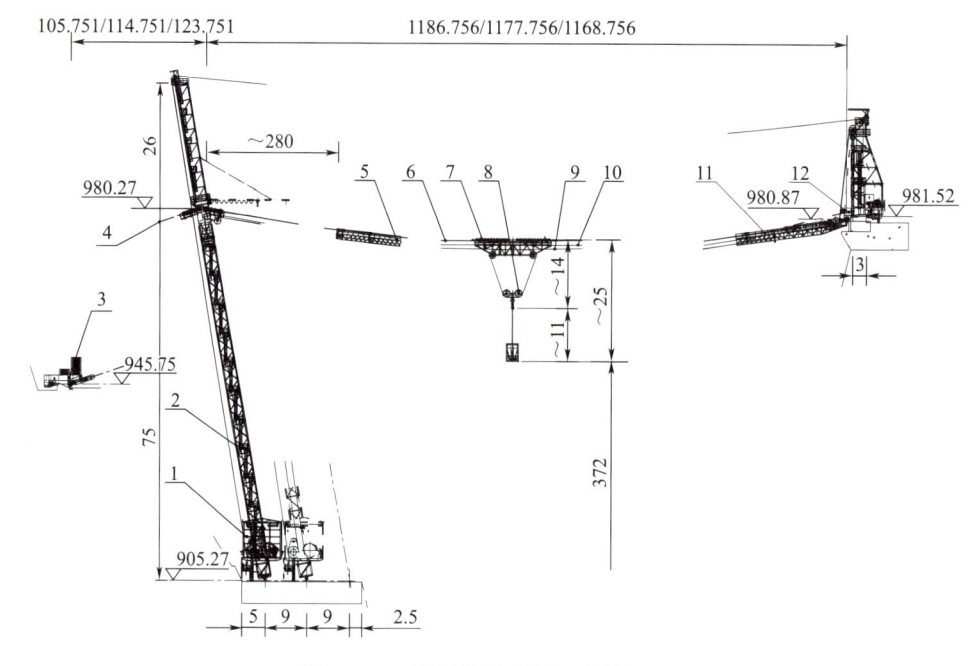

图 3.1-2 高缆总示意图（单位：m）

1—机器房；2—主塔结构；3—平衡车；4—后拉索；5—活动平台；6—主索；7—小车；
8—吊钩；9—起升绳；10—牵引绳；11—检修平台；12—副车

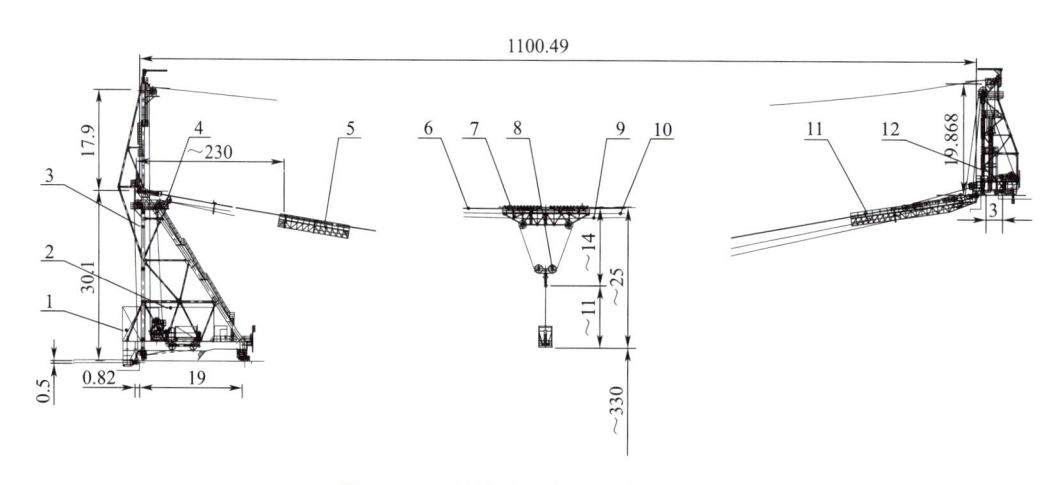

图 3.1-3 低缆总示意图（单位：m）

1—平衡重；2—机器房；3—主塔结构；4—主塔平台；5—活动平台；6—主索；7—小车；8—吊钩；
9—起升绳；10—牵引绳；11—副车平台；12—副车

表 3.1-1 缆机设计需满足的主要技术参数

序号	项 目 名 称	单位	缆 机 参 数	
1	缆机布置位置		高平台	低平台
2	数量	台	3	4
3	额定起重量	t	30	

续表

序号	项目名称	单位	缆机参数	
4	跨度	m	1187/1178/1169	1100
5	吊钩扬程	m	372	330
6	塔架高度	m	75	30
7	承载索垂跨比	%	5.2	
8	大车运行距离	m	247	236
9	左岸承载索铰点高程	m	980.27	920.27
10	右岸承载索铰点高程	m	980.87	920.87
11	缆机浇筑高程范围	m	535~834	

针对白鹤滩特殊气象条件，在对缆机结构和电气设计计算时，除满足设计规范规定外，依据当地气象资料，设定更高的风压要求如下：

（1）大车驱动机构工作状态最大计算风压由 250 N/m² （相当于 6 级风）提高到 375 N/m² （相当于 7 级风），其他部位的工作状态最大计算风压由 250 N/m² 提高到 500 N/m² （相当于 8 级风）。

（2）非工作状态计算风压 800 N/m² （相当于 10 级风）。

3.1.2 主要机械和结构设计

白鹤滩缆机机械和结构件主要包括左岸的主塔结构件、右岸无塔架副车承载索系统、提升系统、牵引系统、自行式承马、固定承马及活动检修平台、起重小车、机房及司机室等设备，高缆主塔架后方还有后拉索及平衡台车。

3.1.2.1 承载索和后拉索

白鹤滩 3 台高缆和 4 台低缆除跨度有区别外，其余运行参数基本相同。其中 3 号高缆的跨度最大，为 1186.754 m，其他两台高缆的跨度略小，4 台低缆跨度均为 1100.49 m，因此，按 3 号高缆的受力条件选择承载索。

承载索计算基准工况为满载（30 t），小车处于跨中，承载索垂跨比为 5.2%。承载索安全系数计算的主要公式如下：

最大水平拉力

$$H_\mathrm{m} = \left(\frac{P}{4} + \frac{\sum gl}{8\cos\beta}\right)\frac{l}{f_\mathrm{m}} \tag{3.1-1}$$

作用于高端铰支点的垂直力

$$V_\mathrm{Am} = \frac{\sum g_\mathrm{t} l}{2\cos\beta} + \frac{P}{2} + \sum H_\mathrm{m}\tan\beta \tag{3.1-2}$$

受力系统总拉力

$$S_\mathrm{m} = \sqrt{\sum V_\mathrm{Am}^2 + \sum H_\mathrm{m}^2} \tag{3.1-3}$$

滑轮组 2 分支绕法的起升绳的拉力

$$S_\mathrm{h} = \frac{Q_\mathrm{h} + Q_\mathrm{R} + Q}{2} \tag{3.1-4}$$

承载索最大拉力
$$S_{max} = S_m - S_h - S_c \tag{3.1-5}$$

承载索安全系数值
$$n_t = \frac{F_R}{S_{max}} \tag{3.1-6}$$

式中：l 为跨距；β 为视线坡角；f_m 为垂度；P 为额定载荷换算的集中载荷；g 为钢丝绳单位长度重量；S_c 为牵引绳的拉力；Q_h 为吊钩与小车之间的起升绳重量；Q_R 为吊钩重量；Q 为吊物重量；F_R 为初选的密封索计算破断拉力。承载索安全系数值 $n_t \geq 30$，满足设计规范要求（相关参数及其数值略）。

根据所用承载索的直径范围选用具有 6 层 Z 形丝的密闭型钢丝绳，其断面形状如图 3.1-4 所示。经计算，所选承载索直径 ϕ108 mm，单位长度重量 69.2 kg/m，强度等级 1570 MPa，计算破断载荷为 13 011 kN。由于后拉索承受的张力与承载索基本相等，因此，采用了相同规格的钢索。

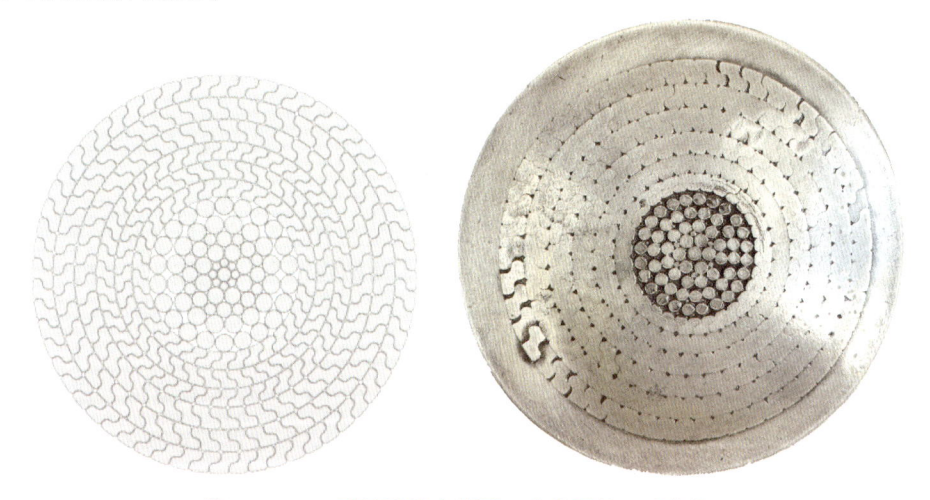

图 3.1-4　Z 形丝承载索截面（实物图外层为抱箍）

由上述方法选用钢索，计算出承载索和后拉索的安全系数见表 3.1-2。

表 3.1-2　承载索和后拉索的安全系数表

名　称	高　缆	低　缆	标　准
承载索	3.0	3.2	≥3（GB/T 28756—2012《缆索起重机》）
后拉索	3.0	3.0	≥3

3.1.2.2　塔架结构

1. 风载计算

根据白鹤滩缆机抗风设计要求，大车驱动计算时，工作状态正常的计算风压取 375 N/m²，非工作状态计算风压取 800 N/m²，工作状态最大计算风压取 500 N/m²。

A型塔架在不同方向上的结构形状不同，故其迎风面积各不相同；非工作状态时不同高度的风压高度变化系数不同；平行轨道风向、垂直轨道风向与构件间的夹角也不一样，必须分别计算。主塔迎风计算模型如图3.1-5所示。

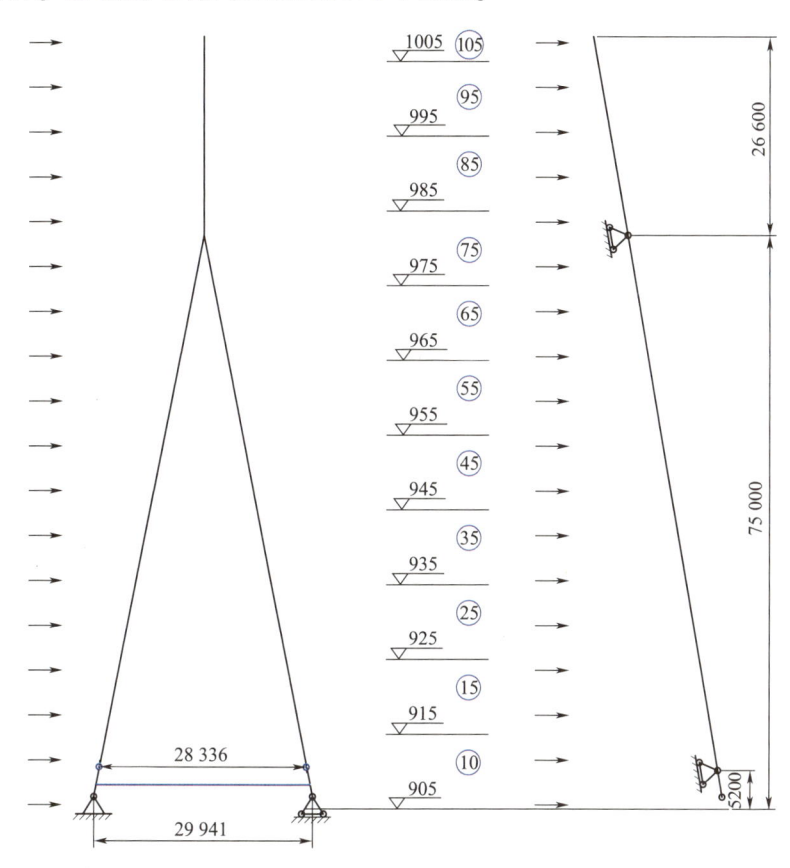

图3.1-5 主塔迎风计算模型（单位：mm）

计算表明，在工作状态下，风产生的附加载荷约361 kN，而非工作状态下则接近888 kN。风载数据用于塔架强度核算、主塔轮压计算以及运行机构功率核算等。

2. 塔架结构设计

承载索铰点高程是缆机的主要技术参数之一，当铰点高程与基础面/轨面高程相差较大时，往往需要设置塔架结构为承载索提供支承，此高差即为塔高。

白鹤滩大坝左岸地势较低，因此缆机左岸主塔应设置高塔架，以下为缆机主塔塔高的计算（白鹤滩缆机左右岸承载索铰点等高）。

低缆铰点距坝顶高度：

$$H_1 = h_1 + a_1 + b_1 = 85.72(\text{m})$$

式中：h_1为低缆承载索垂度；a_1为低缆吊罐底部至承载索最小距离；b_1为低缆吊罐与坝顶的安全距离。坝顶高程与H_1之和即为低缆承载索铰点的最低高程，可计算出其计算高程为919.72 m，取整得920 m。大坝浇筑到较高高程时，可用高缆吊零，且有高缆空钩跨过低缆的要求，应尽量降低低缆的塔高，因此，不把吊零作为低缆塔高计算时的考量因素，因低缆主塔轨面高程为890 m，故低缆塔高可取为30 m。

同样地，高缆铰点与低缆牵引上支在跨中处的高差：

$$H_2 = h_2 + a_2 + b_2 = 87.36(\text{m})$$

式中：h_2为高缆承载索垂度；a_2为高缆吊罐底部至承载索最小距离；b_2为高缆跨越低缆的安全距离。

这里假设是在极端情况下，高缆需要满罐跨越低缆，故安全距离仅为 1 m。正常情况下，为确保安全，仅允许高缆空钩跨越低缆，此工况安全距离约 18 m。低缆牵引绳上支在跨中的高程为 892.38 m，因此高缆承载索铰点计算高程为 979.74 m，取整为 980 m。高缆主塔轨面高程为 905 m，故高缆塔高可取 75 m。

综上所述，低缆主塔塔高 30 m，由此设计的低缆主塔结构如图 3.1-6 所示，轨距 19 m，平衡重 490 t；高缆主塔塔高 75 m，设计采用 A 型塔架加平衡台车的结构形式，高缆主塔结构如图 3.1-7 所示，高缆平衡台车示意图如图 3.1-8 所示，平衡台车配重 120 t。

如果高缆主塔采用和低缆一样结构的形式，初步计算，主塔轨距至少为 35 m，平衡配重需大于 1000 t，使得主塔结构十分庞大。同时，由于主塔塔高的放大效应，缆机运行时的工况变化将导致承载索张力变化而引起主塔轮压大幅起伏，使得相关结构及轨道基础等承受的载荷也大幅变化，这明显是不利的。分析左岸地形，边坡位于高缆塔架布置处，向后延伸了约 100 m，地势也增高了约 40 m，这样的地形条件为采用分立式主塔结构，即 A 型塔架加平衡台车结构形式创造了条件。

A 型塔架加平衡台车的缆机结构在力学上的受力状况较为清晰，便于进行受力计算。A 型塔架主要以撑杆的形式为承载索提供高度方向的支承，平衡台车则为承载索提供一个终端锚固点，用水平轮和配重块来平衡承载索的水平分力。因此，受力计算时，A 型塔架只需按一组车轮来模拟，平衡台车则需一组水平车轮来平衡水平力，再加一组垂直车轮来平衡垂直力。为便于分析，可将 A 型塔架和平衡台车共同视为一台轨距较大的主塔来进行计算，详细受力计算省略。

3.1.2.3 副车

白鹤滩水电站之前，缆机的无塔架副车轨道（如向家坝、乌东德、观音岩、大岗山等）从河流侧往山体侧依次布置前垂直轨、后垂直轨、水平轨。水平轨位于后垂直轨的靠山体侧后面，后垂直轨介于前垂直轨和水平轨之间，前后垂直轨轨距 3.5 m，前垂直轨中心至水平轨轨面的水平距离约 4 m。为满足副车运行及人员通过，副车总宽度不小于 9 m，同时需满足安装及检修时吊车从山体侧通过需求，因此，副车平台宽度需大于 12 m。

白鹤滩缆机无塔架副车侧轨道从河流侧往山体侧依次布置前垂直轨、水平轨、后垂直轨，水平轨位于前垂直轨和后垂直轨之间，后垂直轨位于水平轨靠山体侧的平面上，前后垂直轨轨距 5.5 m，前垂直轨中心至水平轨轨面的水平距离约 3 m，这种后垂直轨后置的结构形式可减少副车侧轨道基础混凝土的宽度约 1 m。为满足副车运行及人员通行需要，副车总宽度减少至 8 m，为满足安装及检修时吊车从山体侧通过需要，副车平台宽度为 11 m。常规缆机和白鹤滩缆机副车轨道布置对比如图 3.1-9 所示。

白鹤滩缆机副车平台宽度由常规缆机的约 9 m 降低至约 8 m，减少了轨道基础混凝土等土建工程量；副车平台宽度由约 12 m 降低至约 11 m，减少了右岸边坡开挖量，节约土建成

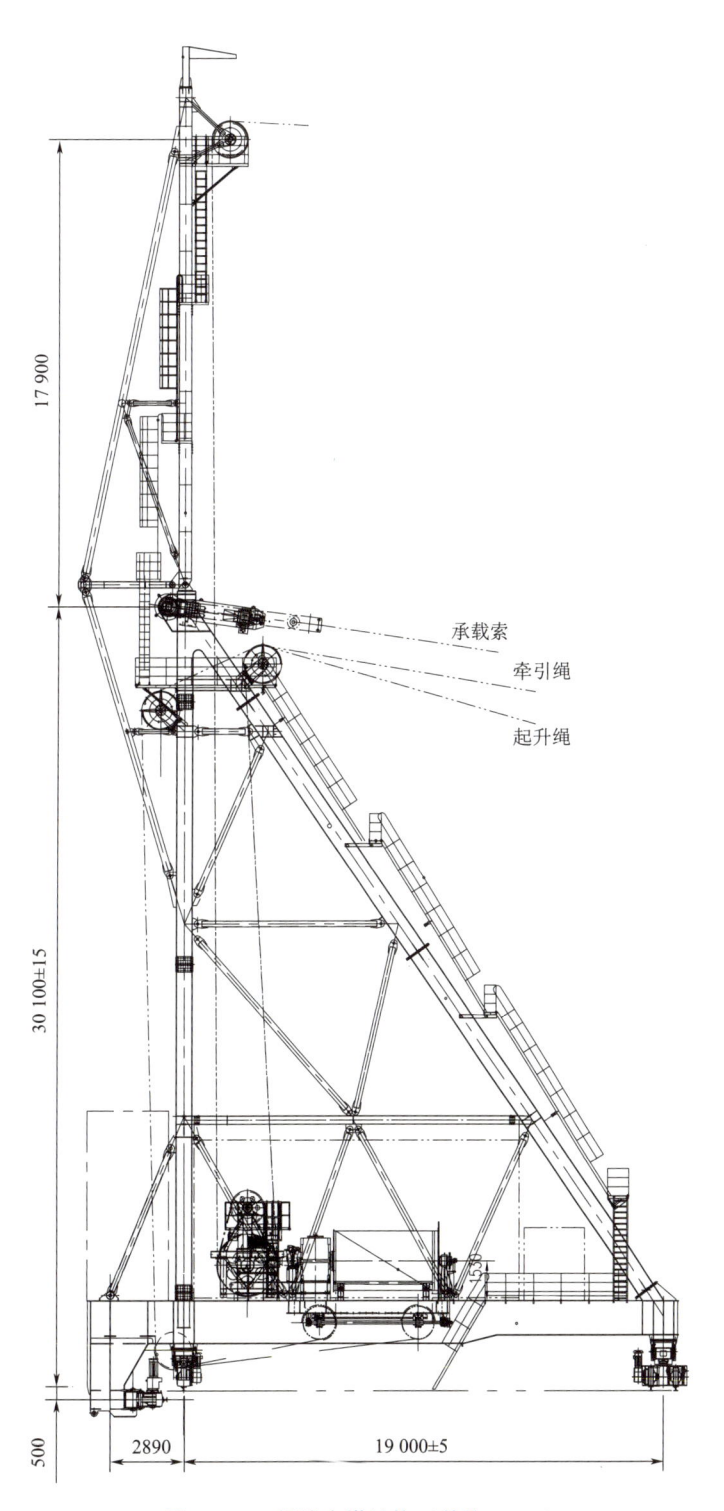

图 3.1-6 低缆主塔结构（单位：mm）

(a)

(b)

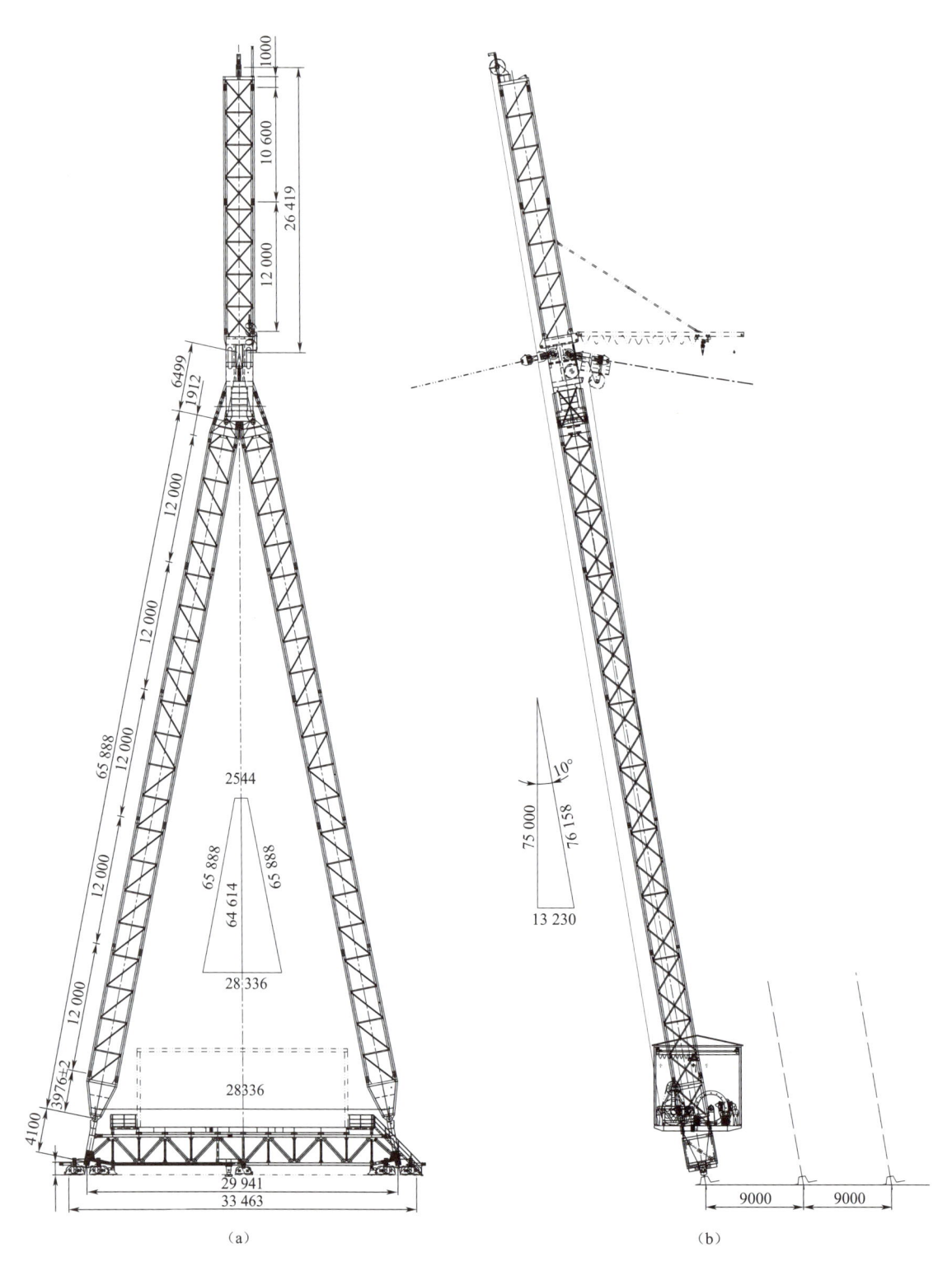

图 3.1-7　高缆主塔结构（单位：mm）

第 3 章 设计与制造

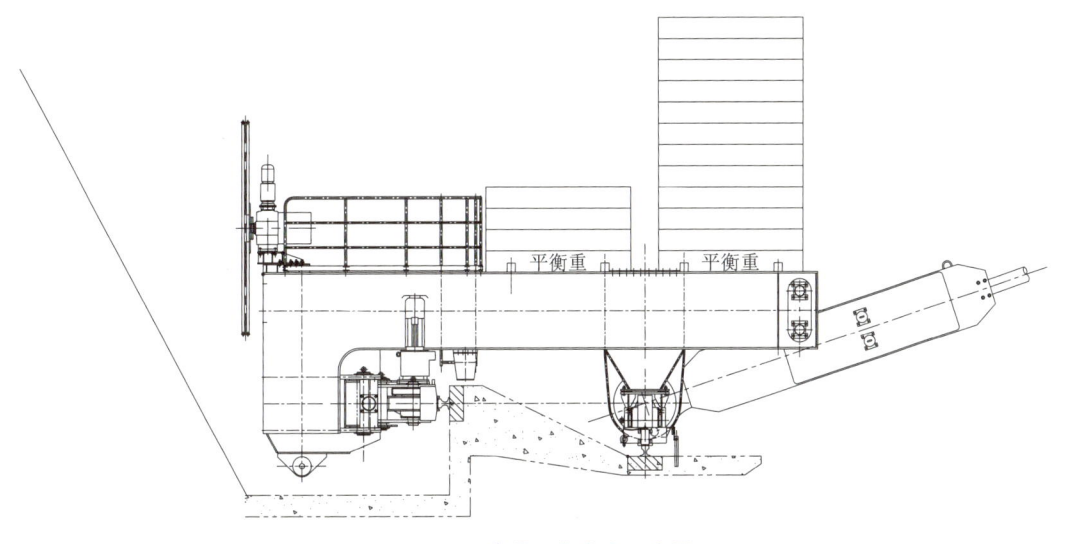

图 3.1-8 高缆平衡台车示意图

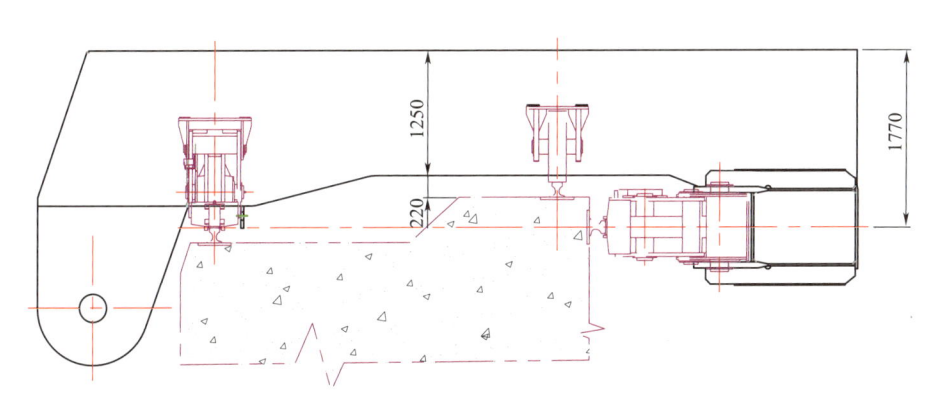

（a）常规30 t缆机副车架结构

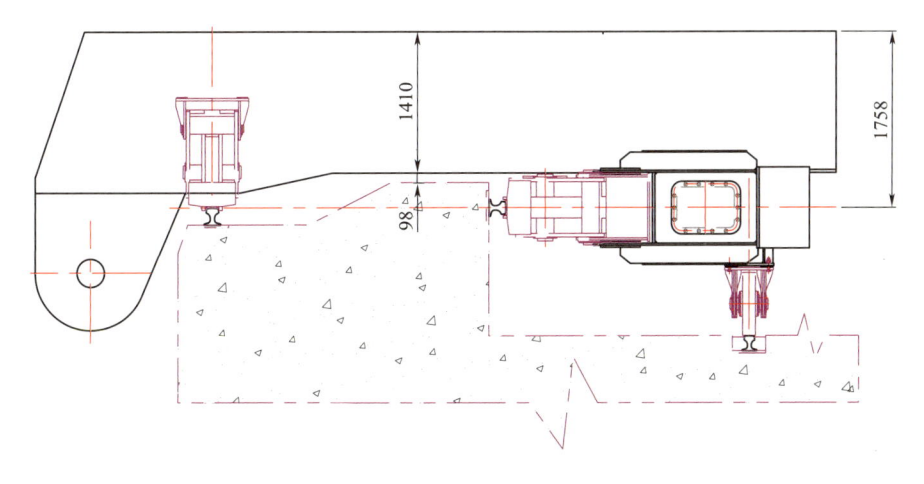

（b）白鹤滩30 t缆机副车架结构

图 3.1-9 常规缆机和白鹤滩缆机副车轨道布置对比（单位：mm）

47

本；同时前后垂直轨轨距由 3.5 m 增大为 5.5 m，反而提高了副车抗倾翻稳定性，同时使副塔轮压较为均匀。常规 30 t 缆机无塔架副车与白鹤滩缆机副车参数对比见表 3.1-3。

表 3.1-3 常规 30 t 缆机无塔架副车与白鹤滩缆机副车参数对比

项　目	常规缆机无塔架副车	白鹤滩缆机副车
前后垂直轨轨距/m	3.5	5.5
副车宽度/m	9	8
副车平台宽度/m	12	11

3.1.2.4　新型双轮自行式承马

承马，也称支索器，是缆索起重机上的一个重要部件，主要用于起升绳和牵引绳的空中承托，避免起升绳和牵引绳下垂过大而影响缆机的正常工作，以及将起升绳和牵引绳分隔开，避免其相互缠绕。承马的构造形式主要有移动式和固定式两大类，应用上也各有优缺点。移动式承马的特点是起重小车移动时，两侧的承马以不同比例的速度保持移动，让起重小车与两端极限位间的钢丝绳分别被数量相同的承马均分；固定式承马通过索卡紧固于承载索上，不随起重小车移动，起重小车车轮从它上方跨越。常用的移动式承马主要有牵引式、自行式等；常用的固定式承马主要有固定张开式、固定不张开式等。常用承马的使用性能比较见表 3.1-4。

表 3.1-4　常用承马性能对比

承马形式	牵引式	固定张开式	自行式
适用缆机的跨度	一般不超过 4 对，如果按极限位时承马最大间距 150 m 左右控制，跨度不大于 800 m	跨度不限	通过匹配不同的齿轮与链轮速比，乃至行走轮与摩擦轮的直径控制承马间距，跨度基本不限
与承载索连接方法	通过车轮悬挂于承载索上	通过半圆夹（包角 220°左右）固定于承载索下方	通过车轮悬挂于承载索上
构造和制造难度	与高速运行的起重小车无联系，构造简单，制造相对容易	在起重小车高速通过时须迅速打开和闭合，构造复杂，制造精度要求较高	与高速运行的起重小车无联系，构造的复杂程度介于两者之间，制造难度适中
维护保养	除日常的润滑作业和更换磨损的托辊外，不需专门的维护	除日常的润滑作业和更换磨损的托辊外，还须严格按要求每天和定期进行专门的调整和维护	除日常的润滑作业和更换磨损的托辊等易损件外，调整和维护工作量大大小于固定式
常见故障及引起的后果	间距不等，严重时空钩在高位放不下来	承马未能及时打开或闭合，造成承马和起重小车同时受损，并引发承马从承载索脱落	间距不等，严重时空钩在高位放不下来
故障可预期性	肉眼即可看出，可及时调整或维修	几乎不可预料	肉眼即可看出，可及时调整或维修

根据上述比较，自行式承马兼具牵引式承马连接可靠和固定张开式承马索道简洁的优点，是近年来国产缆机普遍采用的承马形式，结合白鹤滩工程缆机特点，白鹤滩缆机承马

选用自行式承马。

常见的自行式承马结构示意图如图 3.1-10 所示，其工作原理为：当起重小车与牵引绳以一定的速度向一个方向运动时，带动牵引绳摩擦轮转动，驱动链轮 2 与链条运动，带动链轮 1 及行走轮转动，通过齿轮 1 与齿轮 2 啮合，实现行走轮与托轮在承载索上的滚动，从而使得承马以 V_i 的速度与起重小车同向运动。由于自行式承马的运动是靠摩擦驱动实现的，为防止行走轮在承载索上打滑，行走轮与托轮间用齿轮啮合在一起，同时在行走轮与托轮间还设有弹簧 1 以增加驱动的正压力。为防止牵引绳与摩擦轮间打滑，在摩擦轮的两端设有牵引绳压轮及张紧弹簧 2，保证牵引绳在摩擦轮上有一定的包角。

为减轻承马对承载索和牵引绳使用寿命的影响，白鹤滩缆机的自行式承马采用了新型双轮自行式承马，将传统单行走轮结构改为双行走轮结构，承马行走轮材料由钢制改为铝合金，行走轮轮槽采用开槽结构，白鹤滩缆机承马行走轮如图 3.1-11 所示。这种新型双轮自行式承马在溪洛渡工程后期进行过试验性使用，表现出优于改进前的性能，但由于当时溪洛渡缆机面临退役，其试用时间较短，尚不足以证明其具有良好的使用性能，因此，在用于白鹤滩缆机安装前，开展了可靠性模拟试验，对其稳定性进行了进一步验证，并针对试验结果对结构进行了优化改进。

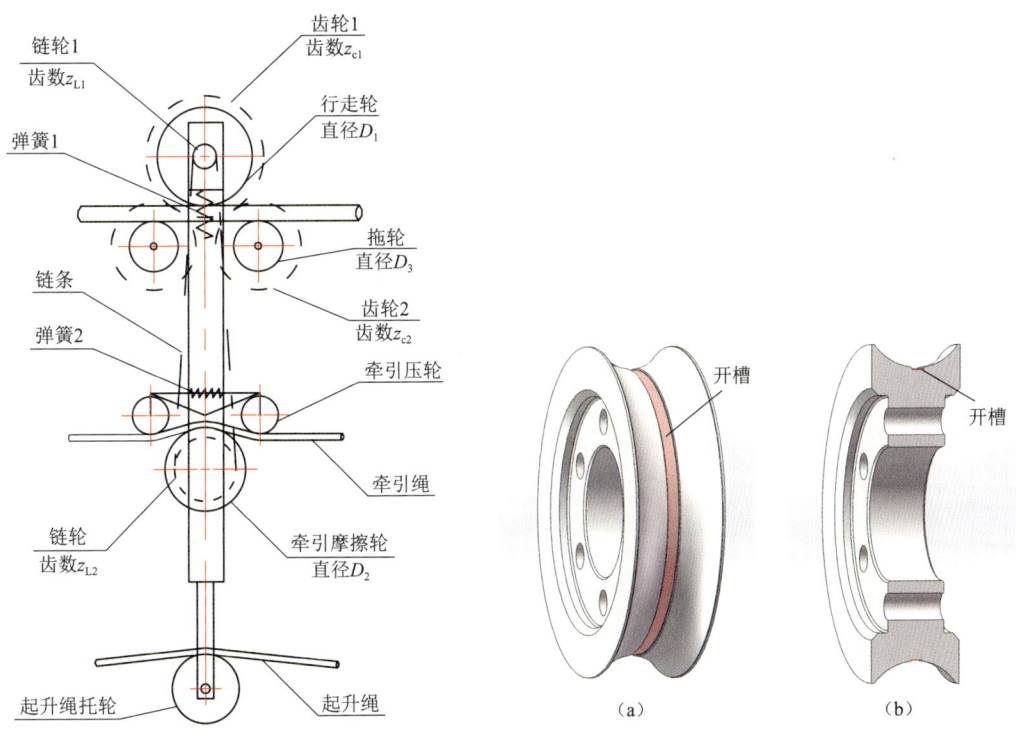

图 3.1-10 自行式承马结构示意图

图 3.1-11 承马行走轮

1. 材料比选

以直径 ϕ106 mm 的承载索为例，针对不同行走轮材料、行走轮不同直径、行走轮圆弧面开槽与不开槽等条件进行分别计算与比较，见表 3.1-5 和表 3.1-6。

表 3.1-5 单行走轮承马

项目	45号	铝合金	45号	铝合金	45号	铝合金	45号	铝合金	45号	铝合金	45号	铝合金
行走轮弹性模量 E/MPa	210 000	70 000	210 000	70 000	210 000	70 000	210 000	70 000	210 000	70 000	210 000	70 000
承载索直径 D/mm	106	106	106	106	106	106	106	106	106	106	106	106
行走轮直径 D_1/mm×个数	400×1	400×1	400×1	400×1	400×1	400×1	400×1	400×1	500×1	500×1	300×1	300×1
行走轮与承载索接触处圆弧半径 r_1/mm	54	54	54	54	54	54	54	54	54	54	54	54
行走轮的接触点压力 P/N	37 000	37 000	35 000	35 000	33 000	33 000	30 000	30 000	37 000	37 000	37 000	37 000
椭圆接触面长轴长度 a/mm	12.5	15.78	12.27	15.49	12.03	15.19	11.65	14.72	12.35	15.6	13.07	16.5
椭圆接触面短轴长度 b/mm	2.21	2.79	2.17	2.74	2.13	2.68	2.06	2.6	2.49	3.14	1.88	2.38
未开槽最大接触应力 σ_{max}/MPa	640.29	401.39	628.54	394.02	616.33	386.37	597.06	374.29	575.29	360.64	717.98	450.10
未开槽平均接触应力 σ/MPa	426.86	267.59	419.02	262.68	410.89	257.58	398.04	249.53	383.53	240.43	478.66	300.06
行走轮开槽后接触点（接触点夹角60°）压力 P_1/N	21 362	21 362	20 207	20 207	19 053	19 053	17 321	17 321	21 362	21 362	21 362	21 362
开槽后最大接触应力 σ_{1max}/MPa	369.67	231.74	362.89	227.49	355.84	223.07	344.71	216.10	332.14	208.22	414.53	259.86
开槽后平均接触应力 σ_1/MPa	246.45	154.5	241.92	151.66	237.23	148.71	229.81	144.06	221.43	138.81	276.35	173.24
许用接触应力 σ_{hp}/MPa	850	850	850	850	850	850	850	850	850	850	850	850

表 3.1-6 双行走轮承马

项目	45号	铝合金	45号	铝合金	45号	铝合金	45号	铝合金	45号	铝合金	45号	铝合金
行走轮弹性模量 E/MPa	210 000	70 000	210 000	70 000	210 000	70 000	210 000	70 000	210 000	70 000	210 000	70 000
承载索直径 D/mm	106	106	106	106	106	106	106	106	106	106	106	106
行走轮直径 D_1/mm×个数	300×2	300×2	300×2	300×2	300×2	300×2	300×2	300×2	500×2	500×2	400×2	400×2
行走轮与承载索接触处圆弧半径 r_1/mm	54	54	54	54	54	54	54	54	54	54	54	54
行走轮的接触点压力 P/N	18 500	18 500	17 500	17 500	16 500	16 500	15 000	15 000	18 500	18 500	18 500	18 500
椭圆接触面长轴长度 a/mm	10.37	13.10	10.18	12.86	9.98	12.16	9.67	12.21	9.8	12.38	9.92	12.53
椭圆接触面短轴长度 b/mm	1.49	1.89	1.47	1.85	1.44	1.82	1.39	1.76	1.97	2.49	1.75	2.21
未开槽最大接触应力 σ_{max}/MPa	569.86	357.24	559.40	350.69	548.54	343.87	531.39	333.12	456.61	286.24	508.20	318.58
未开槽平均接触应力 σ/MPa	379.91	238.16	372.94	233.79	365.69	229.25	354.26	222.08	304.41	190.83	338.8	212.39
行走轮开槽后接触点（接触点夹角60°）压力 P_1/N	10 681	10 681	10 104	10 104	9526	9526	8660	8660	10 681	10 681	10 681	10 681
开槽后最大接触应力 σ_{1max}/MPa	329.01	206.25	322.97	202.47	316.7	198.54	306.8	192.33	263.62	165.26	293.41	183.94
开槽后平均接触应力 σ_1/MPa	219.34	137.50	215.32	134.78	211.13	132.36	204.53	128.22	175.75	110.18	195.61	122.62
许用接触应力 σ_{hp}/MPa	850	850	850	850	850	850	850	850	850	850	850	850

行走轮在承载索上滚动时的接触面理论上为椭圆形。分析试验结果并结合理论分析表明，弹性模量小则椭圆的长短轴长度的差值就大，在相同载荷下接触面积变大，接触应力变小，故采用铝合金材料的行走轮要比钢质行走轮的接触应力减小约37.31%；行走轮开槽时，接触面由一个变成两个，行走轮对承载索的压力被分散，故显著减小了接触应力，相同条件下，开槽行走轮比不开槽行走轮的接触应力减小42.26%；行走轮绳槽半径采用与承载索半径比较接近的匹配方式，亦可降低两者之间的接触应力；行走轮采用双轮时，单个行走轮对承载索的压力减小，因此，明显降低了行走轮与承载索间的接触应力。

基于以上计算及分析结果，在白鹤滩缆机承马设计和应用中，将行走轮从1个改为2个，承马行走轮使用铝合金材料并开槽处理，行走轮与承载索接触处的绳槽圆弧半径更加接近承载索半径，以降低承马与承载索的接触应力。通过自行式承马行走轮与承载索间相互作用的疲劳试验结果显示，该优化设计可行，运行稳定可靠，有助于承载索的保护。

2. 铝合金行走轮可靠性试验

按1台缆机采用9 m³混凝土吊罐，满罐吊运150万 m³混凝土的工况进行模拟。每个工作循环，承载索上的某一点均经过6个承马，则该点被承马压过100万次（150×10⁴/9×6＝100×10⁴）。承马可靠性模拟试验装置如图3.1-12和图3.1-13所示。

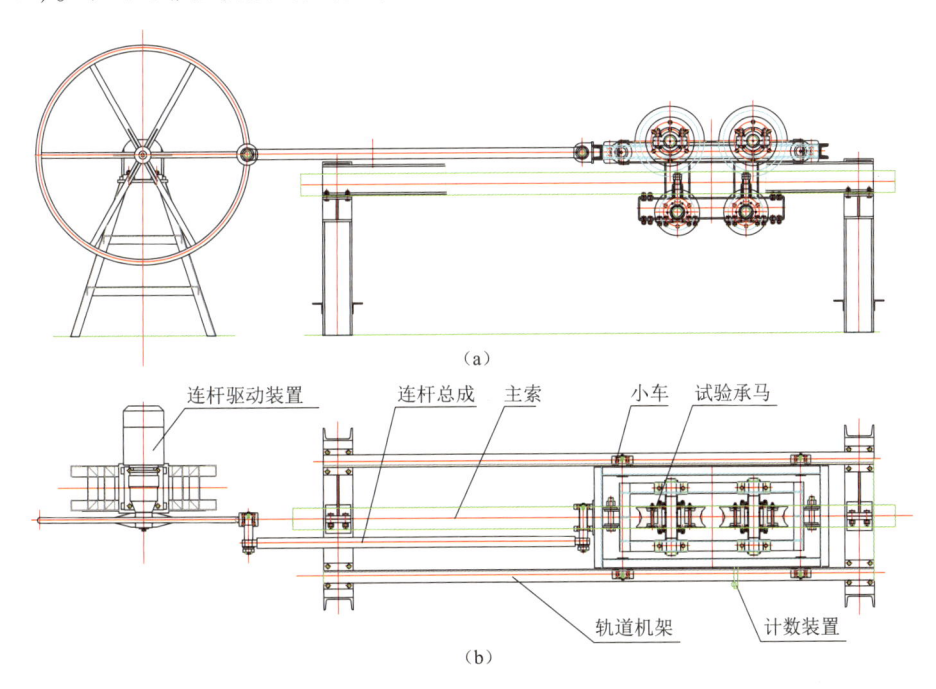

图3.1-12 承马试验装置示意图

采用蝶形弹簧组施压的方式实现对行走轮和托轮的加载。根据对双行走轮承马计算，单个行走轮最大轮压为27 420 N，故实验时组合弹簧每组弹簧加载14 450 N；选用的组合碟形弹簧的理论刚度为2891 N/mm，则相应的组合弹簧的压缩量为5 mm，则4组弹簧共加载57 800 N。

铝合金的承马行走轮在承载索上模拟行走试验100.7876×10⁴次后，经检查，行走轮和托轮与承载索的摩擦面均无断丝情况。铝合金行走轮绳槽有压痕，磨损量为 0.1 mm；铝合金托轮磨损量为 3.83 mm；承载索直径无常规测量仪器可检测到的磨损量。在环境温度为 20℃，连续运行过程中，检测行走轮表面的最高温度为 25℃，托轮表面最高温度为 48℃，承载索表面的最高温度为 50℃，均处在正常的温升范围。

图 3.1-13　承马试验装置

通过模拟试验，进一步验证了承马的行走轮和托轮均采用铝合金轮时的性能稳定性好，对承载索基本无磨损，有利于延长承载索使用寿命。确认优化后的承马可用于白鹤滩缆机，缆机实际运行情况也证实了该结论。

3. 白鹤滩缆机承马设计

白鹤滩缆机跨度在 1100～1187 m 之间，结合大坝施工的地形特点，可用方案综合比较后选用 1 个固定式承马加活动检修平台（隔离平台）和 5 对自行式承马的布置方式。5 对自行式承马的编号自塔架侧到江侧依次为 51 号，52 号，53 号，54 号，55 号，其承马理论运行速度分别 $\frac{1}{6}V$，$\frac{2}{6}V$，$\frac{3}{6}V$，$\frac{4}{6}V$，$\frac{5}{6}V$（V 为起重小车的运行速度）。

为了计算、评估承马行走轮对承载索的影响，通过 Hertz 接触理论分析计算两者间的相互作用应力，其计算结果与上海交通大学于 2011 年运用 ABAQUS 进行有限元仿真的结果一致。应用该理论计算承马行走轮与承载索接触情况，计算主要参数所用的公式如下：

$$q_{\max}=\frac{3P}{2\pi ab} \tag{3.1-7}$$

$$q_{\mathrm{avg}}=\frac{P}{\pi ab} \tag{3.1-8}$$

$$a=m\left[\frac{3\pi P(k_1+k_2)}{4(A+B)}\right]^{1/3} \tag{3.1-9}$$

$$b=n\left[\frac{3\pi P(k_1+k_2)}{4(A+B)}\right]^{1/3} \tag{3.1-10}$$

$$A+B=\frac{1}{2}\left(\frac{1}{R_1}+\frac{1}{R_1'}+\frac{1}{R_2}+\frac{1}{R_2'}\right) \tag{3.1-11}$$

$$B-A=\frac{1}{2}\left[\left(\frac{1}{R_1}-\frac{1}{R_1'}\right)^2+\left(\frac{1}{R_2}-\frac{1}{R_2'}\right)^2+2\left(\frac{1}{R_1}-\frac{1}{R_1'}\right)\left(\frac{1}{R_2}-\frac{1}{R_2'}\right)\right]^{1/2} \tag{3.1-12}$$

$$\cos\theta = \frac{B-A}{A+B} \qquad (3.1-13)$$

式中：q 为承马行走轮外圆的均布压力；P 为作用在承马行走轮上的力；a 和 b 分别为接触椭圆的长半轴和短半轴；m 和 n 为接触椭圆的半轴系数，可根据 θ 在《机械设计手册》中查得，m 和 n 数值曲线如图 3.1-14 所示；R_1 为在承马作用下承载索的弯曲半径，R_2 为承马行走轮半径。

白鹤滩缆机承马布置示意图如图 3.1-15 所示，新型双行走轮自行式承马示意图如图 3.1-16 所示。

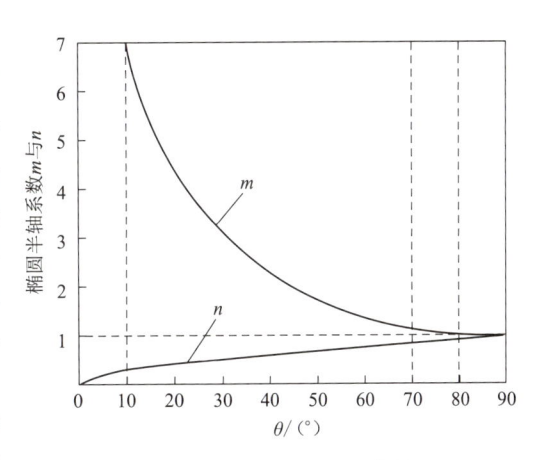

图 3.1-14 m 和 n 数值曲线

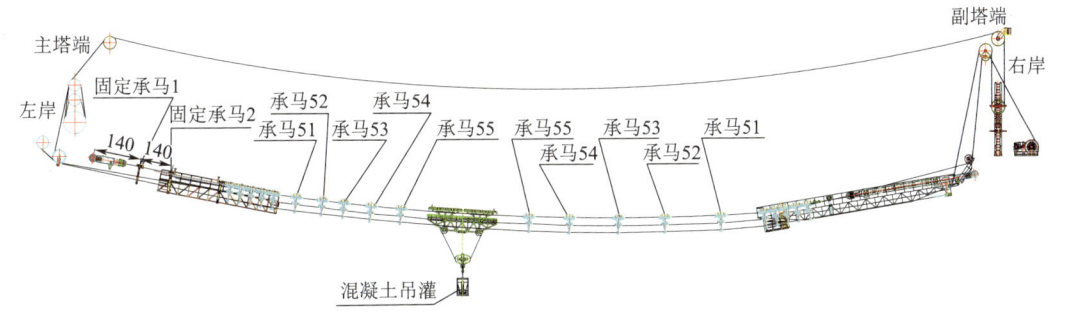

图 3.1-15 白鹤滩缆机承马布置示意图（单位：m）

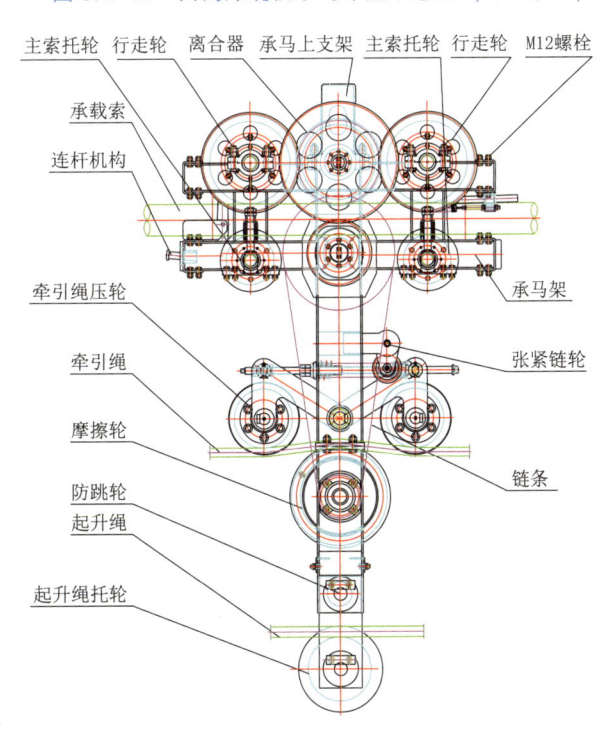

图 3.1-16 新型双行走轮自行式承马示意图

3.1.2.5 起升绳偏角控制

白鹤滩缆机吊钩运行的速度最高为 3.5 m/s，动滑轮采用 2 倍率，故起升绳运行最高速度达 7 m/s。如起升绳与绳槽或相邻绳索发生擦碰，极易造成绳索的损伤；起升绳与滑轮绳槽间的偏角会导致钢丝绳的扭转，也会对钢丝绳的寿命产生不利影响，因此需控制其运行时的偏角。白鹤滩高缆与低缆由于塔架高度相差较大，起升机构采取不同的排绳方式。

低缆塔架高度仅 30 m，采用自然状态出绳将在起升卷筒出绳处产生较大偏角，故需采用排绳机构，使起升钢丝绳能以 0 偏角进出卷筒绳槽。

白鹤滩高缆提升高度达 372 m，塔架高度达 75 m，在不使用排绳机构的情况下，通过将卷筒适当偏置以便充分利用卷筒绳槽自身螺旋角，让起升绳在起升卷筒出绳处不产生过大的偏角，仍可使钢丝绳处于良好的工作状态。高缆起升卷筒的基本参数包括起升绳直径 $d=36$ mm，卷筒底径 $D=2500$ mm，绳槽节距 $P=40$ mm，绳槽半径 $R_2=19.5$ mm，计算出高缆钢丝绳进出卷筒绳槽偏角见表 3.1-7，计算过程省略。

表 3.1-7 高缆钢丝绳进出卷筒绳槽偏角

项 目	数 值	卷筒出绳示意
卷筒螺旋角	0.29°	
不"蹭"槽偏角	1.66°	
不"咬"绳偏角	1.94°	
顺槽"咬"绳偏角	2.23°	
逆槽"咬"绳偏角	1.66°	
顺槽"蹭"槽偏角	1.95°	
逆槽"蹭"槽偏角	1.37°	

优化布置后经详细计算，获得高缆钢丝绳偏角与起升高度对应关系见表 3.1-8，大坝浇筑高程与起升绳偏角的对应关系如图 3.1-17 所示。

表 3.1-8 高缆钢丝绳偏角与起升高度对应关系表

起升高度/m	百分比/%	钢丝绳偏角/(°)	罐底高程/m	所处位置	出绳位置示意
0	0.00	1.87	524.0	坑底	
11	2.96	1.78	535.0	垫层底	
41	11.02	1.52	565.0	坝底	
101	27.27	1.00	625.0	导流底孔	
218	58.60	0.00	742.0	中部深孔	
310	84.13	−0.79	834.0	表孔和坝顶	
369.3	99.27	−1.30	894.1	提升上极限	
377	101.34	−1.37	901.0	吊钩冲顶	

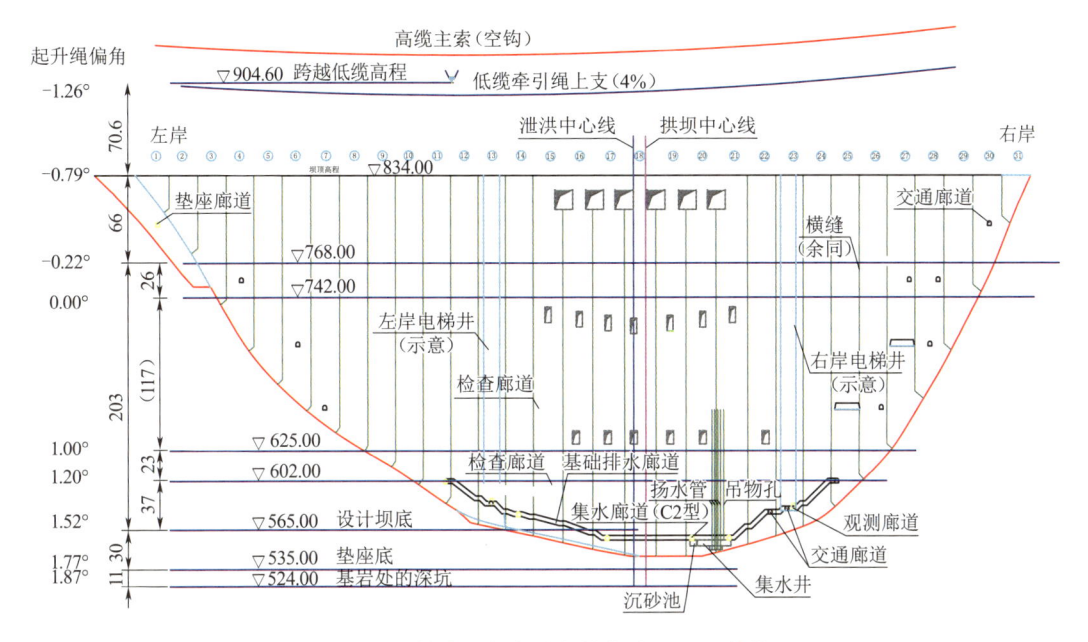

图 3.1-17 浇筑高程与起升绳偏角关系图（单位：m）

3.1.2.6 移动式隔离平台

缆索起重机主要通过绳索承载并实现起吊物的升降和平移。由于钢丝绳是柔性构件，呈自然下垂状态，受力突然变化会引起绳索弹跳，设计时应尽可能减少这种弹跳。缆机设计中，通过在索道中设置承马，将起升绳和牵引绳相互隔离，避免相互干涉。自行式承马在其运行的过程中，相关运动的零部件间都有磨损，其中承马摩擦轮的磨损相对较大，且自身结构较为复杂，维护和保养工作量大，在满足使用要求的前提下，应尽可能地减少承马的数量。

自行式承马依靠摩擦驱动，运行时不可避免地会出现打滑，因此每隔一段时间，需要对其进行归零操作和修正，以保证各承马的间距维持在设计值。归零操作需让起重小车进行一次全行程范围运行，两侧均抵达塔头的极限位，使各承马均出现一次处于零位的状态，即承马距离缆机检修平台端部 0 m 及行程偏差为 0，最终所有承马均被起重小车推入缆机检修平台端部的承马检修位置。在归零过程中可能会出现若干组承马重叠堆积，承马对承载索和牵引绳进行集中碾压的情况，因此，承马的归零次数和运行距离都应尽量减少。

据统计，白鹤滩缆机群单台运行约 60 000 台时，按每班 12 台时计则台班数为 5000，每天均需进行架空检查，故承马至少归零一次。假设承马运行状况良好，各台班中均未出现因排列严重不均而专门进行归零操作的情况，不需要进行附加的归零校正工作，则每个承马可少运行的距离至少为 2800 km，故应尽可能减少承马在承载索上的运行距离。

白鹤滩缆机与大坝呈非对称布置，左岸上料平台与高缆主塔之间有约 470 m 范围没有吊运任务，与低缆主塔之间有约 430 m 范围没有吊运任务，均属于缆机的非工作区域。如承马布置时不考虑非工作区域的因素，按全跨度运行考虑，则需配置7对自行式承马，但若按照承马不进入左岸非工作区进行承马布置设计，则只需5对承马，可有效减少承马数量；归零操作也缩小承马及起重小车的运行距离，并可以提高缆机的生产效率。由于起重小车无须运行至非工作区，非工作区绳索的承托可采用对钢丝绳损伤更小的固定式承马。因此，在缆机设计时，在距左岸高缆主塔298 m的断面处高缆和低缆均设置了活动检修平台（也称移动式隔离平台，必要时可以移动），对缆机的工作区进行隔离，也可作为承马检修平台。高缆和低缆移动式隔离平台及绳索布置如图3.1-18和图3.1-19所示。

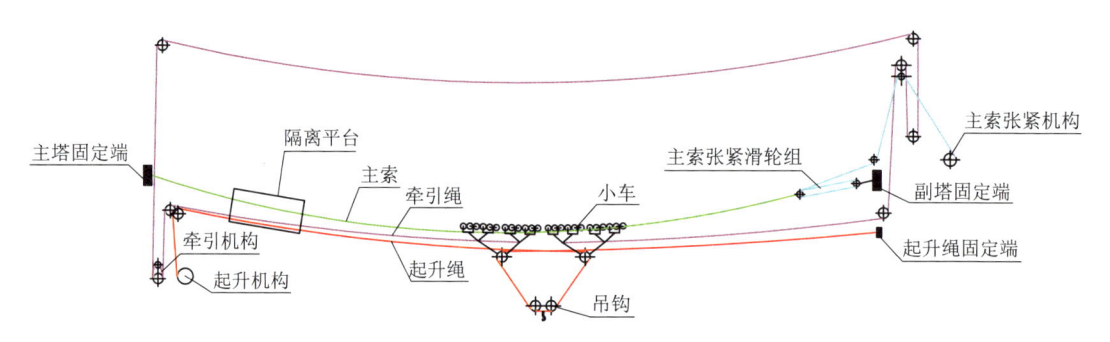

图3.1-18　高缆移动式隔离平台及绳索布置图

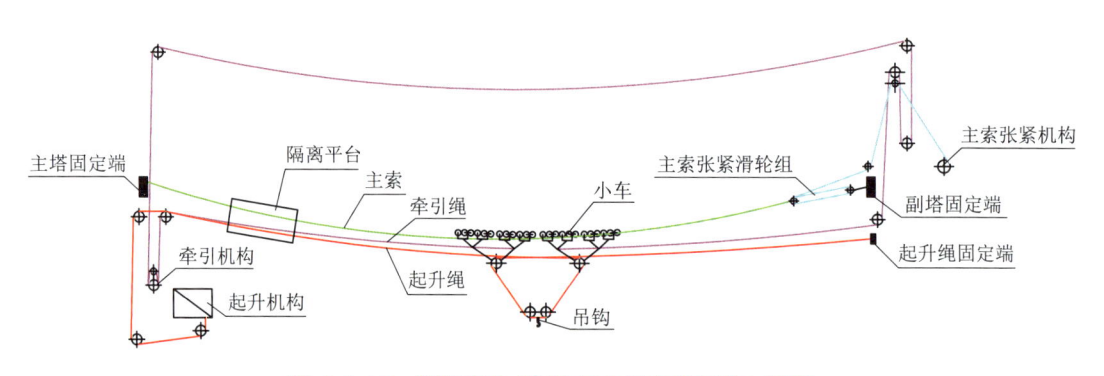

图3.1-19　低缆移动式隔离平台及索道系统布置图

在工作区域，由于承马数量减少，其在承载索上运行的总距离也相应减少。以3号缆机为例，典型工况为：从高层供料平台中部（$L_1 = 507.4$m）起吊，运行至大坝中部（$L_2 = 867.3$m）卸料，然后返回高层供料平台。移动式隔离平台设置前后承马运行情况见表3.1-9和表3.1-10。

表3.1-9　移动式隔离平台设置前承马运行情况　　　　　　　　　单位：m

运行情况	1号	2号	3号	4号	5号	6号	7号	起重小车	总行程	备注
上料时位置	63.4	126.9	190.3	253.7	317.1	380.6	444.0	507.4		
落料时位置	108.4	216.8	325.2	433.7	542.1	650.5	758.9	867.3		
承马行程	45.0	89.9	134.9	180.0	225.0	269.9	314.9	359.9	1259.6	单侧

表 3.1-10　移动式隔离平台设置后承马运行情况　　　　　　　　　　　　　　单位：m

运行情况	1号	2号	3号	4号	5号	6号	7号	起重小车	总行程	备注
上料时位置	37.9	75.8	113.7	151.6	189.5			227.4		
落料时位置	97.9	195.8	293.7	391.5	489.4			587.3		
承马行程	60.0	120.0	180.0	239.9	299.9			359.9	899.8	单侧

移动式隔离平台设置前后，每个工作循环承马在承载索上总行程减少量为：

$$\nabla S = (1259.6 - 899.8) \times 2 = 719.6 \text{ (m)}$$

3号缆机的总工作循环次数约13.5万次，在7台缆机中大致为平均水平，故承马在承载索上总行程减少量为：

$$\nabla S = 719.6 \times 13.5 \times 10^3 \times 10 = 97\ 146 \times 10^3 \text{ (m)}$$

可见，移动式隔离平台的设置，每台缆机减少承马对承载索的碾压距离约10万km，对牵引绳挤压距离的减少也在同等数量级，有效提高了缆机承载索和牵引绳的使用寿命，由此可提高缆机的生产效率。

3.1.2.7　高缆跨越低缆的设计校核

白鹤滩缆机分高低双层布置，低缆的高度要满足大坝混凝土浇筑和设备吊装要求，起升高度为330 m。高缆则还有跨越低缆的要求，起升高度为372 m。校核高缆跨越低缆的安全性主要考虑高缆吊罐底部或吊钩与低缆牵引绳上支之间的安全距离，相关设计计算如下。

（1）空钩状态跨越低缆（指定方式）时的计算距离：

$$\nabla = G_3 - H_L = 18.62 \text{ m}（安全距离较大）$$

（2）空罐状态跨越低缆（应避免的方式）时的计算距离：

$$\nabla = G_2 - H_L = 6.12 \text{ m}（安全距离稍小）$$

（3）满罐状态跨越低缆（应禁止的跨越方式）时的计算距离：

$$\nabla = G_1 - H_L = 0.92 \text{ m}（安全距离很小）$$

式中：H_L 为低缆牵引绳上支高程；G_1 为满罐底部高程；G_2 为空罐底部高程；G_3 为空钩吊钩底部高程，相关参数值见表3.1-11。

经过复核，当高缆空钩跨越低缆时的计算安全距离为18.62 m，安全裕度较大，可正常跨越；当高缆吊空罐跨越低缆时的计算安全距离为6.12 m，安全距离较小，运行过程中应尽量避免；当高缆吊重罐跨越低缆时，计算安全距离为0.92 m，安全距离严重不足，运行过程中只可在避险等紧急情况下使用，详见表3.1-11。

表 3.1-11　高缆跨越低缆安全距离评估表

项　目	空钩	空罐	满罐	说　明
低缆牵引绳上支高程（跨中）H_L/m		892.38		低缆上支垂跨比4.2%
高缆提升高度/m		369.3		至起升上极限位
高缆吊具底部高程 G_i（i=3，2，1）/m	911.0	898.5	893.3	已考虑承载索垂度改变以及摘除吊罐对承载垂度的影响

续表

项 目	空钩	空罐	满罐	说 明
计算距离∇/m	18.62	6.12	0.92	高缆吊具底部至低缆牵引绳上支
安全性评估	有余地	不足	严重不足	
意见	正常	避免	紧急情况下使用	

3.1.3 电气设计

3.1.3.1 电气系统构成

1. 供电系统（单台缆机）

主塔供电电源为 AC 10 kV、50 Hz 三相三线制，总用电功率约 1900 kW。电源从缆机开闭所至高压上机电缆卷筒后进入高压进线柜，再从高压出线柜至主变压器，主变压器为 10 kV/0.72 kV±2×2.5%，2500 kVA 的干式变压器。主变压器的 720 V 电源为起升机构、牵引机构、行走机构和辅助变压器提供电源，其中辅助变压器为 720 V/380 V±2×2.5%，60 kVA 干式变压器。辅助变压器二次侧为三相四线制，为辅助机构、控制回路、照明、通信提供 AC 380 V、AC 220 V、DC 24 V 电源。

副塔电源为 AC 380 V、50 Hz 三相四线制，总用电功率约 80 kW。电源从缆机轨道中部电源转接箱至上机电缆卷筒后进入副塔低压配电柜。为行走机构、辅助机构、控制回路、照明、通信提供 AC 380 V、AC 220 V、DC 24 V 电源。

平衡台车电源为 AC 380 V、50 Hz 三相四线制，总用电功率约 80 kW。电源从平衡台车轨道中部电源转接箱至上机电缆卷筒后进入平衡台车低压配电柜，为行走机构、辅助机构、控制回路、照明、通信提供 AC 380 V、AC 220 V、DC 24 V 电源。

司机室电源为 AC 380 V、50 Hz 三相四线制，总用电功率约 15 kW，主要为空调、上位机、照明、通信提供 AC 220 V、DC 24 V 电源。

传动系统采用带能量回馈的交流变频调速系统驱动，电源进线侧采用 LCL 进线滤波器，减少缆机对电网的污染，功率因数比直流调速系统有很大的提高，整机功率因数可达 0.9 以上。

2. 控制系统

白鹤滩缆机控制系统以公司 S7-1500 系列 PLC 为控制器。每台缆机上共设置 4 个 PLC 站点、2 套上位机监控系统和 1 套远程监控系统，分别布置在司机室、主塔电气室、副塔电气室、平衡台车电气室以及主塔轨道平台处，通过有线和无线两种方式实现主塔、副塔、平衡台车、司机室之间的数据通信。有线通信采用公司 PROFIBUS-DP 现场总线系统，无线通信采用电台和以太网两种方式。电台采用无线数传电台，实现点对点通信，该电台在稳定性、可靠性、抗干扰性、传输速率上超过传统的模拟电台和普通的数传电台；以太网采用 5.8 GB 工业无线以太网，具有抗干扰性强、兼容性好、通信速度快等特点，在多干扰复杂条件下可以保证缆机通信畅通。

上位机分别布置在司机室和主塔电气室内，实时显示本机、其他缆机、缆机下方塔机的运行状态和干涉情况，检测各工作机构的电压、电流、荷载等参数，以及故障诊断。同时，司机还可通过人机界面进行参数设置，设置目标位参数、障碍点参数，减少缆机误操作。选择司机室操作权限，实现主司机室和副司机室安全切换。同时在司机室还布置了疲劳检测系统，当检测司机有疲劳操作时系统会语音提示，并在上位机上有故障提醒。

3. 调速系统

起升、牵引和大车行走机构均采用交流变频调速装置和交流异步变频电机驱动。交流变频调速装置由一个整流单元、三个逆变单元组成。整流单元和逆变单元单独配置控制器。

交流变频调速装置为三相690 V交流电源供电，装置本身带有参数设定单元，不需要其他的任何附加设备即可完成参数的设定。所有的控制、调节、监视及附加功能都由微处理器（CPU）实现。采用DTC直接转矩控制，速度、电流双闭环系统，比传统的矢量控制转矩响应快，控制精度高，机械特性硬，调速性能更优，调速比大于1∶100。

4. 保护系统

缆机的电气系统故障诊断与保护功能主要有：

（1）电网故障诊断：相序检测、缺相、过电流、短路、欠电压、过电压。

（2）通信检测：实时监控调速装置与PLC的报文，当通信中断时报故障。

（3）传动系统自检：检测传动系统自身软件运行故障。

（4）电动机过载保护。

（5）测速机监控和超速监测。

（6）启动过程故障检测。

（7）温度检测。

（8）IBGT元件故障检测。

（9）电动机传感器故障检测。

（10）司机疲劳辨识系统。

（11）目标位置保护系统。

3.1.3.2 关键电气系统设计

1. 交流变频调速

在白鹤滩工程之前，国内外缆机传动系统一直使用直流调速系统驱动，如小湾、溪洛渡、向家坝缆机等。通过总结直流调速驱动使用状况可知，如果供电电压不稳定，将经常出现电压瞬间跌落或断电的情况，对直流调速系统的影响较大。由于直流调速系统使用晶闸管半控型功率元器件驱动，当起升机构下降时，晶闸管处于逆变状态，此时进线电压降低将导致晶闸管无法关断，调速系统出现短路，俗称"环火"现象。短路容易烧损熔断器，严重时会损坏直流调速装置和电机，以往工程都不同程度出现过类似现象，既影响缆机的使用效率，还增加了维护工作量。白鹤滩7台缆机在运行时有可能同时进行混凝土浇筑作业，对电源的影响将更大，故对电源稳定性的要求更高。如果不能有效解决电压不稳引起的调速系统短路问题，将严重影响缆机安全高效运行。

变频器是应用变频技术与微电子技术，通过改变电动机工作电源频率方式来控制交流电动机的转速进行调速的电力控制设备。变频器主要由整流（交流变直流）、滤波、逆变（直流变交流）、驱动单元、检测单元微处理单元等组成，变频器通过内部IGBT的开断来调整输出电源的电压和频率，根据电动机的实际需要来提供其所需要的电源电压及频率，达到调速的目的。另外，变频器还有很多的保护功能，如过电流、过电压、过载保护等。

变频器通常分为整流单元、高容量电容、逆变器和控制器4部分。整流单元将工作频率固定的交流电转换为直流电；高容量电容存储转换后的电能；逆变器是由大功率开关晶体管阵列组成电子开关，将直流电转化成不同频率、宽度、幅度的方波；控制器按设定的程序工作，控制输出方波的幅度与脉宽，使其叠加为近似正弦波的交流电，驱动交流电动机。变频调速逻辑框图如图 3.1-20 所示，交流调速主回路原理如图 3.1-21 所示。

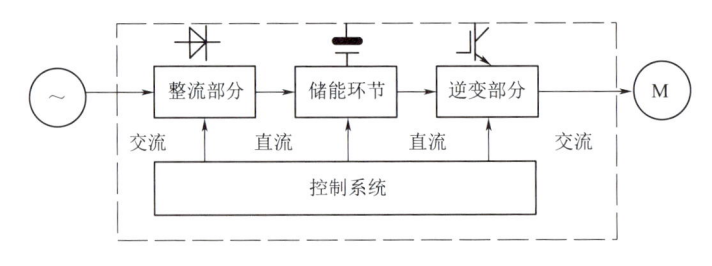

图 3.1-20　变频调速逻辑框图

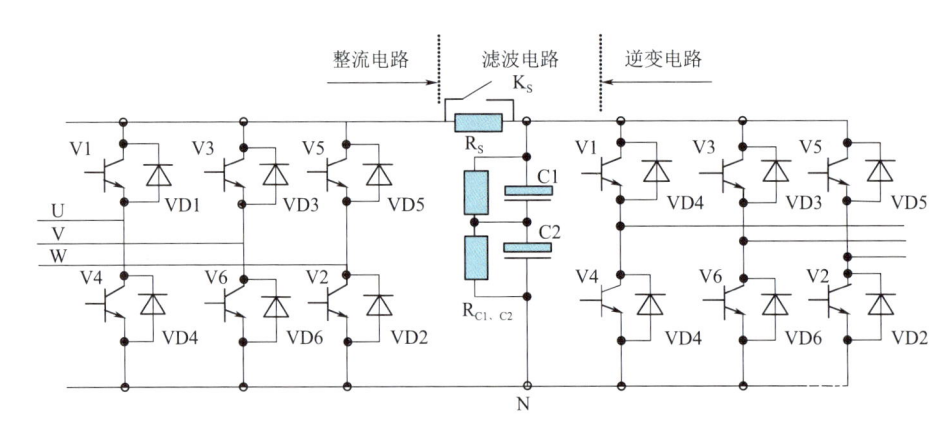

图 3.1-21　交流调速主回路原理图

（1）交流调速技术优点。

①运行可靠性高，不会出现直流调速系统的逆变失败现象。

②功率元件 IGBT 比晶闸管可靠，故障率更低。

③功率因数比直流调速系统高，谐波含量小，对电网污染小，直流调速和交流调速谐波含量对比如图 3.1-22 所示。

④比直流调速系统更节能。

⑤维护保养简单，不需要像直流电机那样频繁更换滤网、清理电刷，只需要定期加油即可。

（2）交流变频调速系统设计。

白鹤滩水电工程缆机应用大功率的交流变频调速装置，主塔的机构采用交流变频调速装置和交流异步变频电动机驱动，总功率约 1900 kW。交流变频调速装置由一个整流单元、三个逆变单元组成。整流单元和逆变单元单独配置控制器。

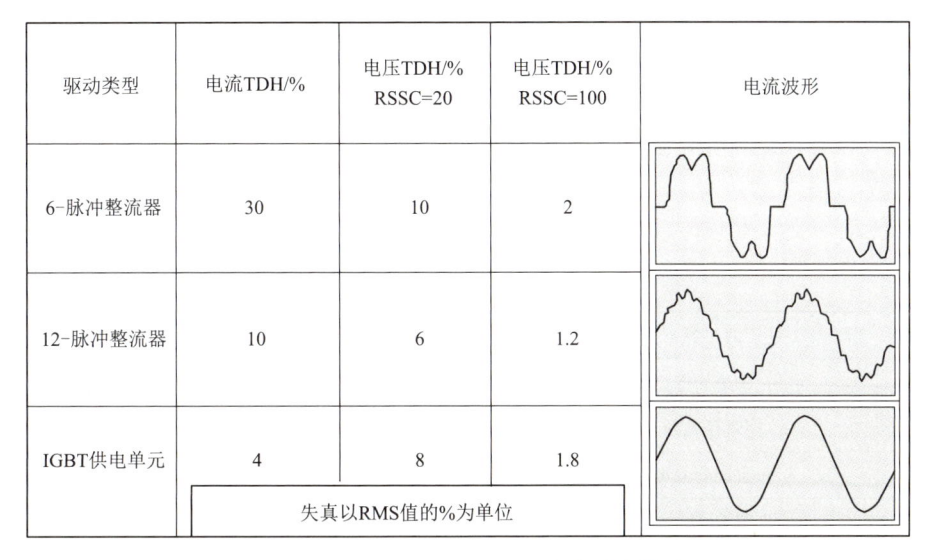

驱动类型	电流TDH/%	电压TDH/% RSSC=20	电压TDH/% RSSC=100	电流波形
6-脉冲整流器	30	10	2	
12-脉冲整流器	10	6	1.2	
IGBT供电单元	4	8	1.8	
	失真以RMS值的%为单位			

图 3.1-22　直流调速和交流调速谐波含量对比

整流单元：整流单元由 IGBT 单元和进线滤波器组成，可实现能量再利用回馈。系统采用共直流母线设计，三组逆变单元共用一个直流母线，当其中一个机构处于发电工况时可以直接给其他逆变单元供电，减少从电源端获取的电能，这样设计的优点是更节能，同时降低整流单元的功率。设置进线滤波器，在进线电压波动范围较大时保持直流电压的稳定，也可以减少系统再利用回馈时的谐波，提高功率因数。

逆变单元：逆变单元由 3 组 IGBT 单元组成，控制起升、牵引、大车 3 个机构，采用 IGBT 全控型功率元器件，开关频率比直流调速系统高 10 倍，可以减小谐波，改善回馈电网的电源质量。系统采用直接转矩控制，转矩响应快，低频控制精度高，调速系统动态特性好，在实际使用中最低频率为 1.5 Hz 时就可输出额定转矩。

控制单元：控制单元采用高速微处理器和 DTC 控制技术，具有精确的动态和静态速度及转矩控制功能，过载能力和启动转矩高，实现无级调速，调速比为 1∶20，并具有微动调节功能。变频调速装置通过建立精确的电机模型，实现磁通优化和高速控制，保护机械装置，减小对机械装置的冲击。并采用旋转编码器作为测速反馈，提高装置的调速精度。

交流异步变频电动机：交流异步变频电动机采用起重机专用电动机，额定电压 690 V，其过载能力强、免维护，只需定期给轴承加油，无须像直流电动机频繁更换滤网和清理电刷。使用方便，维护保养简单，使用寿命长。

（3）交流调速系统使用效果。

①白鹤滩缆机通过调整技术方案，改用交流调速系统驱动电动机，从根本上解决电源质量不稳定对缆机运行的影响。白鹤滩工程建设过程中出现过数次缆机供电电源突然停电的情况，缆机都正常停机并报故障，没有出现直流调速系统的"环火"现象。

②交流电动机采用免维护设计，比直流电动机维护保养周期长，维护保养的内容也大幅减少，平均每台缆机每天可比直流调速系统节省大约 20 min 保养时间。

③系统采用共直流母线设计，三组逆变单元共用一个直流母线，当其中一个机构处于发电工况时可以直接给其他逆变单元供电，减少从电源端获取的电能，更节能，同时可降低整流单元的功率配置。

④由于采用IGBT功率元器件和进线LCL滤波器，减少系统再利用回馈时的谐波，提高功率因数。

直流传动与交流变频传动比较见表3.1-12。

表3.1-12 直流传动与交流变频传动比较

序号	内容	直流传动	交流变频传动
1	功率元件	晶闸管	IGBT
2	能否自关断	不能	能
3	有否逆变失败	有	无
4	电机环火	有	无
5	功率因数	低	高
6	供电系统是否需要无功补偿	需要	不需要
7	谐波含量	高	低
8	最大允许进线电压降	-10%	-20%以上
9	电机保养周期	每周	半年
10	电机维护内容	电刷、滤网、整流面打磨、加润滑油	加润滑油

2. 缆机吊钩防摇摆系统

缆机吊钩起吊重物后，水平加速阶段由于水平方向运动的加速度将使重物产生水平方向摆动，这种摆动不仅对机械结构有冲击，还对电气系统产生冲击。当吊罐摆动时，牵引机构为了稳定起重小车的速度将随着吊钩的摆动而频繁调整电机的输出转矩，长时间运行将缩短电气系统使用寿命。同时摆动也增加了操作难度，司机需要频繁地跟钩来减少摆动，影响缆机运行效率。吊钩大幅摆动也容易与其他物件发生碰撞，增加事故发生的概率。为了减少缆机运行中吊钩的摆动，在白鹤滩缆机上设计了缆机吊钩防摇摆系统，以提高缆机操作效率和安全性。

(1) 工作原理。

吊钩防摇摆系统是通过调整牵引操作手柄的速度给定曲线来降低起重小车运行过程中吊钩的摆动，使操作员更好地控制缆机。系统利用起升高度、起重小车的位置和重量、转矩、挡位信息在加减速过程中控制起重小车速度斜坡，以此抑制吊钩摆动来达到吊钩防摇摆，可以使起重机通过更高速度和更短的加减速时间来抑制摆动，缩短运行时间，提高起重机的工作效率。吊钩防摇摆系统控制框图如图3.1-23所示。

(2) 系统操作和使用效果。

缆机吊钩防摇摆操作分为手动防摇摆模式和自动防摇摆模式。手动防摇摆模式由操作员根据经验进行防摇摆操作。当选择自动防摇摆模式时，系统运行牵引机构时自动进入防摇摆模式，起重小车运行速度按照防摇摆控制速度曲线程序实现自动控制。

第 3 章 设计与制造

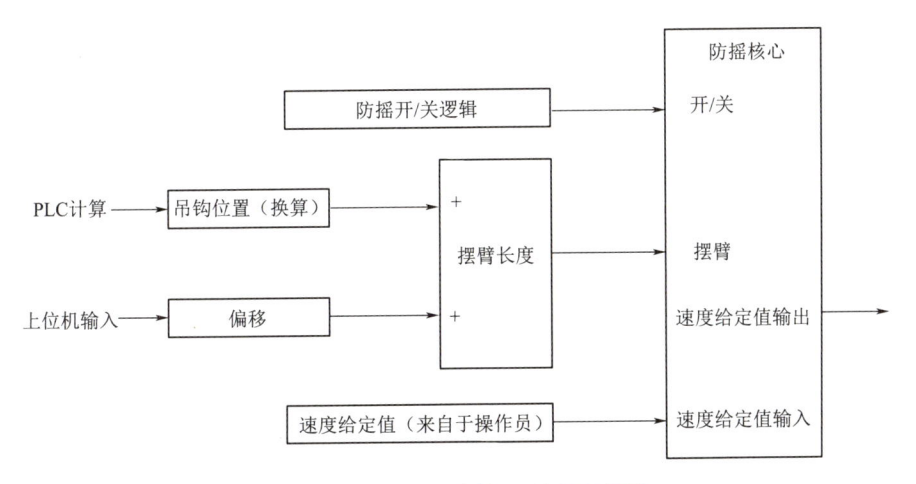

图 3.1-23 吊钩防摇摆系统控制框图

通过缆机吊钩防摇摆系统的使用，使缆机防摇摆操作更简单，不同操作员的操作，得到的防摇摆效果更接近，提高了缆机的操作效率和运行安全。

3. 缆机平稳提升系统

由于缆机承载索是柔性索道，缆机吊钩在起吊重物过程中其速度、重量的变化会引起承载索的弹跳，且加速越快对机械结构的冲击越大，对承载索使用寿命的影响也越大。由于缆机上料点比较集中，混凝土重罐上升都是在上料平台处完成，长时间运行易造成上料点上方承载索局部受到的损伤较大。为了减少吊罐起料过程对承载索的损伤和对结构的冲击，白鹤滩缆机设计了吊钩平稳提升控制系统。

(1) 工作原理。

吊钩平稳提升系统是通过调整起升操作手柄的速度给定曲线来降低吊钩起吊过程中主索的弹跳，使操作员更好地控制起重机。系统利用电流、挡位、速度、位移信息在加减速过程中控制起升速度斜坡，以此抑制承载索弹跳，减小对机构的冲击，提高起重机的工作效率。

(2) 系统功能。

缆机平稳提升系统操作分为手动和平稳提升两种模式。当选择平稳提升模式时，系统运行起升机构在上料处提升吊钩，自动进入平稳提升模式，起升速度按照平稳提升系统控制的速度运行，当吊钩在上料平台处的提升动作结束后自动切换到手动模式，待下一次取料时自动切换到平稳提升模式。

(3) 使用效果。

图 3.1-24、图 3.1-25 和图 3.1-26 为吊钩平稳提升系统的投入前后的对比图。当始终用 1 挡的速度提升时，承载索弹跳幅度波动非常小，但吊钩提升需要的时间长，效率太低，如图 3.1-24 所示。先用 1 挡后用 2 挡速度提升，承载索弹跳幅度波动大，需要时间短，效率提高，承载索弹跳增加，如图 3.1-25 所示。投入平稳提升系统后，承载索弹跳幅度波动小，吊钩提升需要的时间少，效率提高，承载索弹跳减少，如图 3.1-26 所示。

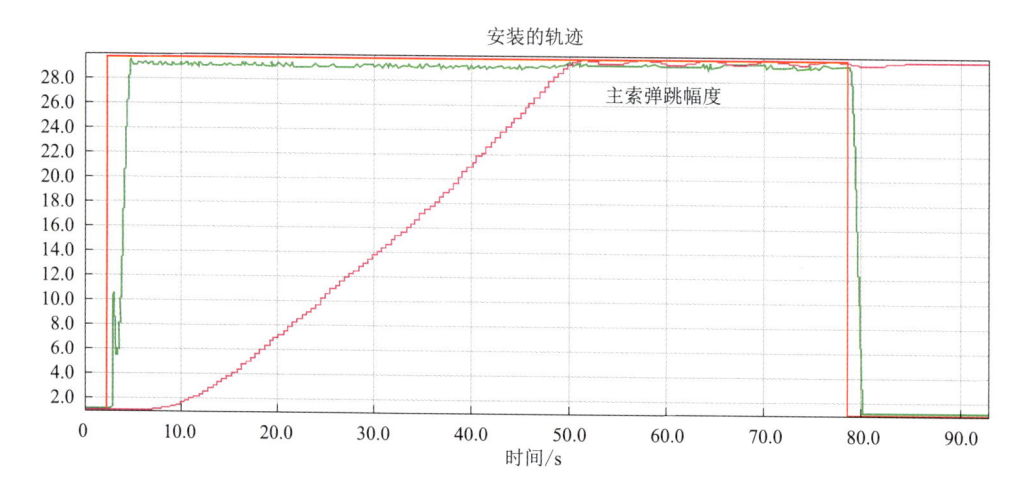

图 3.1-24 用1挡速度提升时承载索弹跳（紫红色曲线为波动幅度）

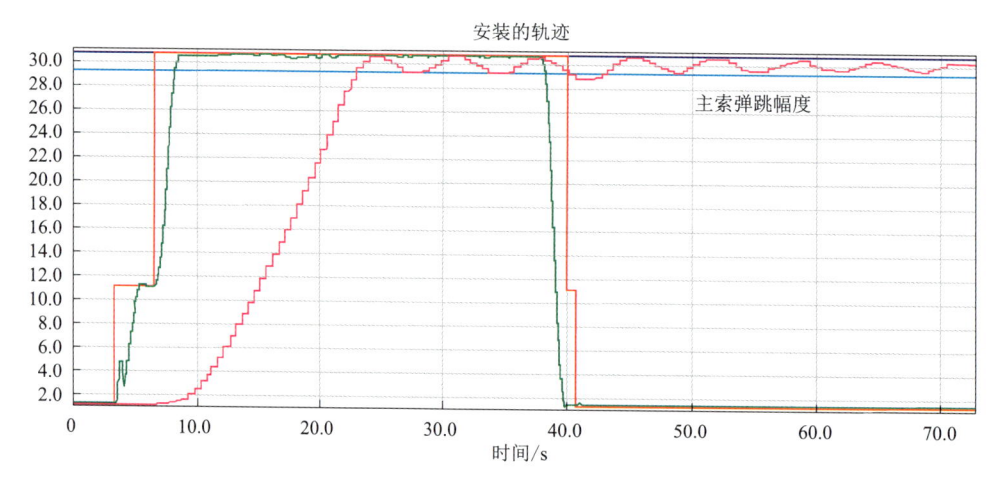

图 3.1-25 用1挡和2挡速度提升时承载索弹跳（紫红色曲线为波动幅度）

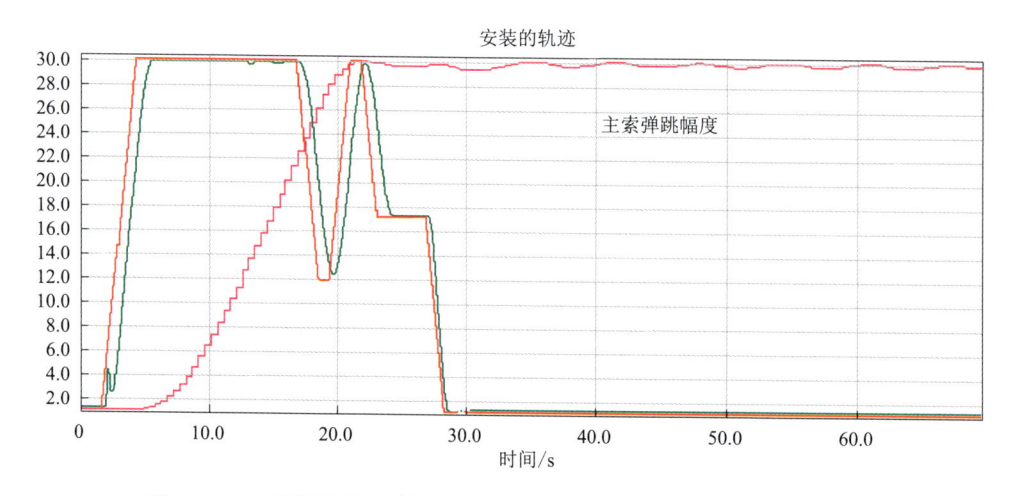

图 3.1-26 平稳提升系统投入后承载索弹跳（紫红色曲线为波动幅度）

对不同起升操作模式下缆机承载索弹跳幅度曲线分析表明,手动操作时,承载索弹跳幅度波动大,且提升到一定高度所用的时间更长,整个过程大约耗时 40 s。投入平稳提升系统后,承载索弹跳幅度波动减少,提升到同样高度所用的时间变短,总耗时缩短至 30 s,既减少了承载索的弹跳幅度,也提升了操作效率。

4. 缆机生产效率统计系统

白鹤滩缆机使用频率高,浇筑任务重。为便于开展缆机使用效率统计分析及效率提升管理,每台缆机的浇筑量、吊零量都需要进行统计。通常情况下,这些统计工作都是由司机利用操作空闲时间进行统计或专设人员进行统计,不仅增加司机的工作量,且人工统计方式容易出错,许多数据还不可追溯。为了更方便统计缆机的生产量,在白鹤滩缆机上设计了缆机生产效率统计系统。

生产效率统计系统通过对缆机运行数据的分析,自动统计缆机每小时、每天和累积的生产量,包括浇筑方量和吊零数量统计。

(1) 缆机浇筑量自动统计。

①小时浇筑量统计:司机可以通过联动台上的按钮在任意时间点开始重新计时,开始计时后系统自动记录并保存每个小时内的浇筑量,到达一个小时之后系统自动重新计时,浇筑量清零并开始下一个时间周期的记录,如此循环,直到下一次重新计数的设置。系统还可以在统计过程中自动提取每台缆机的最高小时浇筑量(单位为罐/h),司机可以清楚地知道每个小时浇筑混凝土的生产效率。

②日浇筑量统计:除了每小时的浇筑量统计,系统还以天为单位记录每天的浇筑量。与小时浇筑量的统计方式不同,日浇筑量是以每天架空检查的时间点为分界,即前一天的架空检查至当天的架空检查为一个时间周期,该时间为固定周期,在该周期内系统对浇筑量进行累加,直到时间重新开始计数之后系统保存原来的值并重新开始记录。缆机日生产统计报表如图 3.1-27 所示。

图 3.1-27 缆机日生产统计报表

③总浇筑量统计：系统从缆机投入使用开始记录缆机的浇筑量，直到工程结束。

（2）缆机吊零数量自动统计。

①小时吊零量统计：司机可以通过联动台上的吊零统计按钮在任意时间点开始重新计时，开始计时之后系统自动记录并保存每个小时内的吊零量，到达一个小时之后系统自动重新计时，吊零量清零并开始下一个时间周期的记录。如此循环，直到下一次重新计数。系统还可以在统计过程中自动提取每台缆机的最高小时吊零量（单位为钩/h）。司机可以清楚地知道每个小时吊零的生产效率。

②日吊零量统计：除了每小时的吊零量统计，系统还以天为单位记录每天的吊零量。与小时吊零量的统计不同，日吊零量是以每天架空检查的时间点为分界，即前一天的架空检查至当天的架空检查为一天时间周期，该时间为固定周期。在该周期内系统对吊零量进行累加，直到时间重新开始计数之后系统保存原来的值并重新开始记录。

③总吊零量统计：系统从缆机投入使用开始记录缆机的吊零量，直到工程结束，统计界面如图 3.1-28 所示。

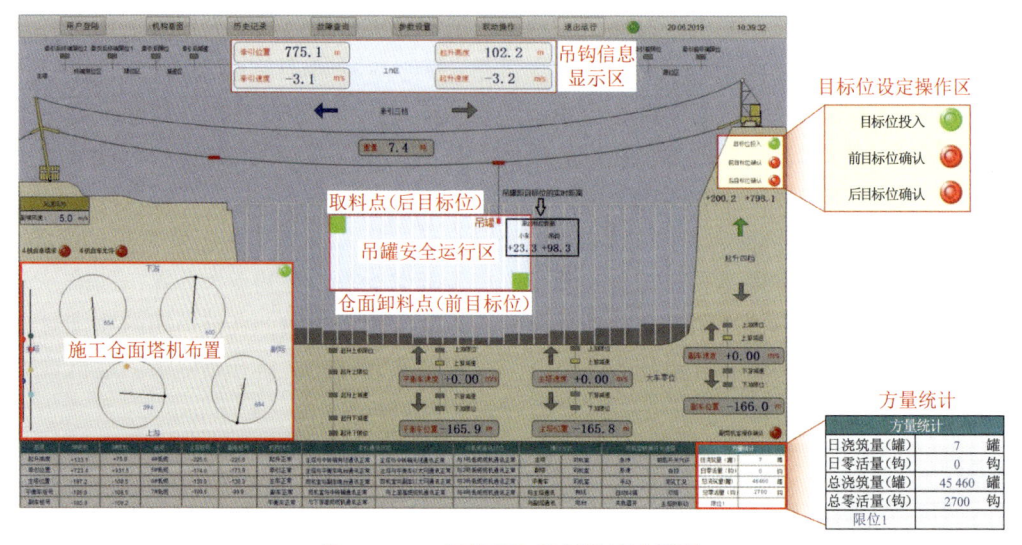

图 3.1-28　浇筑量和吊零量统计界面

5. 轴承温度在线监测系统

轴承是缆机较为重要的零部件，经常处于持续高速运转中，且不容易拆开检修，也不容易进行监护，特别是有的轴承位于高 75 m 的高缆塔架上，监护难度更大，缆机使用过程中一旦出现轴承损坏，有可能引发严重的安全事故。因此，研发加装了轴承温度在线监测系统，实时监护缆机轴承状态，及时发现和预判缆机轴承故障。

6. 施工设备防撞安全管理系统

白鹤滩水电站按高低平台共布置 7 台缆机，大坝上下游用于仓面临时施工的塔机数量较多，在缆机运行覆盖区内与缆机交叉作业，干扰较大。根据白鹤滩工区的设备分布和地形特点，研发了一套施工设备防碰撞安全管理系统，可有效避免设备的碰撞风险。

7. 司机疲劳辨识系统

在大坝每个仓面的混凝土开始浇筑后通常须连续浇筑施工，缆机也需要不间断运行。

缆机操作员长时间持续注意力高度集中极易产生疲劳，给缆机运行带来安全风险，根据以往工程的缆机使用经验，大多数的运行安全事故都与疲劳操作有关。虽然各单位采取了很多的管理办法来防止缆机司机疲劳操作，但人的因素比较复杂，较难控制，缆机实际运行时仍难避免出现疲劳操作的现象。为此在白鹤滩缆机上设计了缆机司机疲劳辨识系统，通过对司机面部特征识别，进行疲劳监测和警示提醒。

8. 缆机目标位置保护系统

白鹤滩大坝分31个坝段，多个坝段同时施工的情况为普遍现象。因不同坝段高程不尽相同，且各坝段仓面施工设备较多、施工环境复杂，加上缆机数量多，使缆机的操作和指挥难度增大，容易出现操作或指挥失误。为减少操作失误的风险，根据白鹤滩缆机的实际使用工况，设计了缆机目标位置保护系统，起到安全警示和限位作用，提高缆机运行安全。

9. 吊罐摆幅检测试验系统

白鹤滩水电站常年大风天气多，缆机运行时吊钩或吊罐容易受大风的影响而摆动。缆机经常与其他仓面施工机械交叉作业，同一仓面运行的缆机越多，相邻缆机的间距越小，越容易发生相互干涉引发的事故。为提高缆机运行的安全性，设计了吊罐摆幅检测试验系统。通过试验数据分析大风对缆机运行的影响，测量缆机在不同风力等级、吊罐在不同高程、不同工况时的摆动数据，可总结出白鹤滩气象条件下吊罐摆幅规律，用于编制缆机安全运行管理规程。

10. 起重小车位置自动校正系统

缆机牵引机构为摩擦传动，通过驱动滑轮与牵引绳的摩擦力驱动起重小车运行。当起重小车在加速和减速过程中，牵引绳与摩擦滑轮之间发生滑动，导致起重小车位置检测不准确，造成起重小车定位偏差。为克服牵引绳打滑对起重小车位置精度的影响，设计了缆机起重小车位置自动校正系统。

缆机起重小车位置自动校正系统采集起重小车位置、吊钩起升高度、大车位置、起重量等数据，根据数据构建特征方程，判断起重小车位置校正的时间点，利用缆机正常浇筑的空闲时间自动完成误差的校正，不影响缆机的使用效率。缆机每使用一个循环就自动校正一次，消除累积误差。起重小车位置自动校正系统功能如图3.1-29所示。

缆机起重小车位置自动校正系统的使用，大幅提高了缆机起重小车位置的精度，提高了缆机的操作定位和报话员指挥的准确性，可提高缆机的运行效率。

3.1.4 缆机局部辐射式运行设计

3.1.4.1 需求的提出

白鹤滩缆机主要用于大坝混凝土浇筑，同时兼顾金属结构和部分工程设备的吊运。由于部分左岸坝肩混凝土浇筑部位不在缆机正常覆盖范围内，为满足该混凝土浇筑需求，探讨扩大3号高缆下游侧浇筑覆盖范围的优选方案。

3.1.4.2 方案比较与可行性研究

经分析研究，可采用的方案有三种。

1. 方案一

副塔固定，主塔和平衡台车同时以副塔端承载索铰点为基点转入辐射运行模式，如图

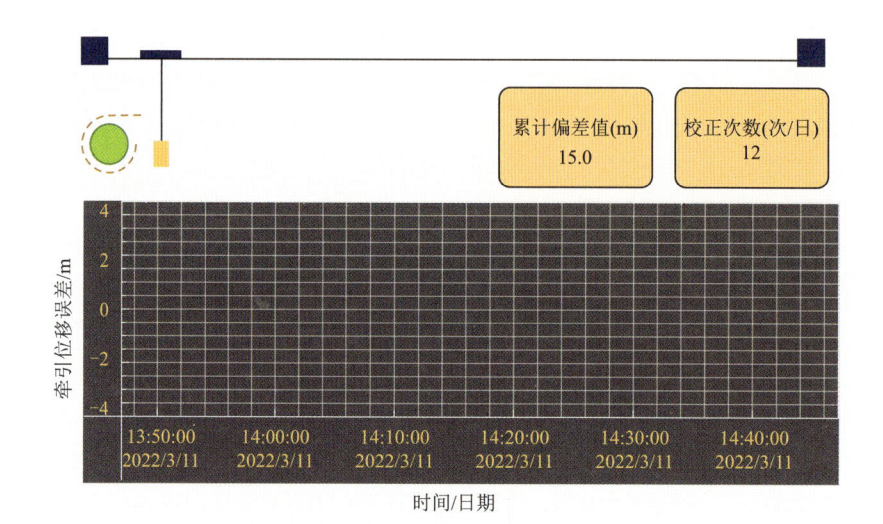

图 3.1-29 起重小车位置自动校正系统

3.1-30 所示。本方案的优点是：转换前后缆机承载索与后拉索均处于同一直线上，结构受力简单明确。缺点是：理想的运行模式发生变化，应该是在状态转换时，主塔的各台车和平衡台车立即全部转入弧形轨道上运行，由于主塔车架有一定的纵向宽度，虽然其下游侧台车可直接进入弧形轨道，但上游侧台车还需行走到下游侧台车原来的位置才能进入弧形轨道，使得整体的受力变得复杂，主塔大车车轮可能会啃轨。

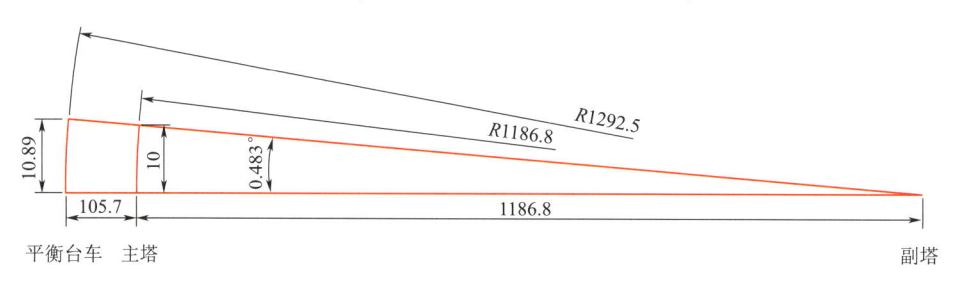

图 3.1-30 方案一示意图（单位：m）

2. 方案二

副塔固定，主塔和平衡台车仍以原来的方式继续沿直线轨道运行，如图 3.1-31 所示。本方案的优点是：缆机无明显的运行模式转换，轨道施工简单。缺点是：这是一种强制偏斜运行，承载索偏斜对塔架有斜拉且跨度变大，主塔与副塔受力状况改变。

3. 方案三

副塔固定，主塔和平衡台车仍以原来的方式继续沿直线轨道运行，但平衡台车速度需略高于主塔以保持承载索和后拉索处于同一平面，如图 3.1-32 所示。本方案的优点是：缆机无明显的运行模式转换，轨道施工简单，主塔塔头处受力状态较方案二有所改善。缺点是：这仍是一种强制偏斜运行，承载索的偏斜仍对塔架有斜拉且跨度变大，主塔、副塔和平衡台车的受力状态改变，平衡台车有打滑的可能。

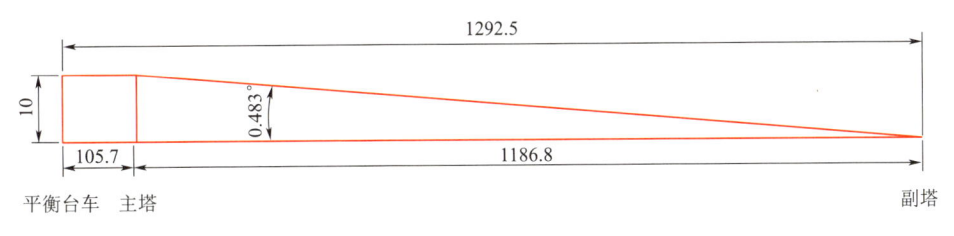

图 3.1-31　方案二示意图（单位：m）

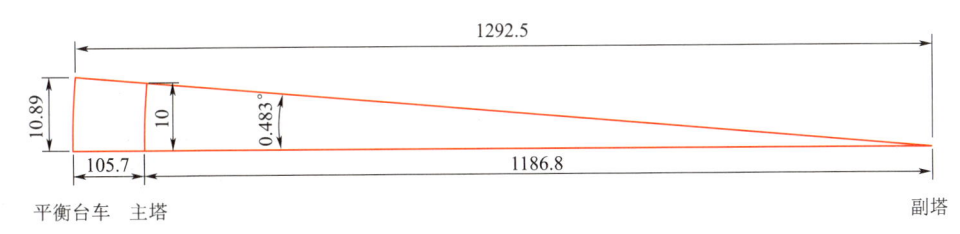

图 3.1-32　方案三示意图（单位：m）

上述三个方案中，副塔均需承担承载索偏斜造成的附加水平力以及由此产生的弯矩与扭矩，各方案间无大的差别。

由于主塔最上游和最下游台车中心距约 30 m，而弧形段的运行距离只有 10 m，故主塔上下游侧车轮无法同时进入弧形轨道，因而方案一无法实现。方案二相对简单，且没有无法解决的难题，因而可行。方案三是对方案二的修正，能在一定程度上改善塔架受力状态，但恶化了平衡台车的受力条件，在偏斜较大时平衡台车可能因摩擦驱动力不足造成车轮打滑而回到方案二的状态，导致修正无效。为预防车轮打滑需要增加配重，仍无法保证有足够的摩擦驱动力。故方案三不是优选。

综上所述，选择方案二作为 3 号缆机转入局部辐射式运行模式的方案。

3.1.4.3　缆机结构加强设计

3 号缆机增加的运行范围包括缆机往下游侧增加平移距离 10 m，然后主塔侧以类似辐射方式绕副塔继续运行 10 m，即为局部辐射式运行模式。为此，修改了缆机的控制程序，使缆机正常运行时允许的偏差值最大为 1 m，超出即会启动纠偏程序。同时采取了以下结构加强措施：

（1）主塔塔架和平衡台车的轨道仍以直线方式向下游侧延长 10 m，相关电线电缆也延长 10 m。

（2）固定在承载索两侧端部的检修平台由固定式支承改为可旋转结构。

（3）主塔塔架与塔头连接段进行补强。偏斜运行导致塔架受力增大，虽然主要结构仍有足够的受力安全系数，但塔架与塔头连接处受力安全系数相对较小，需对其进行局部加强。

（4）将平衡台车的 1 组从动台车替换成驱动台车。主塔偏斜运行也导致了平衡台车受力增大，故需增加运行功率。这也使得平衡台车具备了在必要时按方案三运行的能力（需增加配重）。

（5）重新配置防旋装置。偏斜运行导致两侧承载索主铰在铰座内的位置发生改变，需重新配置防旋装置。

3.1.5 混凝土吊罐

3.1.5.1 吊罐选型

大型水电建设使用的混凝土吊罐通常有立式吊罐和卧式吊罐两种形式。卧式吊罐与立式吊罐相比，具有不受取料场地制约，取料方便，所需修建的配套设施少，场地变换灵活等优点。但卧式吊罐占地面积较大，容量小，吊运时罐口方向不易对位，需要人工进行对位，影响施工进度，且吊运时极易与仓内设备发生碰撞，通常用于塔吊施工。参考其他电站施工经验，同时考虑总体效率和安全性因素，在白鹤滩工程应用中，混凝土吊罐选用 9 m³ 液压蓄能立式吊罐，白鹤滩立式吊罐如图 3.1-33 所示。

图 3.1-33 白鹤滩立式吊罐

3.1.5.2 立式吊罐工作原理

吊罐由罐体、卸料弧门、两个液压蓄能油缸、两个弧门启闭油缸、手动换向阀、单向阀、滤油器、截止阀、油箱等组成。液压蓄能混凝土吊罐结构示意图如图 3.1-34 所示，吊罐液压系统原理示意图如图 3.1-35 所示。

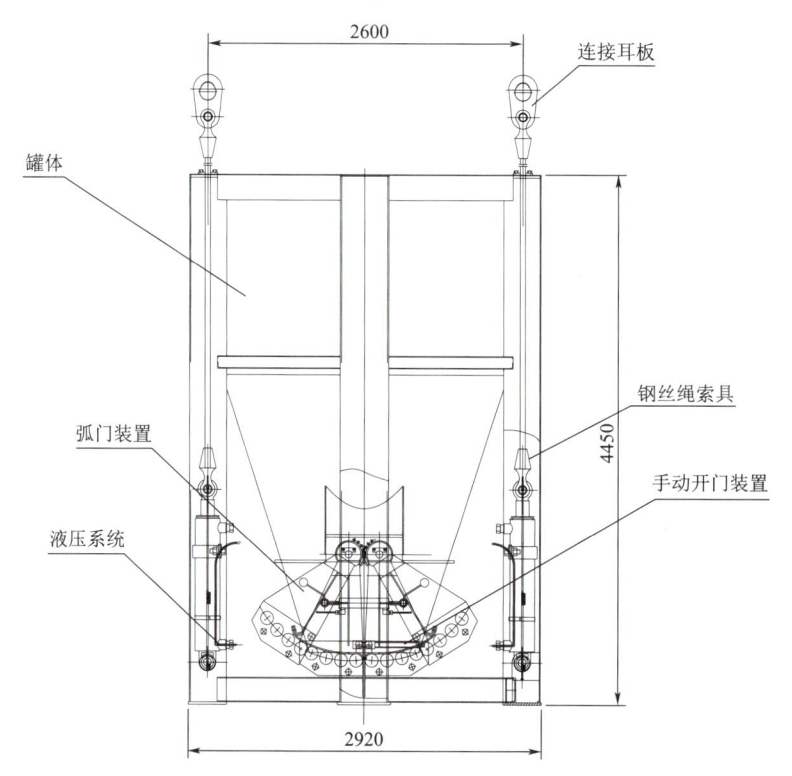

图 3.1-34 液压蓄能混凝土吊罐结构示意图（单位：mm）

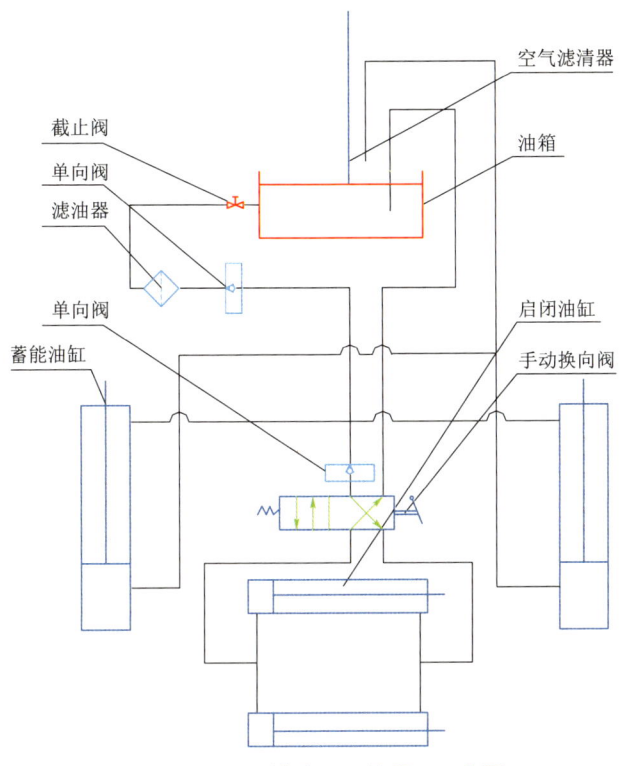

图 3.1-35　吊罐液压系统原理示意图

使用中，缆机或其他起吊设备通过专用吊具起吊两液压蓄能油缸活塞杆时，提升力和吊罐自重以及混凝土料重相互作用，使油缸有杆腔成为压力腔，成为吊罐弧门启闭的动力源。双开弧门通常保持紧闭状态，当向下拉开手动换向阀手柄时，进入控制弧门启闭的两个油缸的压力油换向，将弧门开启；松开手动换向阀手柄，手动换向阀阀芯在弹簧的作用下自动复位，此时弧门自动关闭。白鹤滩混凝土吊罐的参数见表 3.1-13。

表 3.1-13　混凝土吊罐参数表

型　号		HG9 立式吊罐
容积	混凝土装载量	9 m³
	实际容积	12.5 m³
工作油压	空载	约 1 MPa
	满载	约 10 MPa
一次蓄能可启闭弧门		3~5 次
主要尺寸最大值（宽×高）		2.92 m×4.45 m
两根起吊绳间距		2.6 m
重量	本罐自重	5.5 t
	满载总重	27.0 t
吊具钢丝绳		6×37IWR1770（GB 8918—2006《重要用途钢丝绳》）
液压油牌号		L-HV46（GB/T 7631.2—2003《润滑剂、工业用油和相关产品的分类》）
系统蓄能总量		60 L

3.2 缆机制造

3.2.1 关键构件的制造工艺

白鹤滩缆机制造技术难度较大的构件是高低缆的主塔塔架制造。其中，高缆 A 型塔架尺寸庞大，塔身为桁架结构，各杆件间以高强度螺栓相连，这种结构的 A 型塔架便于拆装和运输。低缆主塔类似于金字塔形的上小下大桁架结构，由于双向变截面，杆件接头的偏斜处需要特殊处理。因低缆塔架的制造难度相对小一些，本节主要对高缆 A 型塔架的制造特点和关键工艺进行论述。

3.2.1.1　A 型塔架结构特点

高缆 A 型塔架主要采用角钢作为杆件材料，根据其受力条件，主弦采用等边角钢，腹杆采用双不等边角钢以背靠背的形式进行组合。各杆件间采用高强度螺栓连接。

螺栓连接的桁架结构，通常采用配制的方式制造螺栓孔。其优点是尺寸检测难度小，装配方便，缺点是杆件没有互换性。由于常规大型起重机一般是单件生产，且所有杆件都进行编号，该制造方式较适用。而白鹤滩缆机数量较多，具备流水作业条件，应使杆件满足互换性要求，可采用标准化制造工艺。

3.2.1.2　塔架构件标准化制造工艺

若杆件按互换要求制造，按设计图预先打孔，需要对每个杆件的螺栓孔进行精确定位，且严格控制尺寸偏差，就需要制作专门的模具，导致生产成本有一定的上升。白鹤滩高缆塔架高达 100 m（含承载索铰点以上结构），每个塔架由 10 个标准节组成，3 个塔架共 30 个标准节，就其制作件的工程量，若采用标准化生产，可以提高生产效率、保证质量，整体上可降低成本。杆件采用标准化制造，省去了划线配孔的工艺，因具有互换性，不需花大量时间在安装现场进行构件的选配，提高了安装的效率和便利性。因各标准节具有更好的一致性，使缆机塔架的外观更加规整美观。

制造前编制构件制造标准化工艺卡，以下选录塔架制造的部分工艺卡，主弦角钢的制造工艺卡如图 3.2-1 所示，不等边角钢腹杆的制造工艺卡如图 3.2-2 所示，塔架Ⅰ段组装工艺卡如图 3.2-3 所示。

3.2.2 质量管理

3.2.2.1　质量控制措施

设计图纸及相关技术文件规定了缆机制造的标准和要求，要求各制造厂编制零部件标准化工艺文件，严格按照工艺文件进行备料、放样、加工、组装和检验，同时也作为制造监理进行过程质量控制的依据。具体制造质量控制的主要措施如下：

（1）设计制造单位成立生产领导小组，负责缆机制造过程重大问题处理。向制造厂派出驻厂代表，对制造质量和进度进行动态监控。每周召开质量进度例会，技术负责人定期巡视巡检。

（2）每个外协制造厂均设置监理站，配备专业监理工程师，对缆机制造的原材料进

第3章 设计与制造

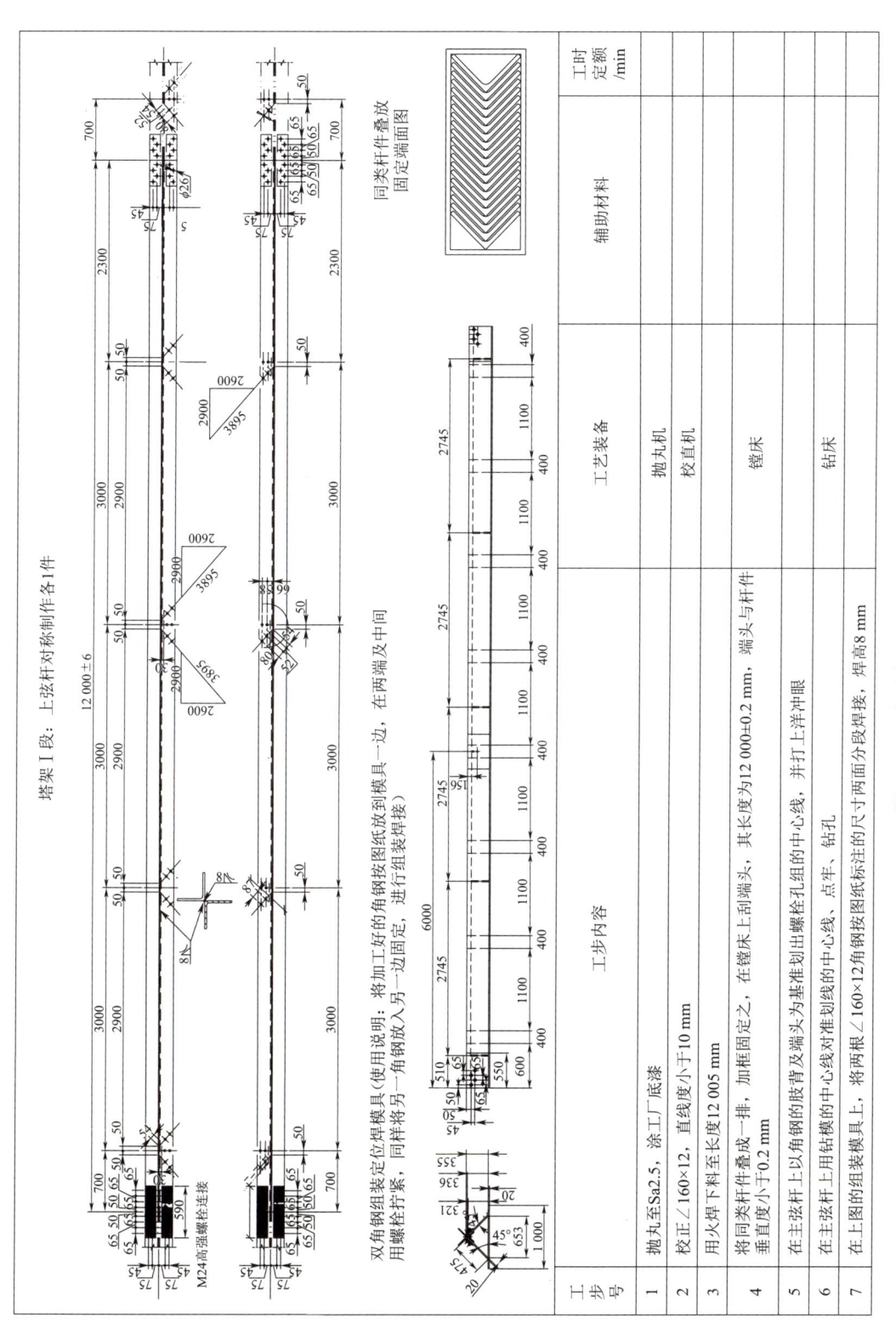

工步号	工步内容	工艺装备	辅助材料	工时定额/min
1	抛丸至Sa2.5，涂工厂底漆	抛丸机		
2	校正∠160×12，直线度小于10 mm	校直机		
3	用火焊下料至长度12 005 mm			
4	将同类杆件叠成一排，加楔固定之，在镗床上刮端头，其长度为12 000±0.2 mm，端头与杆件垂直度小于0.2 mm	镗床		
5	在主弦杆上以角钢的肢背及端头为基准划出螺栓孔组的中心线，并打上洋冲眼			
6	在主弦杆上用钻模按划线的中心线对准钻孔、点车、钻孔	钻床		
7	在上图的组装模具上，将两根∠160×12角钢按图纸标注的尺寸两面分段焊接，焊高8 mm			

图 3.2-1 主弦角钢制造工艺卡

73

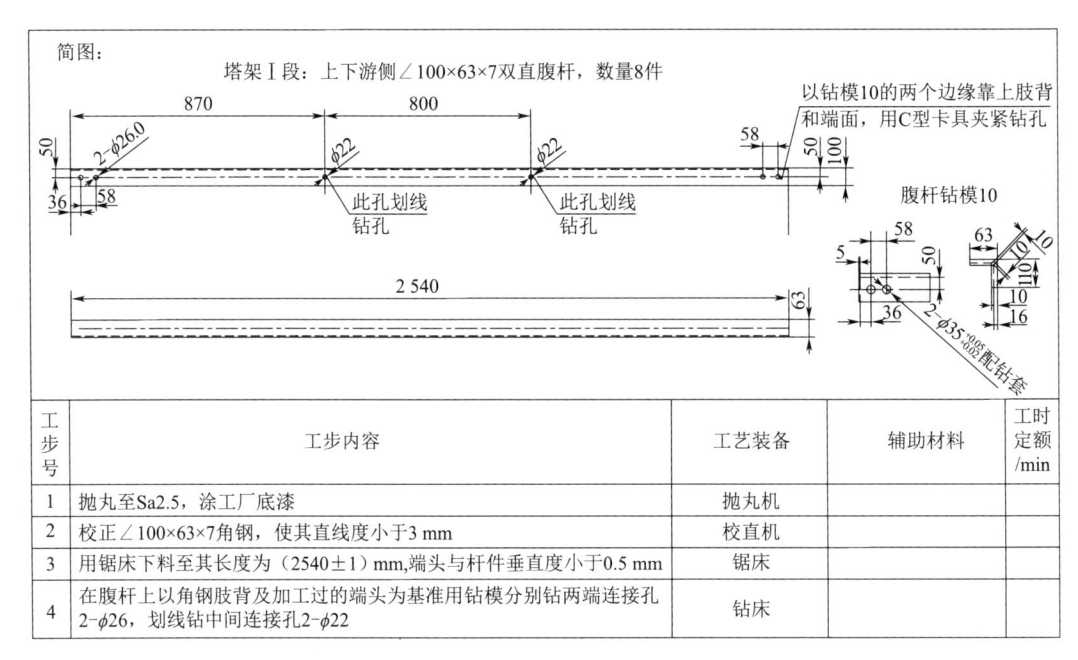

工步号	工步内容	工艺装备	辅助材料	工时定额/min
1	抛丸至Sa2.5，涂工厂底漆	抛丸机		
2	校正∠100×63×7角钢，使其直线度小于3 mm	校直机		
3	用锯床下料至其长度为（2540±1）mm，端头与杆件垂直度小于0.5 mm	锯床		
4	在腹杆上以角钢肢背及加工过的端头为基准用钻模分别钻两端连接孔2-φ26，划线钻中间连接孔2-φ22	钻床		

图 3.2-2　不等边角钢腹杆制造工艺卡

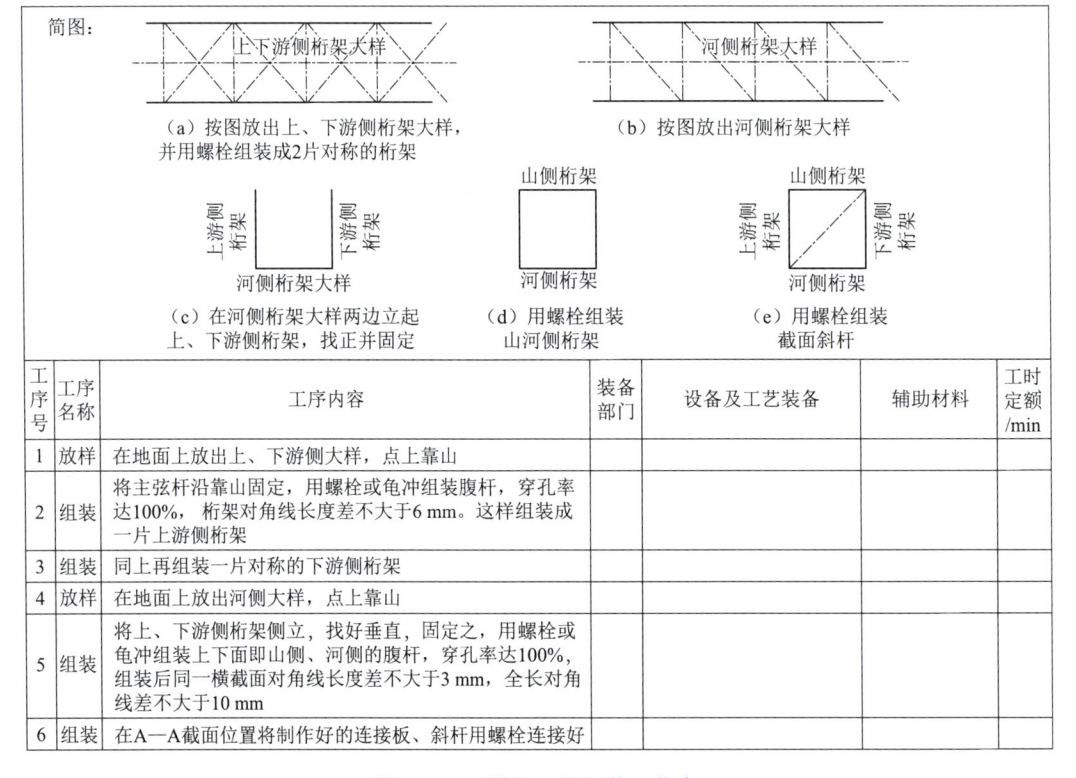

工序号	工序名称	工序内容	装备部门	设备及工艺装备	辅助材料	工时定额/min
1	放样	在地面上放出上、下游侧大样，点上靠山				
2	组装	将主弦杆沿靠山固定，用螺栓或龟冲组装腹杆，穿孔率达100%，桁架对角线长度差不大于6 mm。这样组装成一片上游侧桁架				
3	组装	同上再组装一片对称的下游侧桁架				
4	放样	在地面上放出河侧大样，点上靠山				
5	组装	将上、下游侧桁架侧立，找好垂直，固定之，用螺栓或龟冲组装上下面即山侧、河侧的腹杆，穿孔率达100%，组装后同一横截面对角线长度差不大于3 mm，全长对角线差不大于10 mm				
6	组装	在A—A截面位置将制作好的连接板、斜杆用螺栓连接好				

图 3.2-3　塔架Ⅰ段组装工艺卡

场、工序检验、构件检验和出厂试验等全过程进行质量管控。

（3）外协外购件选择国内外知名品牌，且在其他工程应用良好的产品。主要结构件的钢板、型材等均采购大厂优质产品，进厂钢材必须材质证明齐全有效，并进行复检。材料统一下料，型材按确认的长度订购，不允许对接。

（4）严格控制原材料的质量，把好生产第一关。所有外购产品均在合格供应商中择优采购，在采购合同中明确质量标准和要求，对进厂产品进行严格验证和检验。

（5）根据缆机验收大纲要求编制检测计划，设立工序质量控制点；编制重要零部件加工和组装记录表格，由质检员按表实施，同时须由监理见证，及时准确地反映产品质量状况，使设备制造过程处于受控状态。

（6）制造工艺中的构件拼装焊接专门划分组焊单元，制定合理的拼装、焊接程序；焊条的管理、烘焙和发放由专人负责。焊接工艺中明确过程控制要求，采用合理的焊接参数和顺序来保证焊接质量。

（7）小批量零部件如连接板、塔架腹杆等，使用专用模具制造，进行批量生产，保证其互换性。

（8）起升和牵引机构依据图纸和工艺文件要求，在总装车间分别进行组装及试运行检验。A型塔架尺寸巨大，在室外整体拼装后进行检测。

3.2.2.2 检验项目及标准

缆机所有制造部件均按照施工设计图样和技术规范要求进行严格的过程质量控制和最终产品质量检验，并进行详细的过程质量和最终质量检验记录。

缆机所有国内外购件，如减速器、高强度螺栓等，均选用国内知名厂商的通用产品，进行严格的出厂检验，满足设计和相关规范的要求，并有外购件检验记录和产品合格证书。各构件的主要质量控制要求见表3.2-1。

表3.2-1 缆机各构件质量控制要点汇总表（样表）

序号	部件名称	要 求
1	主塔	整体组装关系符合设计图样，各构件、机构无干涉现象，机电配套件符合设计要求
1.1	主塔架	整体组装关系符合设计图样，无干涉等现象
		各构成部件组装关系符合设计图样，无干涉现象
		结构焊接、材质证明、防腐等满足设计要求，记录完整
1.2	天轮架	整体及各部分的组装关系符合设计图样，无干涉等现象
		天轮合成材料滑轮及其轴承，转动灵活、润滑油路畅通、无卡阻和异常声响
		所有滑轮的径向和侧向跳动均满足设计要求
1.3	起升机构	电动机、制动器、轴承等配置
		机构装配关系符合设计图样，无干涉等现象，质量记录完整
		机构通电正反运转10min，各转动部件运转灵活，无卡阻、无异常振动、无异常噪声等现象
		减速器安装轴向窜动满足设计要求

续表

序号	部件名称	要求
1.4	牵引机构	电动机、制动器、轴承等配置
		机构装配关系符合设计图样,无干涉等现象
		机构通电正反运转 10 min,各转动部件运转灵活,无卡阻、无异常振动、无异常噪声等现象
		减速器安装高速轴轴向窜动满足设计要求
1.5	主塔运行机构	减速电机等配套件
		车轮转动灵活、无卡滞等现象,质量记录完整
		组装后,各相对位置关系符合设计图样要求
1.6	机房	机房骨架结构及外形布置符合设计图样,通风、防雨及防漏措施满足要求
		结构焊接、材质证明、防腐等满足设计要求
1.7	平衡台车等	结构焊接、材质证明、加工、防腐等满足设计要求
2	副塔	整体组装关系符合设计图样,各构件、机构无干涉等异常现象,机电配套件选用符合设计要求
2.1	承载索调整机构	机构组装关系符合设计图样,无干涉现象
		与副塔架组装关系符合设计图样,无干涉现象
		机构通电,正反转 10 min,各转动部件运转灵活,无卡阻、无异常振动、无异常噪声等现象
2.2	副塔运行机构	减速电机等配套件
		与平衡梁以及副塔架等组装关系符合设计图样,无干涉等异常现象
		车轮转动灵活、无卡滞等异常现象,质量记录完整
		组装后,前轨与水平轨相对位置关系符合设计图样要求
2.3	副塔架结构	整体组装关系符合设计图样,无干涉等异常现象
		结构焊接、防腐等满足设计要求,质量记录完整
2.4	天轮、导向滑轮	滑轮转动灵活、润滑油路畅通无卡阻和异常声响
		所有滑轮的径向和侧向跳动均满足设计要求
		保证调整轴与各组调整孔均符合装配关系
		支架与主结构间结合面平整无间隙
2.5	电缆卷筒装置	动力电缆采用磁滞式电缆卷筒,信号电缆采用力矩电机卷筒,卷盘与副塔架组装关系符合设计图样,无干涉等异常现象
2.6	副塔其余部分	包括梯栏平台等,满足设计要求
3	副塔拉板装置	采用自润滑向心关节轴承
		滑轮组与工作拉板装配符合设计图样,销轴配合间隙合适
		各滑轮转动灵活、润滑油路畅通,无卡阻等异常现象
4	主塔拉板装置	采用自润滑向心关节轴承、质量检验记录完整
		滑轮转动灵活、润滑油路畅通,无卡阻等异常现象

续表

序号	部件名称	要　　求
5	主副塔检修平台	包括主塔检修平台及副塔检修平台，制造满足设计要求，质量记录完整
6	起重小车	合成材料车轮、合成材料滑轮、轴承等配件
		所有转动部件（包括车轮、滑轮、托辊等）转动灵活，无卡滞现象，润滑油路畅通
		起重小车架结构分为两半，质量记录完整
7	吊钩	轴承等配套件、滑轮转动灵活，无卡滞现象，润滑油路畅通
		吊钩、支架设计满足要求，质量记录完整
8	吊罐	液压蓄能油缸并每次蓄能可启闭弧门不少于 3 次，注水容积约 12 m³，满足 9 m³/罐混凝土吊运要求，直径约 2.3 m
9	司机室	外形、室内布置符合设计图样，分上下两层；设有专门的吊耳供司机室安装吊运；有防雨及防漏措施；配备必要的家具，照明充分；有必要的消防器材
10	承马	所有转动部件转动灵活，无卡滞现象，润滑油路畅通；离合器开、合灵活
		承马架、行走轮等满足设计要求，质量记录完整
11	索道系统	整体组装关系符合设计图样，各构件、机构无干涉等异常现象，配套件选用满足设计要求
11.1	承载索	包装完好，无损坏等异常现象
11.2	起升绳	进口特种面接触钢丝绳，直径 $\phi 36$ mm，包装完好，无损坏现象
11.3	牵引绳	进口特种面接触钢丝绳，直径 $\phi 32$ mm，包装完好，无损坏现象
11.4	承载索张紧绳、安装用钢丝绳	国产优质钢丝绳，包装完好，无损坏等异常现象
12	电气系统	高压柜外观平整整洁，操作机构动作灵敏、耐压符合技术要求，出厂试验报告齐全
		干式变压器规格型号正确，铭牌齐全，短路阻抗、空载电流、绝缘耐压、防护等级、安全标志等符合技术要求，出厂试验报告齐全
		调速系统、控制系统（PLC）、低压元器件及电缆等的质量证明或产品合格证齐全
		电气控制柜外观平整整洁，门锁操作灵活，器件排列整齐，接线牢固，电气件间隙、爬电距离等符合技术要求
		电气室为整体集装箱式，牢固，平整
		厂内调试、指令工作正常，调试记录齐全

3.2.3　质量验收

缆机的制造质量验收包括制造厂自检、监理监督抽检以及出厂验收等。

3.2.3.1 制造厂自检

制造厂自检属于过程控制，在零部件的生产过程中，制造厂按照图纸或工艺文件对生产的零部件进行测量和检验，以保证正在生产的零部件符合图纸和规范要求。自检项目包括原材料质量证书及抽检、铸锻件探伤、轴类零件探伤、焊缝探伤及尺寸测量等，旋转部件还需要进行运转试验。

3.2.3.2 监理监督抽检

监理监督抽检主要以旁站见证为主，即在制造厂自检时旁站见证其行为的合规性和检测的正确性。不定期由监理人员自带仪器和设备对产品进行独立抽检，以确认旁站见证的有效性。

3.2.3.3 出厂验收

缆机出厂前进行组装试运行验收，塔架等结构件整体组装尺寸验收，以及起升、行走和牵引机构在场内整体组装并试运转验收。出厂联合验收由建设管理单位组织，特邀专家及缆机设计、安装、监理等参建单位参与验收。出厂验收根据设计单位编制的验收大纲和验收文件进行。验收大纲规定了验收范围、验收方法以及零部件的验收标准；签署的验收文件需明确说明零部件的检验项目和验收标准。

白鹤滩缆机于2013年11月开始相关生产和采购准备，2014年5月首台缆机出厂验收，单台缆机平均制造周期约6个月。白鹤滩缆机制造进度见表3.2-2。

表 3.2-2 白鹤滩缆机制造进度

缆机编号	开始制造时间	出厂验收时间
1号	2013年12月首台缆机开始制造，其他缆机穿插制造	2014年5月
2号		2014年7月
3号		2014年12月
4号		2015年10月
5号		2016年1月
6号		2016年5月
7号		2016年10月

3.3 退役零部件再利用

白鹤滩缆机启动采购时，溪洛渡和向家坝缆机已完成全部吊运任务并开展拆除工作，此时对于溪洛渡和向家坝缆机整体或部分构件能否应用于白鹤滩的问题，进行了专题研究。

溪洛渡和向家坝缆机浇筑混凝土总方量分别为650万 m^3 和253.1万 m^3，同时还承担了大量的金属结构、材料等吊运作业。经过如此施工强度使用后的缆机是否能继续用于下一个类似的大型工程，这在国内外尚无可参考的研究案例。为研究溪洛渡、向家坝缆机继续用于白鹤滩工程的可行性，根据FEM 1.001《欧洲起重机械设计规范》、GB/T 3811—2008《起重机设计规范》等专业标准的规定，进行了寿命分析。

起重机都是按一定理论寿命即有限寿命设计的，它以工作级别为衡量值，不同的工作级别对应有不同的载荷取值和安全系数。起重机工作级别（代表设计寿命）与设计总工作循环次数（使用等级）、每个循环载荷大小（载荷谱）有关。

3.3.1 载荷状态级别和载荷谱系数

起重机起升载荷状态级别是指在该起重机的设计预期寿命期限内，它的各个有代表性的起升载荷值的大小及各相对应的起吊次数，与起重机的额定起升载荷值及总的起吊次数的比值情况。分为 Q1、Q2、Q3、Q4 共 4 个级别，起重机的载荷状态级别与载荷谱系数的对应关系见表 3.3-1。

表 3.3-1 起重机的载荷状态级别与载荷谱系数的对应关系

序号	载荷状态级别	起重机载荷谱系数 K_p	说 明
1	Q1	$K_p \leq 0.125$	很少吊运额定载荷，经常吊运较轻载荷
2	Q2	$0.125 < K_p \leq 0.250$	较少吊运额定载荷，经常吊运中等载荷
3	Q3	$0.250 < K_p \leq 0.500$	有时吊运额定载荷，较多吊运较重载荷
4	Q4	$0.500 < K_p \leq 1.000$	经常吊运额定载荷

载荷谱系数 K_p 用以下公式计算：

$$K_p = \Sigma \left[\frac{C_i}{C_T} \left(\frac{P_{Qi}}{P_{Qmax}} \right)^m \right] \tag{3.3-1}$$

式中：K_p 为载荷谱系数；C_i 为与起重机各个有代表性的起升载荷相应的工作循环数，$C_i = C_1, C_2, C_3, \cdots, C_n$；$C_T$ 为起重机的总工作循环数，$C_T = \sum_{i=1}^{n} C_i = C_1 + C_2 + C_3 + \cdots + C_n$；$P_{Qi}$ 为能表征起重机在预期寿命内工作任务的各个有代表性的吊运载荷，$P_{Qi} = P_{Q1}, P_{Q2}, P_{Q3}, \cdots, P_{Qn}$；$P_{Qmax}$ 为起重机的额定起升载荷；m 为幂指数，取 $m = 3$。

3.3.2 起重机的使用等级和工作级别

起重机的设计预期寿命是指设计预设的该起重机从开始使用起，到最终报废时止，能完成的总的工作循环数。一个工作循环是指从起吊一个物品起，到开始起吊下一个物品时止，包括起重机运行及正常的停歇在内的一个完整的过程。

起重机的使用等级按起重机能完成的总工作循环数划分成 10 个等级，用 U0，U1，U2，…，U9 表示，见表 3.3-2。

表 3.3-2 起重机的使用等级

序号	使用等级	起重机总工作循环数 C_T	使用频繁程度
1	U0	$C_T \leq 1.60 \times 10^4$	很少使用
2	U1	$1.60 \times 10^4 < C_T \leq 3.20 \times 10^4$	
3	U2	$3.20 \times 10^4 < C_T \leq 6.30 \times 10^4$	
4	U3	$6.30 \times 10^4 < C_T \leq 1.25 \times 10^4$	

续表

序号	使用等级	起重机总工作循环数 C_T	使用频繁程度
5	U4	$1.25\times10^4 < C_T \leq 2.50\times10^5$	不频繁使用
6	U5	$2.50\times10^5 < C_T \leq 5.00\times10^5$	中等频繁使用
7	U6	$5.00\times10^5 < C_T \leq 1.00\times10^6$	较频繁使用
8	U7	$1.00\times10^6 < C_T \leq 2.00\times10^6$	频繁使用
9	U8	$2.00\times10^6 < C_T \leq 4.00\times10^6$	特别频繁使用
10	U9	$4.00\times10^6 < C_T$	

根据起重机 10 个使用等级和 4 个载荷状态级别，起重机整机的工作级别划分为 A1~A8 共 8 个级别，见表 3.3-3。

表 3.3-3 起重机整机的工作级别

序号	载荷状态级别	起重机载荷谱系数 K_p	U0	U1	U2	U3	U4	U5	U6	U7	U8	U9
1	Q1	$K_p \leq 0.125$	A1	A1	A1	A2	A3	A4	A5	A6	A7	A8
2	Q2	$0.125 < K_p \leq 0.250$	A1	A1	A2	A3	A4	A5	A6	A7	A8	A8
3	Q3	$0.250 < K_p \leq 0.500$	A1	A2	A3	A4	A5	A6	A7	A8	A8	A8
4	Q4	$0.500 < K_p \leq 1.000$	A2	A3	A4	A5	A6	A7	A8	A8	A8	A8

3.3.3 零部件寿命分析

水电站施工用缆机是一种特点非常明显的专用设备。特别是目前普遍用于大型水电站工程的缆机，在其主要承担的大坝混凝土浇筑任务的工况，几乎每个工作循环都是满载，且连续运行，使用强度大；另外受边坡开挖、运输、安装条件的限制，要求缆机构造紧凑、重量轻盈。缆机布置和型式往往按照工程的特定地形进行设计，并非标准产品，故缆机工作级别（设计寿命）的选定，要求满足特定工程需要，同时最经济、合理。

根据溪洛渡、向家坝缆机的运行资料，判定其工作级别为 FEM A7，对应的使用等级和载荷状态见表 3.3-4。

表 3.3-4 使用等级和载荷状态表

工作级别	使用等级	载荷状态
A7	U5（总工作循环数为 $2.50\times10^5 \sim 5.00\times10^5$）	Q4（载荷谱系数为 $0.500\sim1.00$）

由于缆机的工作特点是每个工作循环基本上起吊的都是额定载荷，对应的载荷谱系数 $K_p=1$，所以设计预期寿命的总工作循环数按小值估算，即 $C_T=2.50\times10^5$。

预期寿命除了与载荷状态有关外，影响因素还有安装质量和操作不当、保养不良、磨损、腐蚀、超载等。

由于溪洛渡混凝土骨料沙石密度较大，满载 9 m³ 混凝土的吊罐经常超过额定 30 t 的额定起重量，单罐混凝土重量抽检中曾经达到 32.6 t。所以实际的载荷谱系数要大于 1，设计预期寿命的总工作循环数也会相应减少。另外，溪洛渡缆机布置具有两侧铰点高差大、上料点位置离非正常工作区过近等不利因素，也会缩短缆机的使用寿命。综合分析，从安全角度出发，缆机的载荷谱系数应按 1.1 的系数考虑，预期寿命的总工作循环数也应相应降低，即 $C_T \approx 2.25 \times 10^5$。

溪洛渡缆机累计完成混凝土浇筑约 650 万 m^3，每台缆机完成混凝土浇筑方量及缆机的整机预期寿命见表 3.3-5。向家坝缆机累计完成混凝土浇筑约 253.1 万 m^3，每台缆机完成混凝土浇筑方量及缆机的整机预期寿命见表 3.3-6。

表 3.3-5 溪洛渡缆机完成混凝土浇筑方量及缆机的整机预期寿命

缆机编号	设计预期寿命的总工作循环数 C_T	浇筑方量/万 m^3	折算的循环次数	剩余循环次数
1 号		115	1.278×10^5	1.053×10^5
2 号		150	1.667×10^5	0.583×10^5
3 号	2.25×10^5	155	1.722×10^5	0.528×10^5
4 号		140	1.555×10^5	0.695×10^5
5 号		90	1.00×10^5	1.25×10^5

表 3.3-6 向家坝缆机完成混凝土浇筑方量及缆机的整机预期寿命

缆机编号	设计预期寿命的总工作循环数 C_T	浇筑方量/万 m^3	折算的循环次数	剩余循环次数
1 号		91.25	1.014×10^5	1.486×10^5
2 号	2.50×10^5	90.4	1.005×10^5	1.495×10^5
3 号		71.43	0.794×10^5	1.706×10^5

3.3.4 部件可利用的条件分析

溪洛渡、向家坝缆机经工程的高强度使用，从缆机设计预计寿命方面来看，两个工程缆机的剩余寿命均不能完全满足整个白鹤滩工程使用周期，需要有针对性地进行分析，并为此制定再利用零部件的使用要求。如使用溪洛渡和向家坝缆机部件，利用的部件应满足以下条件：

（1）经仔细检查或必要测试，确认无明显异常。
（2）在白鹤滩工程使用过程中可方便检查和保养。
（3）元器件尚未被淘汰，备件采购方便。
（4）出现故障需更换时，对工程进度不会有大的影响。
（5）出现故障或损坏后，不会产生严重后果。

3.3.5 缆机零部件再利用措施

根据以上利用条件，经鉴定甄别出可利用部分的部件清单及再利用工作内容见表 3.3-7 和表 3.3-8。

表 3.3-7 可供低缆更新利用的零部件

序号	名 称	再利用工作内容	备 注
1	起升机构		
1.1	工作制动器	摩擦片更换，保养	
1.2	减速箱	开箱检查、清洗；润滑油更换；轴承更换	
1.3	安全制动器	摩擦片更换，润滑油更换	
1.4	卷筒（溪洛渡）	外观检查、制动盘清洗、保养	与溪洛渡设备配套使用
1.5	滚珠丝杆	检查保养、重新润滑；螺母检修，更换滚珠	
2	牵引机构		
2.1	工作制动器	摩擦片更换，保养	
3	主塔运行机构		
3.1	抬吊梁（溪洛渡）	结构检查合格后利用	
4	副塔		
4.1	副塔桁架	结构检查合格后利用	向家坝缆机
4.2	牵引绳张紧装置	结构检查合格后利用	
4.3	副塔端天轮装置	结构检查合格后利用	
4.4	张紧导向滑轮装置	结构检查合格后利用	
5	承载索调整机构	结构检查合格后利用	向家坝缆机
6	承载索支撑装置		
6.1	副塔拉板	主铰、锥套、锥套横梁以及张紧钢滑轮组维护后利用	向家坝缆机
6.2	主塔拉板	主铰、锥套、锥套横梁维护后利用	向家坝缆机
7	电气系统		
7.1	主变压器	经检测合格后使用	
7.2	高压开关柜	经检测合格后使用	

表 3.3-8 可供高缆更新利用的零部件

序号	名 称	更新工作内容	备 注
1	主塔架		向家坝缆机
1.1	主塔底梁	与机台的连接改造后利用	
1.2	主塔底座	结构检查合格后利用	
1.3	主塔根部	结构检查合格后利用	
1.4	塔架Ⅰ段	结构检查合格后利用	
1.5	塔架Ⅱ段	检查完好即可用	
1.6	塔架Ⅲ段	结构检查合格后利用	
1.7	主塔连接段	结构检查合格后利用	
1.8	主塔塔头	结构检查合格后利用	
1.9	主塔梯栏	结构检查合格后利用	

第3章 设计与制造

续表

序号	名 称	更新工作内容	备 注
2	平衡台车架	结构检查合格后利用	向家坝缆机
3	起升机构		向家坝缆机
3.1	工作制动器	摩擦片更换，保养	
3.2	安全制动器	摩擦片更换，润滑油更换	
4	牵引机构		向家坝缆机
4.1	制动器、驱动摩擦轮装置、支架	更换易损件后利用	
5	平衡台车运行机构	平衡梁结构检查合格后利用	向家坝缆机
6	承载索支承装置		向家坝缆机
6.1	副塔拉板	主铰、锥套、锥套横梁以及张紧钢滑轮组检查完好后利用	
6.2	主塔拉板	主铰、锥套、锥套横梁检查完好后利用	
6.3	后拉索拉板	向家坝缆机检查完好后利用	
7	后拉索	检查完好后利用	向家坝缆机
8	电气系统		向家坝缆机
8.1	主变压器	经检测合格后使用	
8.2	高压开关柜	经检测合格后使用	

3.3.6 零部件再利用成效

白鹤滩缆机自2014年开始安装，2017年年初7台缆机全部投入运行，截至2021年6月完成大坝浇筑任务。对于采用了再利用零部件的缆机与全新缆机，其验收标准、使用方法和维护保养规程均相同，运行表现亦无明显区别。其中，使用了再利用A型塔架的3号缆机，为扩大覆盖范围还进行了局部辐射式运行改造，也顺利完成了全部吊运任务，其使用寿命已达设计寿命的91.64%，实现了物尽其用，详见表3.3-9。

表3.3-9 3号缆机使用寿命分析表

设计预期寿命的总工作循环数 C_T	向家坝浇筑方量 /万 m³	白鹤滩浇筑方量 /万 m³	折算已使用循环次数	缆机寿命使用比例/%
$2.50×10^5$	91.25	114.894	$2.291×10^5$	91.64

退役缆机零部件的再利用为设备采购节约了资金，初始时预计节约投资约8.3%，后因部分设备在原工地未能及时退役而有所改变，最终节约投资约7.2%，经济效益可观。

3.4 思考与借鉴

（1）交流变频调速技术。白鹤滩缆机电力拖动设备全面应用了交流变频调速技术，提升电气系统运行可靠性，降低能耗。后续偏远地区水电工程建设的缆机应优先考虑交流变频技术。

(2) 研发应用了后垂直轨后置的副塔形式,减小了副塔平台的土建工程量,轮压均匀,在同类设备中具有推广应用价值。

(3) 移动式隔离平台设置。在缆机工作区与承载索铰点距离较远的状况下,可设置移动式隔离平台,以减少承马数量及运行距离。白鹤滩高缆主塔侧距承载索铰点约 400 m 范围内基本无吊运需求,高缆及低缆均在距离高缆铰点约 280 m 的截面位置设置了移动式隔离平台,减少 2 对承马,运行期内每台缆机承马运行的总距离减少约 10 万 km,减少了承马行走轮对承载索的碾压,同时提高了缆机的生产效率。

(4) 美观设计。在目前的缆机设计中,对机房布局合理性及外形美观等方面考虑较少,后续缆机设计中,可增强机房布局合理性及外形美观设计,及缆机整体形象与周边环境及构筑物相协调。

(5) 电气室运行环境。电气室温度控制设计应充分考虑使用地区的环境和气候条件。白鹤滩处于干热河谷,环境温度高,在运行过程中电气室增加了降温措施,温控效果良好。

(6) 缆机钢丝绳缠绕方式。缆机钢丝绳导绕方式应尽量避免反向折弯。白鹤滩缆机提升钢丝绳各导向滑轮处均为同向导绕,表面断丝出现及发展相对较慢;牵引钢丝绳在副塔侧张紧滑轮处为反向导绕,经该处的钢丝绳断丝较其他部位多。后续缆机设计中,研究钢丝绳经过滑轮的导绕方式均为同向的可行性。

(7) 司机室司机的友好性设计。当前缆机司机室的设计主要考虑其功能完备性,对司机友好性方面考虑不足。司机室是缆机操作的核心部位,司机室的环境及操作布置应很好地适应人的生理和心理特征,以提高缆机运行效率和安全。司机室布置与设计应注重环境舒适,视野开阔,座椅等设施满足人机工程学要求,显示界面友好,操作手柄按钮布局合理,达到便于操作,缓减人的疲劳,增加舒适度,实现在宽松愉悦的环境中进行操作的效果。

(8) 副塔承载索张紧拉板销轴孔优化。该销轴和销轴孔的连接为过渡配合,安装及拆除处于悬空状态,且安装和拆除空间狭小,安装和拆除施工困难,尤其在经过多年运行后连接部位有锈蚀,此问题更为突出,如图 3.4-1 所示。后续的缆机设计,应考虑缆机安装拆除的便利性,可将拉板连接销轴孔设计为梨形孔,即可便于拆除时销轴的退出,如图 3.4-2 所示。吊罐扁担梁与专用吊绳连接的吊板孔设计同样存在上述问题,可改为梨形孔。

(9) 提升和牵引机构联轴器调整问题。目前联轴器调整模式是,先在没有联轴器套的情况下将零件间隙及同轴度调整好,标记电机安装的定位线,其后将电机移出;再安装联轴器套,其后电机按照定位标记的位置回装就位。回装就位后,先前调整好的间隙及同轴度有可能有变动而增加了误差值,但由于联轴器套的遮盖已无法检测。今后对电机、联轴器轴长加长或采用剖分式联轴器套,可一次安装调整固定到位。

(10) 承载索安装及拆除临时承载系统改进。为增大主索过江过程的稳定性,在进行缆机承载索安装设计时可适当加大临时承载索之间的间距,加大临时承载索行走轮与托梁的垂直距离。为便于拆除过程中承载索顺利落入临时承马内,可考虑将临时承马由台阶式结构调整为"V"形结构,如图 3.4-3 所示。

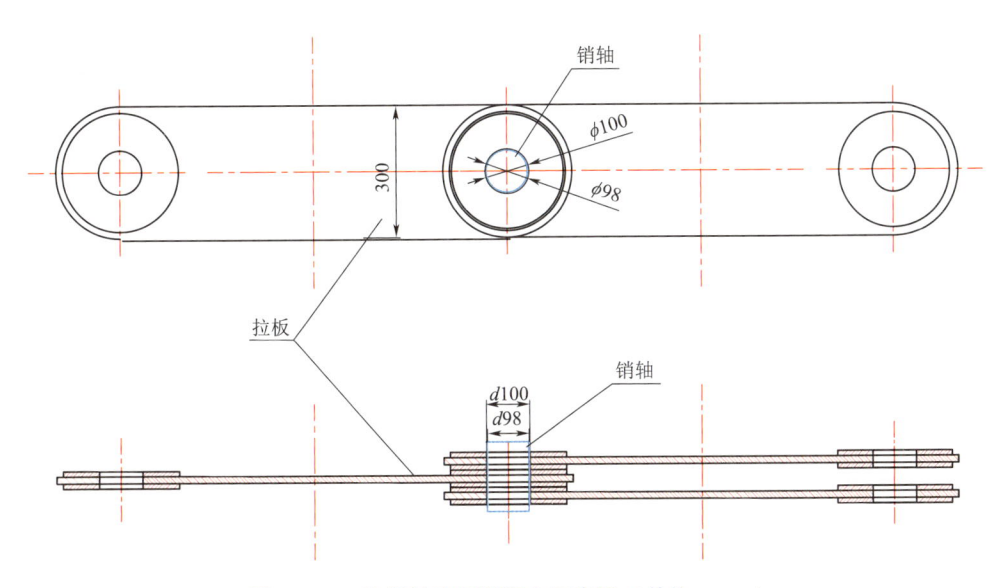

图 3.4-1 拉板轴孔间隙配合示意图（单位：mm）

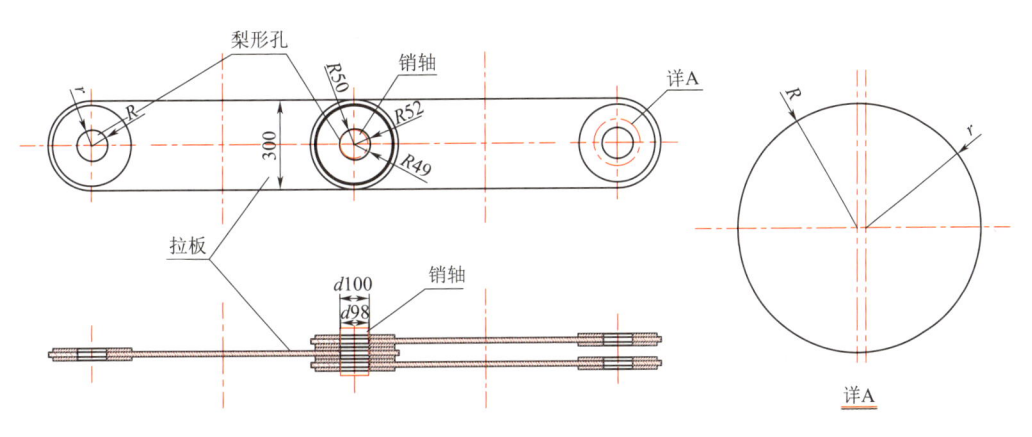

图 3.4-2 拉板轴孔长孔示意图（单位：mm）

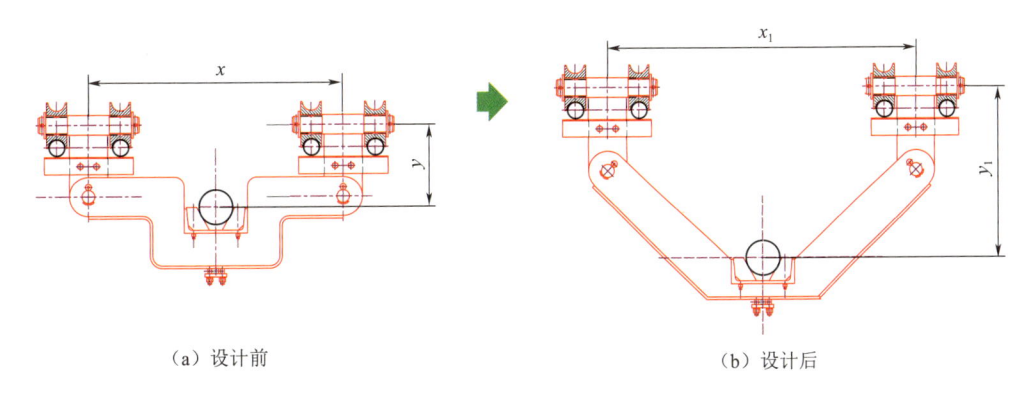

（a）设计前　　　　　　　　　　（b）设计后

图 3.4-3 临时承载索承马改进示意图

第 4 章 缆机安装

白鹤滩高缆于 2014 年 6 月开始安装，3 台高缆于 2015 年 9 月 26 日全部完成载荷试验；低缆从 2015 年 10 月 15 日开始安装，4 台低缆于 2017 年 3 月 13 日全部完成载荷试验。白鹤滩水电站缆机塔身高、跨度大，安装工作量大，施工干扰因素多，安全风险高。本章主要介绍安装场地规划布置、主要构件安装工艺及其关键技术。

4.1 安装场地规划与安装流程

4.1.1 场地布置原则

根据现场施工条件、相关规范等选定白鹤滩缆机安装场地及布置安装设备设施，并结合其他同类工程施工经验进行场地规划。场地及设备设施布置原则如下：

(1) 场地选择满足大型构件运输、装卸及拼装需求。
(2) 安装场地规划最大限度利用现有场地条件，满足各项功能分区要求。
(3) 安装轴线方便缆机群的安装和便于地锚设置。
(4) 地锚设置于基岩处为宜，地锚布置应满足安装、维护和拆除共用。
(5) 减少缆机安装与周边工作面的相互干扰。

4.1.2 场地规划及辅助设施布置

4.1.2.1 确定缆机安装轴线

缆机承载索安装为安全风险最高、安装难度最大的工序，确定合理的缆机安装轴线是承载索安装的基本条件。确定缆机安装轴线对减少施工环节、节约工期、提高安全性和安装的便捷均尤为重要。

根据白鹤滩缆机平台施工场地实际情况，左岸高低缆轨道平台上游侧通过狭窄的架空梁跨越延吉沟，不利于布置地锚，因而安装场地均在轨道下游侧选择，其中低缆平台面积较大，地质条件较好，故高低缆安装轴线位置都选定在低缆平台轨道下游。缆机安装场地示意图如图 4.1-1 所示，缆机平台施工场地布置位置比选见表 4.1-1。

安装轴线：缆机平台下游侧有较大的施工场地，便于安装设备的布置和塔架拼装，故缆机安装轴线均布置于靠近缆机平台下游端部。低缆安装轴线坐标为 $D_0+216.2$ m；桅杆吊布置于 $D_0+258.451$ m 处，根据桅杆吊的布置位置确定高缆安装轴线。考虑低缆后期维护检修时缆机的停放位置对其他缆机运行的影响，在轨道中部设置了检修地锚。

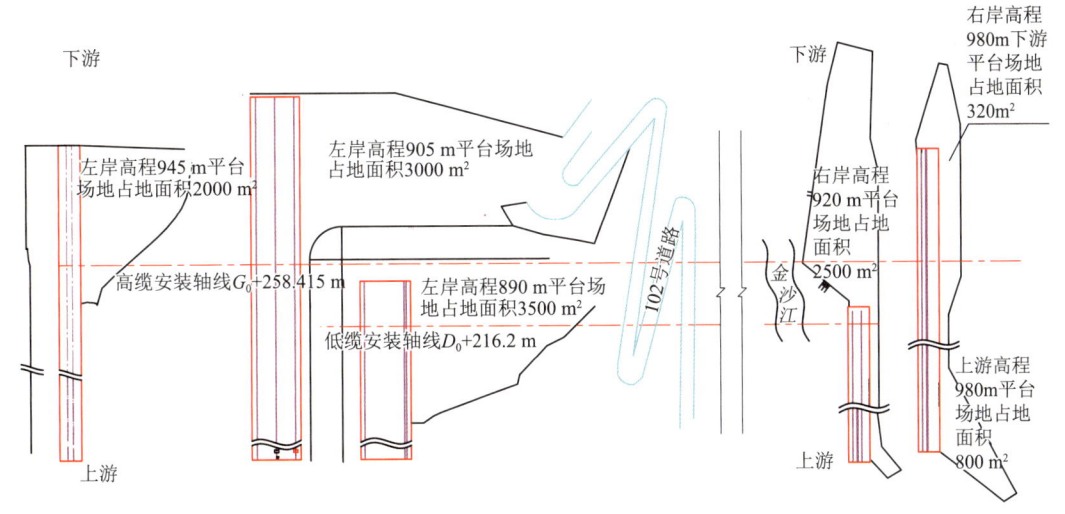

图 4.1-1 缆机安装场地示意图

表 4.1-1 缆机平台施工场地布置位置比选

缆机平台		上游施工场地	下游施工场地
高缆	平衡台车 945 平台	无施工场地（架空梁）	下游约 2000 m²
	主塔 905 平台	无施工场地（架空梁）	下游约 3000 m²
	副塔 980 平台	上游约 800 m²	下游约 320 m²
低缆	主塔 890 平台	无施工场地（架空梁）	下游约 3500 m²
	副塔 920 平台	无施工场地	下游约 2500 m²

高缆右岸安装平台高于左岸 90 m，低缆右岸安装平台高于左岸 30 m，承载索过江若采用左岸向右岸牵拉方式，承载索的牵拉呈爬坡态势，牵拉绳及辅助设施的受力随之增加，需提高其承载能力，增大了安全风险，故考虑承载索索头的过索方式为从右岸牵拉至左岸。

4.1.2.2 临时承载索锚固点设置

白鹤滩缆机跨度超过 1100 m，高缆承载索总重约 98 t，为确保承载索过江安全，选择 4 根 ϕ50 mm 临时承载索作为承载索过江支承索的方案。考虑缆机跨度大，以及大风天气的影响，确定 4 根临时承载索间距分别为 200 mm、600 mm、200 mm。

临时承载索锚固点主要用于承担临时承载索、临时承马及承载索过江的受力。根据临时承载索的间距，锚固滑轮的间距相应的也是 200 mm、600 mm、200 mm。

临时承载索锚固装置受力包含：临时承载索、承载索、临时承马、承马牵引绳和临时承马保距绳的重力，其中临时承马为 30 个（间距 30 m）。计算时将上述载荷均作为均布载荷，其中绳索的线长按 1100 m 计算（临时承载索重载时的实际线长仅为 958.45 m），可计算出 4 根临时承载索总张力为 1960 kN，单个锚固装置设计最大承载力为 2500 kN（由设计单位给定），故地锚满足承载要求。主塔和副塔临时承载索锚固结构示意图如图 4.1-2 和图 4.1-3 所示。

根据地形条件，左岸临时承载索锚固装置选用混凝土浇筑预埋的抗剪形式地锚，采用在高、低缆安装平台轴线上开挖 3 m×2 m×4 m 深基坑，浇筑 2 m×1.5 m×3 m 混凝土基础墩的水平埋设方式；使用 8.8 级螺杆（ϕ36 mm×700 mm）、ϕ32 mm×1200 mm 圆钢及厚度

(a)

(b)

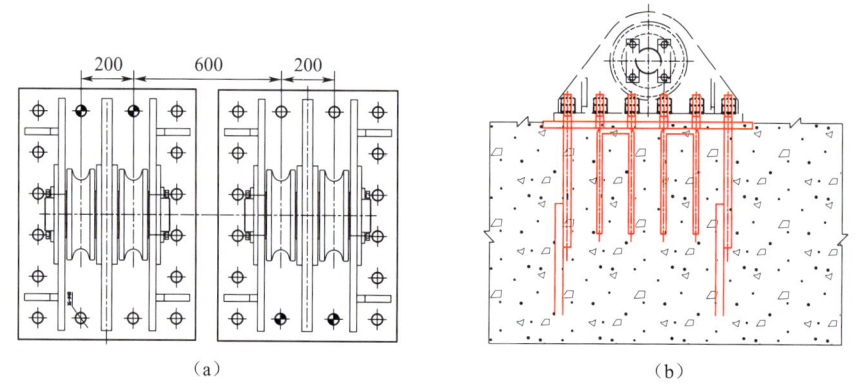

图 4.1-2 左岸临时承载索锚固示意图（单位：mm）

(a)

(b)

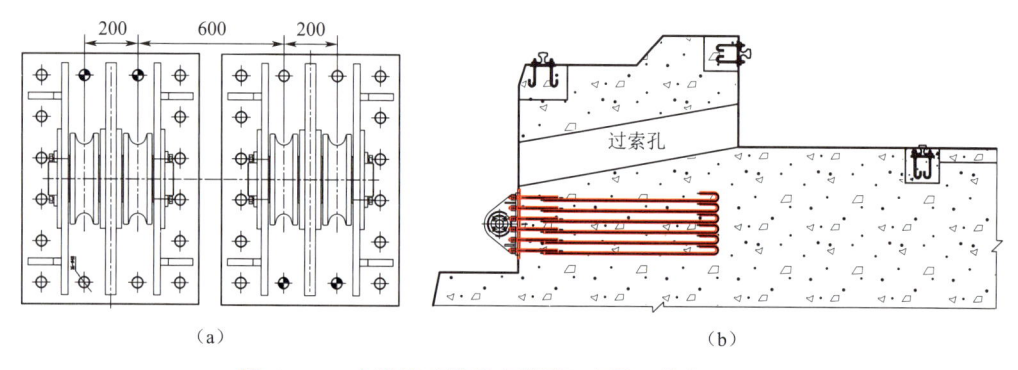

图 4.1-3 右岸临时承载索锚固示意图（单位：mm）

50mm 的钢板制造 π 形锚固埋件，与基岩插筋焊接固定，回填混凝土以保证其受力强度。

右岸临时承载索锚固装置利用轨道梁内钢筋网预埋抗拉形式地锚，埋件控制要求与左岸相同。

4.1.2.3 保通行设施设置

根据计算，临时承载索架设完成后，其下垂线将影响左岸 102 号道路的交通（见图 4.1-1），为此在 102 号道路旁增设一个 4.8m 高的保通行设施，并在保通行设施上布置适用于临时承载索支承的托辊。

支墩设置后临时承载索与道路示意图如图 4.1-4 所示。

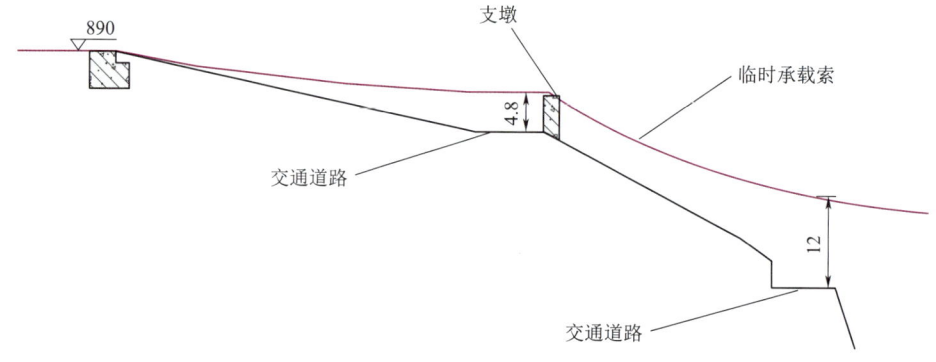

图 4.1-4 左岸混凝土支墩与道路示意图（单位：m）

4.1.2.4 承载索导向装置布置

承载索通过过索孔时,为避免弯折曲率过小而造成损伤,在过索孔后方设置一个半径为3.2 m的过索孔导向装置,以保证承载索弯曲半径不小于承载索直径的20倍。该装置使用20号槽钢弯成弧形做承力部件,内衬枕木保护承载索。承载索导向装置如图4.1-5所示。

图4.1-5 承载索导向装置

4.1.2.5 右岸临江作业平台布置

由于右岸临时承载索主地锚布置在缆机轨道梁靠江侧,施工面积狭小,不利于临时承马等辅助安装作业,因此在右岸安装轴线正下方的轨道梁靠江侧搭设临江作业平台以满足施工要求。右岸临江作业平台如图4.1-6所示。

图4.1-6 右岸临江作业平台

在右岸承载索放索施工场地布置承载索卷筒支架,该装置采用混凝土地面预埋锚筋方式与承载索卷筒支架焊接固定,如图4.1-7所示。受力计算时,动载系数取1.5,支架及

图4.1-7 承载索卷筒及支架示意图

其锚固需满足能够承受大于5倍承载索的最大下滑力的要求。承载索通过专用索头夹具牵拉过江，卷筒上还设置有制动装置，可保证承载索能够安全过江。

4.1.2.6 卷扬机布置

1. 高缆安装用卷扬机布置

白鹤滩高缆安装共需卷扬机23台，卷扬机分布位置见表4.1-2，详细布置位置示意图如图4.1-8所示。

表4.1-2 高缆安装卷扬机分布位置表

布置位置	型号	数量	备 注
高程945 m平台	10 t	4	后拉索张紧2台，桅杆吊变幅2台
高程905 m平台	10 t	6	桅杆吊提升2台，塔架缆风机4台（塔顶、塔腰各2台）
高程905 m平台	15 t	2	塔架自升卷扬机
高程905 m平台	5 t	6	桅杆吊侧面、前面及塔架同步卷扬机（各2台）
高程890 m平台	10 t	1	塔架临江缆风机
高程890 m平台	15 t	1	往复绳卷扬机
高程980 m平台	20 t	2	往复绳卷扬机及承载索拖放
高程980 m平台	10 t	1	承马绳卷扬机

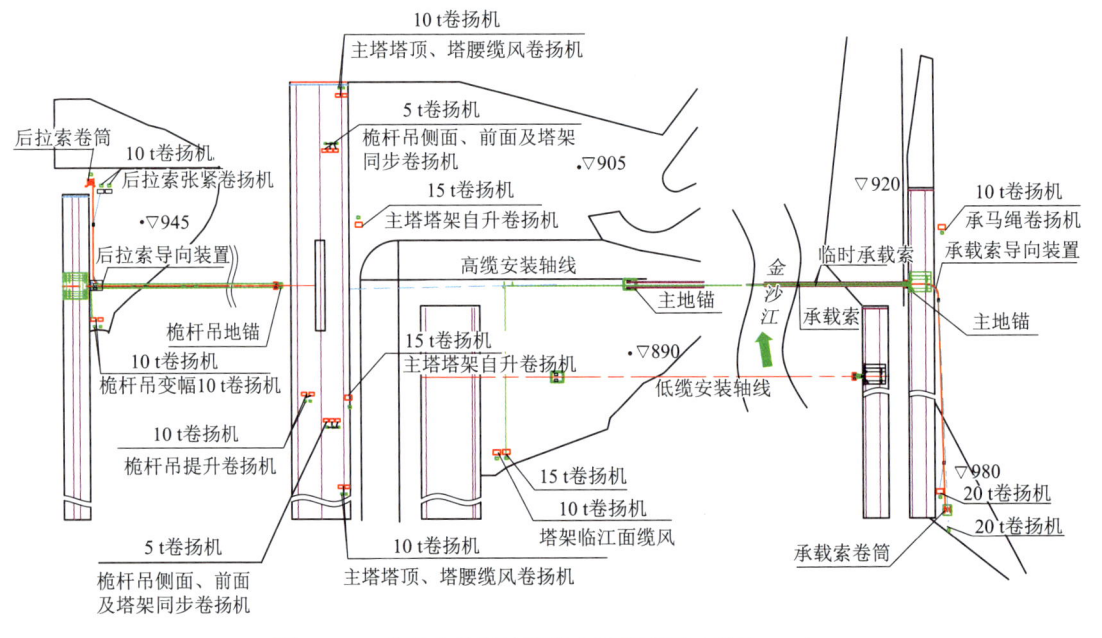

图4.1-8 高缆安装辅助设施布置示意图（单位：m）

2. 低缆安装卷扬机布置

低缆安装共需卷扬机7台，卷扬机分布位置见表4.1-3，详细布置位置示意图如图4.1-9所示。

第 4 章 缆机安装

表 4.1-3　低缆安装卷扬机分布位置表

布置位置	型号	数量	备注
高程 890 m 平台	10 t	2	承马绳及辅助卷扬机
高程 890 m 平台	15 t	1	往复绳卷扬机及主塔索头挂装
高程 890 m 平台	25 t	1	临时承载索牵拉张紧及承载索张紧安装
高程 920 m 平台	10 t	2	承马绳及辅助卷扬机
高程 920 m 平台	20 t	1	往复绳卷扬机、承载索溜放

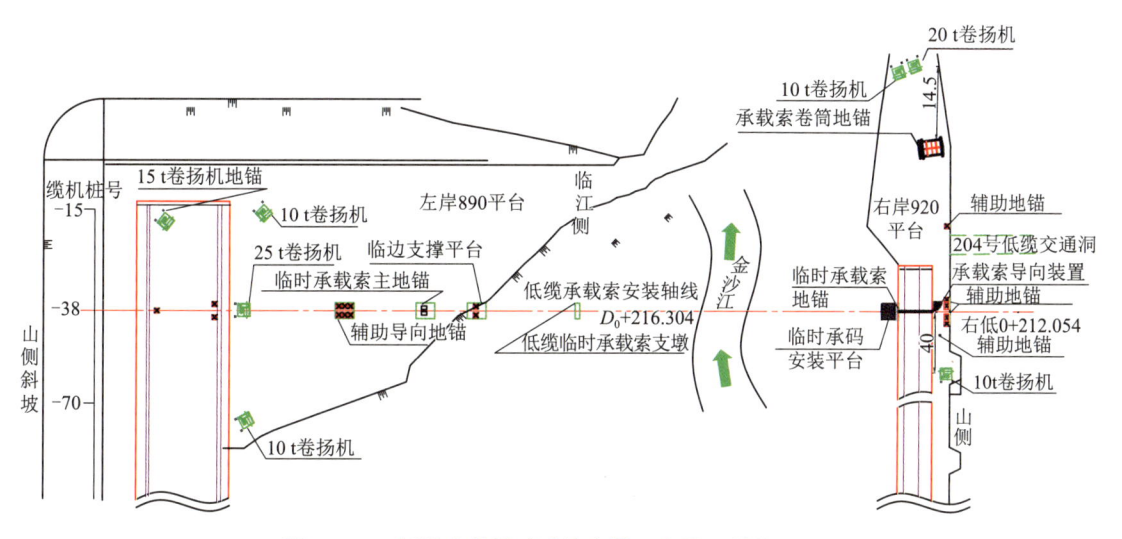

图 4.1-9　低缆安装辅助设施布置示意图（单位：m）

4.1.2.7　辅助地锚布置

为便于控制，缆风绳地锚宜与安装轴线对称布置。每台卷扬机都需设置地锚 2 个，单个锚固受力应大于 3 倍卷扬机最大拉力。导向地锚取 6 倍安全系数，导向锚固与卷扬机之间的距离不小于卷筒长度的 15 倍布置。

4.1.3　安装流程

高缆安装主要包括缆机轨道安装、锚固件埋设、桅杆吊安装及试验、A 型塔架拼装、副塔安装、平衡台车安装、临时承载索架设、承载索过江、后拉索安装、起重小车安装、A 型塔架提升、自升、后尾索挂装、承载索张紧、机房及设备安装、电气安装、牵引、提升绳安装、调试、负荷试验。

低缆安装内容主要包括缆机轨道安装、锚固件埋设、主塔安装（含机房及设备）、电气安装、副塔安装、临时承载索架设、承载索过江、承载索张紧、起重小车安装、牵引、提升绳安装、调试、负荷试验。

高缆安装工艺流程如图 4.1-10 所示，低缆安装工艺流程如图 4.1-11 所示。

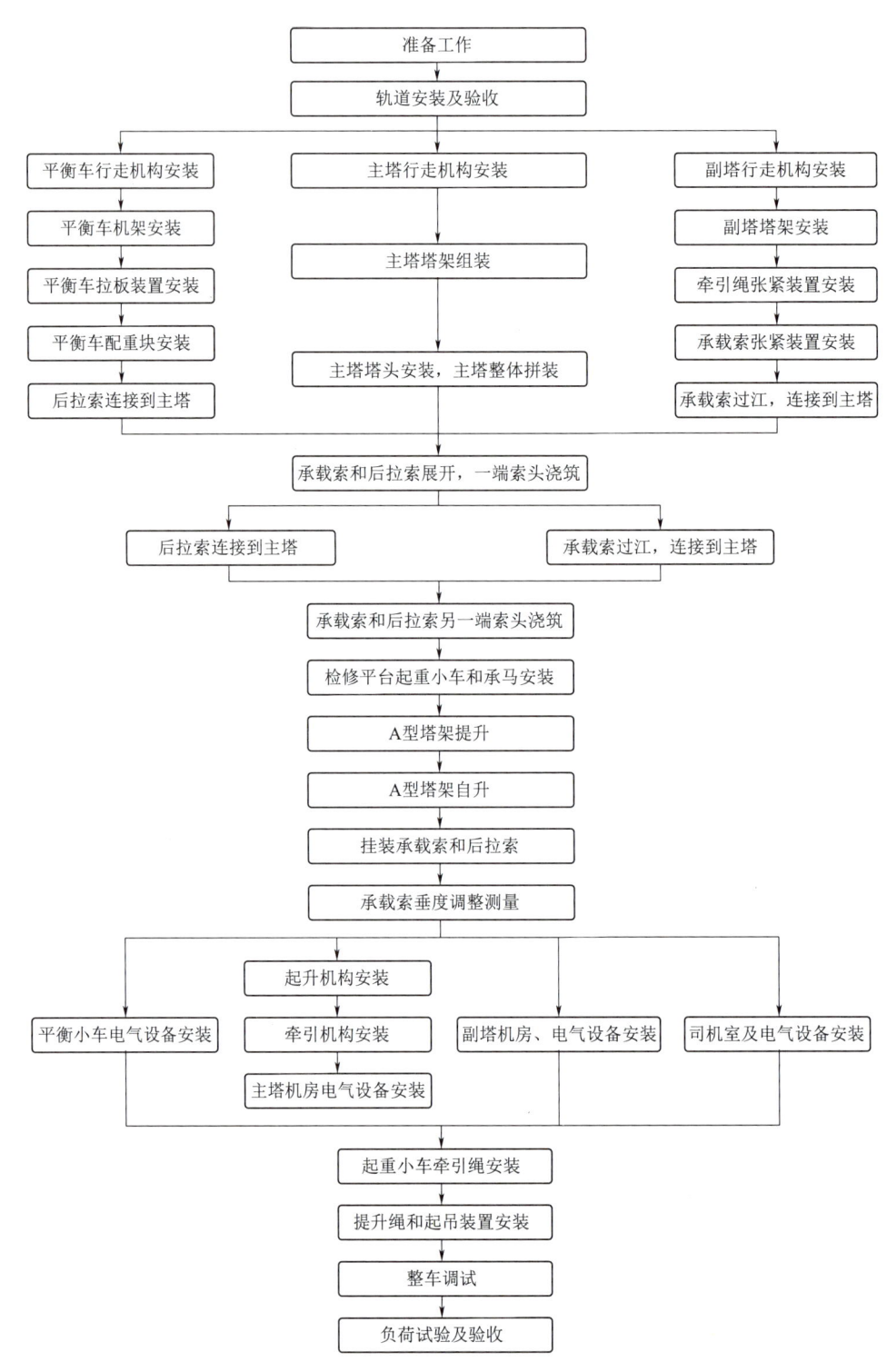

图 4.1-10 高缆安装工艺流程图

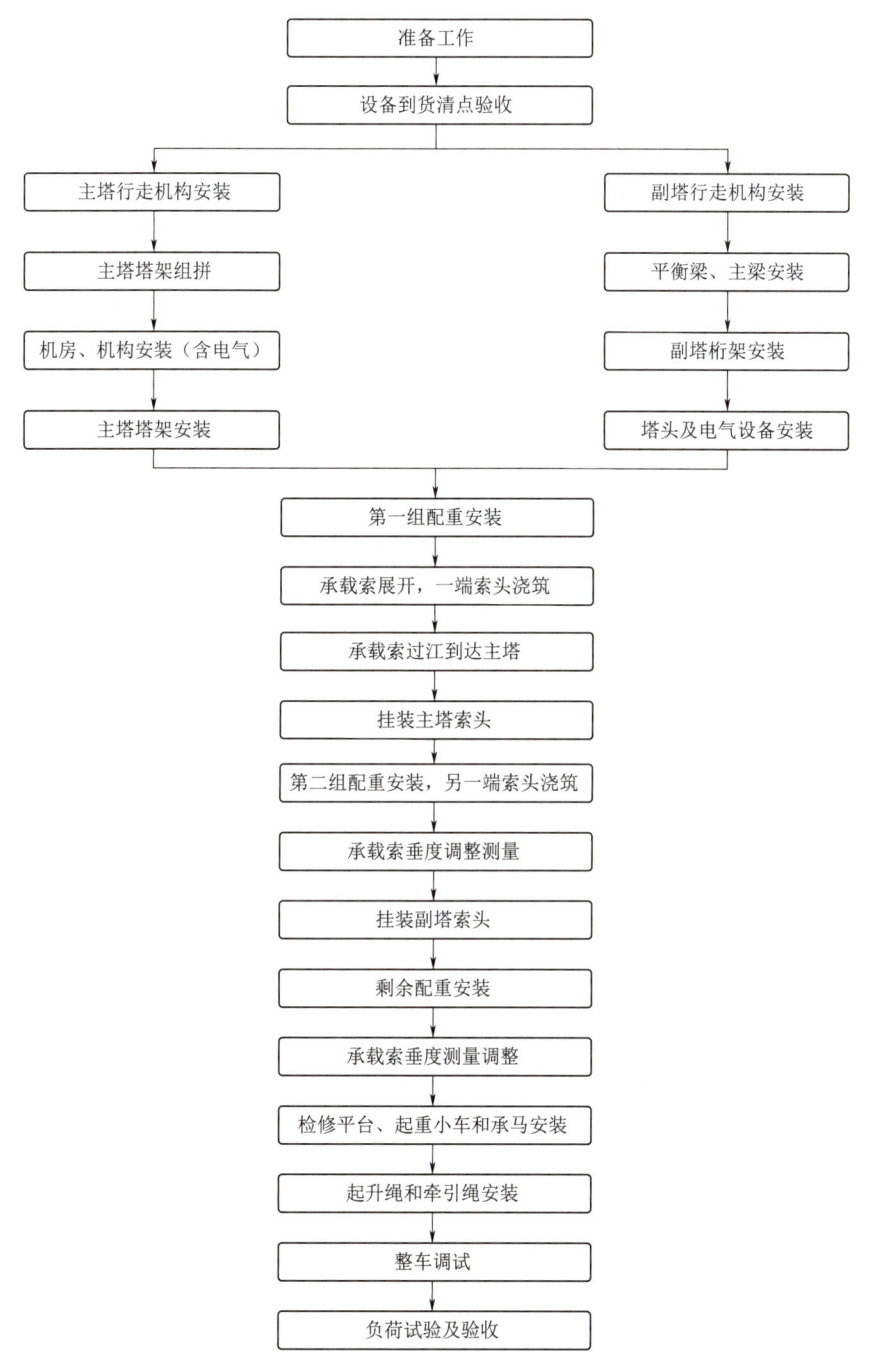

```
准备工作
   ↓
设备到货清点验收
   ↓
┌──────────────┬──────────────┐
主塔行走机构安装        副塔行走机构安装
   ↓                      ↓
主塔塔架组拼           平衡梁、主梁安装
   ↓                      ↓
机房、机构安装(含电气)    副塔桁架安装
   ↓                      ↓
主塔塔架安装           塔头及电气设备安装
└──────────────┬──────────────┘
               ↓
         第一组配重安装
               ↓
       承载索展开,一端索头浇筑
               ↓
         承载索过江到达主塔
               ↓
           挂装主塔索头
               ↓
     第二组配重安装,另一端索头浇筑
               ↓
         承载索垂度调整测量
               ↓
           挂装副塔索头
               ↓
           剩余配重安装
               ↓
         承载索垂度测量调整
               ↓
     检修平台、起重小车和承马安装
               ↓
         起升绳和牵引绳安装
               ↓
             整车调试
               ↓
           负荷试验及验收
```

图 4.1-11　低缆安装工艺流程图

本书只对高低缆安装工艺流程中的临时承载索安装和移位、A 型塔架的安装、承载索的安装和机构安装等重要工序及关键技术进行论述,省略其他常规安装工艺和技术的叙述。

4.2 高缆临时承载索安装

临时承载索包括四根型号为 6×36WS+IWS-1770-φ50 mm 的钢丝绳，主要用于承受临时承马、保距钢丝绳、承载索等物件的荷载，单根钢丝绳长 1200 m，安装于左、右岸锚固装置上。临时承载索安装的控制重点为保证钢丝绳的过江安全和四索垂度调整。

4.2.1 临时承载索受力计算

高缆安装临时承载索地锚的混凝土支墩 A 至副塔主地锚 B 跨距 $L=965.59$ m，高差 $h=90$ m。临时承载索过江满载时，垂跨比为 8%，则垂度为 77 m。临时承载索每 30 m 安装一个临时承马，则临时承马的数量为 33 个，受力计算模型如图 4.2-1 所示。

（1）临时承载索受力。临时承载索锚固端视线坡角 $\beta=5°$，单根临时承载索单位长度重量

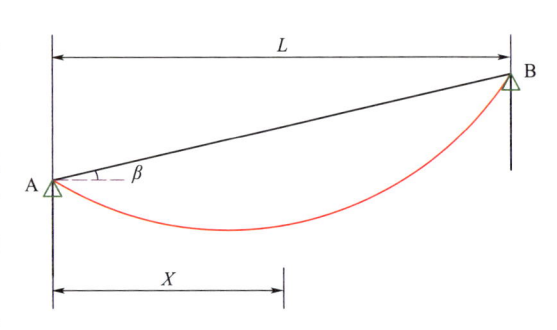

图 4.2-1 临时承载索受力计算模型

$$q = 10.4 \text{ kg/m}$$

（2）水平张力

$$H = \frac{qL^2}{8f\cos\beta} = 157\ 538 \text{ N}$$

（3）由于左岸低缆支墩与右岸低缆副塔主地锚高差 $h=90$ m，单根临时承载索的张力

$$V_{左} = \frac{qL}{2\cos\beta} - \frac{Hh}{L} = 35\ 728 \text{ N}$$

$$V_{右} = \frac{qL}{2\cos\beta} + \frac{Hh}{L} = 65\ 096 \text{ N}$$

则对于左岸低点，最大张力

$$T_{左} = \sqrt{H^2 + V_{左}^2} = 161\ 539 \text{ N}$$

对于右岸高点，最大张力

$$T_{右} = \sqrt{H^2 + V_{右}^2} = 170\ 457 \text{ N}$$

故两岸临时承载索安装使用 20 t 卷扬机满足使用要求。

（4）由《新编实用五金手册》查出 φ32 mm 钢丝绳（钢芯）最小破断拉力

$$V_{破} = 654 \text{ kN}$$

φ32 mm 钢丝绳安全系数

$$n = \frac{V_{破}}{T_{右}} = 3.84$$

式中：H 为张力，N；$V_{左}$ 为左岸低点张力，N；$V_{右}$ 为右岸高点张力，N；$T_{左}$ 为左岸低点最

大张力，N；$T_右$ 为右岸高点最大张力，N；n 为钢丝绳安全系数；q 为钢丝绳单位长度重量，kg/m；L 为跨度，m；f 为垂度，m；β 为视线坡角（°）；h 为两侧地锚高差，m；$V_破$ 为最小破断拉力，N。

根据计算得出每根临时承载索的安全系数是 3.84，大于规范要求值 3，因此，使用 $\phi32$ mm 钢丝绳牵拉临时承载索过江垂度控制在 76 m 即可。

4.2.2 临时承载索安装

按照"以小绳带大绳"的方式，逐步加大绳索直径的方式，将临时承载索牵拉安装到位。

（1）安装顺序：$\phi8$ mm 合成材料绳抛绳过江→循环绳（也称往复绳）安装→临时承载索牵拉及安装。临时承载索安装标准质量控制要求见表 4.2-1。

表 4.2-1 临时承载索安装标准质量控制要求

序号	项　目	控　制　要　求
1	卷扬机固定情况	牢固、可靠
2	绳索张拉、调整滑轮组安装	牢固、可靠
3	临时承载索的固定	符合规范要求
4	单根临时承载索的垂度	±0.1%
5	临时承载索的整体调整	各临时承载索高差≤10 mm
6	临时承马在承载索上的安装情况	符合要求

（2）临时承载索安装：选择合适点，利用抛绳器将合成材料绳抛至江对岸，架设合成材料绳于河道两岸。在卷扬机的牵引下，利用小绳带大绳的方式（合成材料绳→$\phi10$ mm 钢丝绳→$\phi15.5$ mm 钢丝绳→$\phi20$ mm 钢丝绳→$\phi28$ mm 钢丝绳→$\phi32$ mm 往复绳），将往复钢丝绳安装在两岸间，利用往复绳，将 4 根 $\phi50$ mm 临时承载索拖拽到对岸，调整垂度为 8%L 后（L 为跨距），锁定在锚固装置上。4 根临时承载索垂度偏差为 10 mm，索间距分别为 200 mm、600 mm、200 mm，临时承载索安装示意图如图 4.2-2 所示。由于临时承载索是新绳首次安装，因此绳索伸长可能出现垂度变化，安装 2~3 天后需再次调整临时承载索的垂度，并使垂度偏差满足质量控制要求。

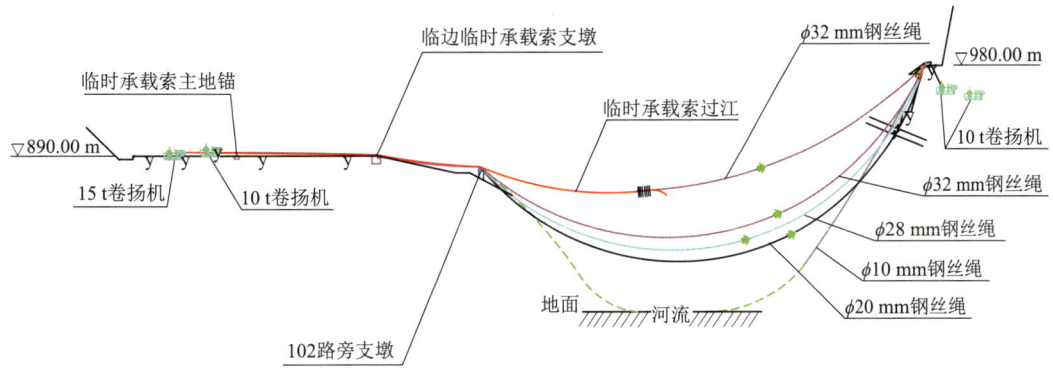

图 4.2-2 临时承载索安装示意图

4.3 低缆临时承载索安装

在低缆安装前,同样需要在低缆平台前架设临时承载索,用于牵拉承载索时的支承,根据缆机安装的总体布置方案,低缆临时承载索的跨度比高缆约小 24 m,且两个临时承载索悬挂点的高差为 30 m,也小于高缆承载索悬挂点高差(90 m),因此,可将高缆的临时承载索移装至低缆。若采取常规安装移装方法,需要采用安装的逆向流程,将 4 根高缆临时承载索拆除,并收卷至卷盘,再用大绳拉小绳的方式,拆除高缆往复绳。其后,又采用小绳拉大绳的方式,先安装低缆往复绳,再按照与高缆相同的安装方法,安装低缆临时承载索。

经测算,低缆临时承载索采用这种程序安装,需要的工期大约为 45 天,且对基坑施工有较大的干扰。分析高缆和低缆临时承载索锚固点的布置位置,在左岸侧,高缆和低缆临时承载索锚固点的高程基本相同,右岸侧高缆临时承载索锚固点的高程比低缆高 50 m,因此,可利用地形优势,使用高缆的往复绳,不需要经过小绳拉大绳的程序,空中平移一次成形安装低缆的往返绳。采用该方案,低缆临时承载索的安装阶段,对基坑施工基本上没有影响,高缆往复绳的拆除,也不影响直线工期,不仅可缩短约 5~10 天的安装工期,还因减少了低缆往复绳安装过程中的小绳拉大绳的工序,提高了安全性。

4.3.1 受力计算

低缆临时承载索安装主塔侧地锚的混凝土支墩 A 至副塔地锚 B 跨距 $L=941.59$ m,高差 $h=30$ m(副塔侧高)。由于高缆临时承载索两个支承地锚间的跨度大于低缆,使用相同直径的绳索,如果选取相同的受力安全系数,可减小临时承载索的垂跨比,以降低牵拉承载索时的牵拉力及增加牵拉过程中的平顺性,加快承载索牵拉速度,缩短安装工期及提高安全性。由上文的计算所得到的高缆临时承载索的安全系数,临时承载索每 30 m 安装一个临时承马,则临时承马的数量为 33 个,由此可计算出在此安全系数下临时承载索的垂度。

1. 临时承载索受力

临时承载索锚固端视线坡角 $\beta=2°$,4 根临时承载索单位长度总的重量 $q_1=41.6$ kg/m,承载索单位长度重量 $q_2=68.9$ kg/m,临时承马保距绳($\phi16$ mm)单位长度重量是 $q_3=0.928$ kg/m,往复绳($\phi32$ mm)单位长度重量 $q_4=3.65$ kg/m,临时承马单重 160 kg,换算为临时承载索上单位长度荷载 $q_5=5.6$ kg/m,副塔张紧动滑轮 8 t,分担在临时承载索上有 $q_6=8.35$ kg/m。则 4 根承载索作为一个整体,每米单位长度重量:

$$q=q_1+q_2+q_3+q_4+q_5+q_6 \quad (4.3-1)$$

2. 悬挂点的张力

临时承载索两个悬挂点有高差,则高悬挂点的张力 T_D 大于低悬挂点,取与高缆临时承载索相同的安全系数,$n=3.84$,$\phi50$ mm 钢丝绳最小破断拉力 $T_破=1570$ kN,则可求出高悬挂点的张力:

$$T_D=\frac{T_破}{n}=408.85 \text{ kN}$$

3. 计算控制垂度

根据悬挂点张力和垂直分量的计算公式：

$$V = \frac{qL}{2\cos\beta} + H\tan\beta \qquad (4.3-2)$$

$$T = \sqrt{H^2 + V^2} \qquad (4.3-3)$$

求得悬挂点张力的水平分量 $H = 408.399$ kN，即为弧垂最低点张力。

根据弧垂最低点张力的计算公式：

$$H = \frac{qL^2}{8f\cos\beta} \qquad (4.3-4)$$

可求得垂度 $f = 28.249$，作为低缆临时承载索的控制垂度。

4.3.2 临时承载索移位安装

1. 低缆往复绳平移安装一次形成方法的应用

左岸高缆和低缆的临时承载索锚固点的高程相同且现场施工场地较佳，故选择从左岸开始进行低缆往复绳的平移式安装较为方便，安装的工序如下：

辅助设施及地锚布置如图4.3-1所示，将需要安装的低缆往复绳从主塔低索往复绳卷扬机（编号2号）上拉出，绳头穿过主塔低缆临边平台上的导向滑轮后，用绳卡在主塔侧的高缆临边平台处与高缆往复绳相连（为防止高缆和低缆往复绳受力后因应力释放而相互缠绕，进行此工序时需在低缆索头上加挂约200 kg的配重）；主塔高、低缆往复绳卷扬机（编号为1号、2号）和副塔高缆往复绳卷扬机（编号为6号）配合，将低缆往复绳拖带至高缆临时承载索副塔侧的锚固点附近后，将高缆往复索临时锁定于辅助地锚上；退出6号卷扬机上缠绕的钢丝绳，再将400 m长φ32 mm钢丝绳缠绕至副塔高缆卷扬机上，将副塔低缆卷扬机（编号为5号）钢丝绳牵拉至高缆过索孔与低缆往复绳连接；6号卷扬机钢丝绳绳头与高缆过索孔前方的低缆往复绳相连；2号、5号及6号卷扬机配合，先将副塔高缆往复绳使用一个空间的"Y"形绳索连接体方式将往复绳绳头移动至低缆临时承载索副塔侧锚固点附近，将低缆往复绳的绳头牵拉至布置在副塔侧的5号卷扬机上，即完成了采用空中移位的方式进行的低缆往复绳平移并一次形成的安装。

2. 临时承载索移位安装

由于临时承载索单位长度的质量较大，如果采用空中平移的方法将位于高缆上的临时承载索直接移位安装至低缆，经核算，需要使用额定拉力更大的卷扬机及直径更大的牵拉绳，还需要重新设置地锚，因此该方案经济上不可取，且增加了低缆临时承载索安装的准备时间。故低缆临时承载索的移位安装，采取逐根拆除高缆临时承载索，并将其回收至卷扬机上，再直接从该卷扬机上释放出，牵拉并安装至低缆临时承载索的两个锚固点上的安装方法，以省去将临时承载索收回至其他钢丝绳卷筒后再放出的工序，加快其安装进度。

由于高缆往复绳位于4根临时承载索的中间，若先移位两侧临时承载索，临时承载索与往复绳空中相互干扰，故先移位安装②号临时承载索，其移装工序是：

使用布置在高缆临时承载索主塔侧附近卷扬机（编号为3号）上的钢丝绳牵拉该临时承载索，在解除其主塔侧锚固点的张力后，将固定的绳头拆除，拆除绳头后，按上文的

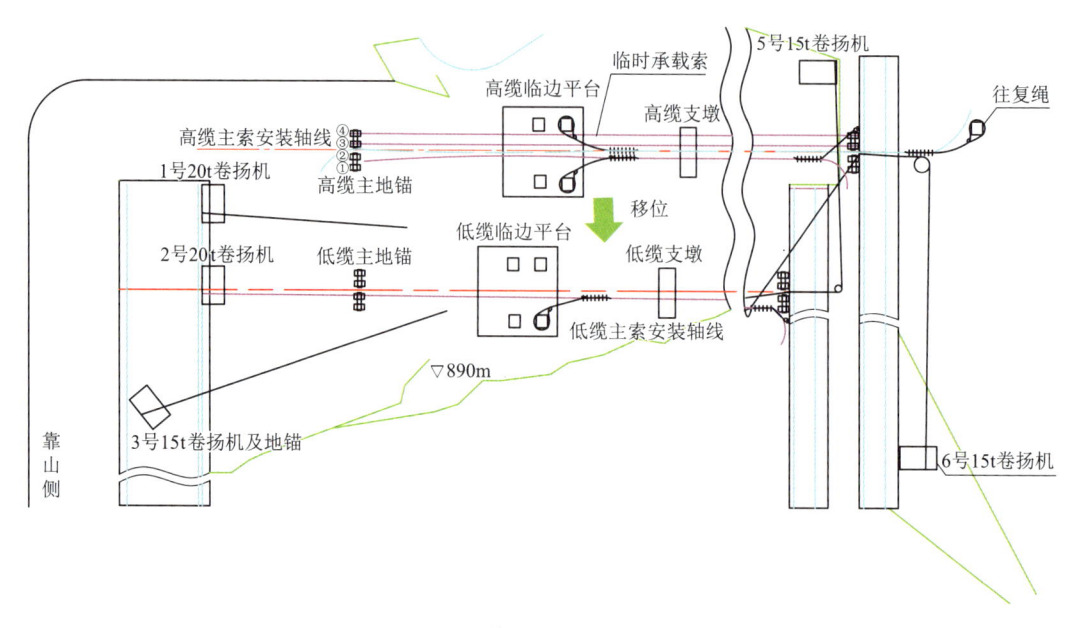

图 4.3-1 辅助设施及地锚布置图

垂度降低计算结果，将临时承载索的垂度降低至129 m，其后将临时承载的索头与临时承载索卷扬机相连接；使用副塔侧6号卷扬机配合拆除临时承载索在副塔侧的索头；其后，3号及6号卷扬机配合将索头移动至主塔侧，将索头缠绕至3号卷扬机，完成一根临时承载索的收缆；利用导向滑轮，将此临时承载索牵拉至低缆往复绳的主塔侧，利用低缆往复绳将其拖带至副塔侧，并将其固定至低缆临时承载索最上游的两岸锚固点上，即完成第一根临时承载索的移位。

按相同的方法，逐根拆除其他3根临时承载索，从上游往下游（②号、①号、③号、④号）顺次安装至低缆临时承载索的两岸锚固点上。

将4根临时承载索垂度调整至76 m，保证各临时承载索的垂度误差在±20 mm以内，即完成了将高缆临时承载索移位安装至低缆的工作。临时承载索移位示意图如图4.3-2所示。

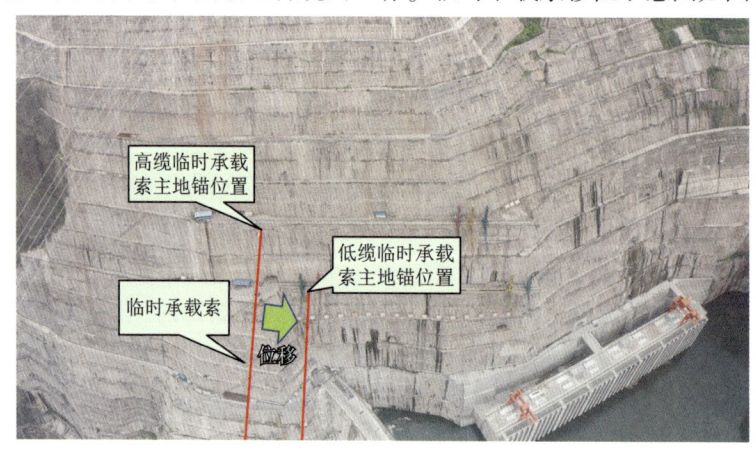

图 4.3-2 临时承载索移位示意图

4.4 高缆 A 型塔架安装

由于 A 型塔架的主塔架安装重量及安装高度较大，吊装难度大、风险高，先在地面组拼后，采用桅杆吊提升、卷扬机自升两步进行。塔架提升过程中，为保持其处于平稳提升的状态，需通过桅杆吊及多台卷扬机协同控制和调整，使塔架平稳提升至安装要求的状态。

4.4.1 塔架组拼

塔架组拼在地面进行，其组拼流程为：测量放点→运行机构安装→主塔底梁组拼→放主塔临时支撑架→拼装主塔支腿→安装塔头→安装天轮架→安装后拉索及拉板装置→安装承载索及拉板装置→安装附属设备及构件。

高缆主塔的总重量约 220 t（含 A 型塔架自重，承载索、后拉索及缆风装置等附加载荷），塔架两支腿与天轮支架、底梁均为铰接连接，其余构件大多为高强螺栓连接。安装前对到货设备进行尺寸检查，与设计图纸标定的设计尺寸、型号等进行比对并确认，并对各铰接部位进行清理和润滑保养。

塔架两支腿展开后长度达 140 m，将其两个支腿同时组拼。首先确定塔头中心与安装轴线重合，沿轴线两侧分开拼装两端行走台车。由于轨道踏面有后倾 10° 的夹角，故主塔轨道面需增加楔形板垫平，使台车组处于竖直状态。主塔组装示意图如图 4.4-1 所示。

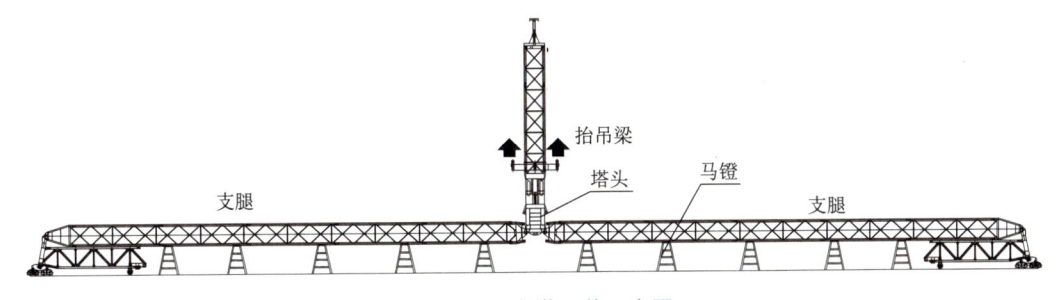

图 4.4-1 主塔组装示意图

行走机构安装就位后，进行塔架支腿的组拼。由于支腿处于水平状态时长度较大，为防止结构变形，在其中段各布置 5 个高 5 m，单个能承载 200 kN 载荷的临时支撑架。在支腿桁架拼装过程中，应逐段检查拼装直线度。

支腿拼装完成后，依次吊装塔头及天轮架。检查调整塔身垂直度后用缆风绳临时固定。

天轮支架安装后，将桅杆提升装置提升梁与塔头吊耳相连接，至此，桅杆吊辅助提升的准备工序完成。随后进行承载索过江、牵引起重小车、承马及活动检修平台安装（这些工序亦可与桅杆吊辅助提升准备同时进行）。主塔安装技术要求见表 4.4-1。

4.4.2 塔架提升

4.4.2.1 桅杆吊安装

高缆安装时，主塔安装需要桅杆吊作为辅助设备，用于 A 型塔架的提升。桅杆吊起重臂长度 65 m，设计起升力为 2400 kN。

表 4.4-1 主塔安装技术要求　　　　　　　　　　　　　　　　（单位：mm）

序号	名　称	技 术 要 求
1	支腿桁架全程直线度	≤14
2	各段连接间隙	±2
3	主塔底梁桁架中心线的直线度	每米范围内≤5
4	主塔底梁拱度	≤25
5	机台平面的平面度	≤5

根据桅杆吊作业工况的受力分析，在桅杆吊倾斜到 63°时底座受力最大，此时地锚受到的轴向剪压复合荷载为 3200 kN，经受力计算，桅杆吊作业的安全系数满足要求。

经地锚设计计算，每侧吊耳所承受的拉力小于 400 kN，为便于桅杆吊的变幅地锚与滑轮组的连接，变幅地锚与滑轮组采用直径 150 mm 的销轴连接。

销轴的抗弯强度 $f_1 = \dfrac{M}{W} = 120.8 \text{ N/mm}^2 \leq [\sigma]$，满足要求。

销轴的抗剪强度 $f_2 = \dfrac{F}{\pi R^2} = 45.9 \text{ N/mm}^2 \leq [\sigma]$，满足要求。

吊耳的抗剪强度 $f_3 = \dfrac{F}{A} = 106.7 \text{ N/mm}^2 \leq [\sigma]$，满足要求。

式中：M 为弯矩设计值；W 为截面模量；F 为剪力；R 为销轴半径；A 为承受剪力的作用面积；$[\sigma]$ 为 Q235 的许用应力，其值为 215 N/mm²。

桅杆吊安装后需进行额定载荷的 80%、100%、110%动载和 125%静载试验。

4.4.2.2 塔架辅助提升

首先在主塔底梁完成自升滑轮组的安装。

副塔及平衡台车安装调试完后，将起重小车、承马、活动检修平台提前吊装就位。在收紧自升张紧滑轮组的同时，使用桅杆吊将塔架辅助提升至约 51 m 高度。

提升过程中塔头姿态通过左右侧和上下游 4 个方向的缆风绳及后拉索张紧滑轮组随时调整，塔架垂直度偏差控制在 0.5%以内。门型桅杆提升主塔示意图如图 4.4-2 所示，塔架提升现场如图 4.4-3 所示。

主塔提升过程中各缆风绳均应保持处于张紧状态，避免阵风等外界因素引发的扰动，同时采用皮尺、重锤、棱镜、测力计等工具和仪器监测塔架高度、垂直度及缆风绳拉力，塔架垂直度测量如图 4.4-4 所示。

主塔架提升过程中，同步收紧自升张紧滑轮组。

4.4.3 塔架自升

塔架由桅杆吊辅助提升至约 51 m 高度后，收紧自升张紧滑轮组，桅杆吊缓慢落钩，直至自升滑轮组完全受力，至此辅助提升阶段完成，桅杆吊钢丝绳松弛后拆除桅杆吊与塔架的连接，进入塔架自升阶段。

塔架自升的程序是通过启动自升张拉装置，使 A 型塔架两组行走台车向中间相向运动实现塔架继续上升，直至上游和下游侧的台车与主梁连接，并安装塔架连接段与塔头之间的连接杆件，至此塔架安装完成。

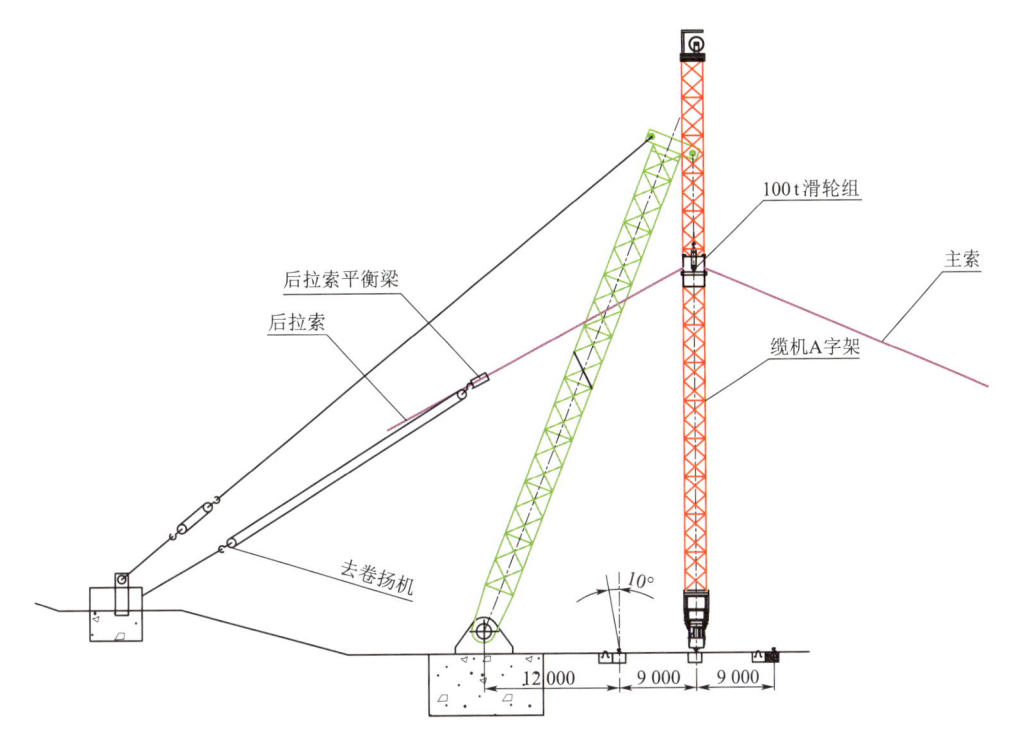

图 4.4-2 门型桅杆提升主塔示意图（单位：mm）

图 4.4-3 塔架提升现场

图 4.4-4 塔架垂直度测量

自升中心的调整：塔架自升过程中使用上下游调整卷扬机配合、调整，保证主塔架中心与标定处的位置误差不大于 200mm。为保证及时进行调整，调整卷扬机应随塔架的自升同步随动收紧。

左右岸方向垂直度的控制：塔架左右岸方向垂直度通过承载索张紧卷扬机、后拉索张紧滑轮组实时控制。主塔自升示意图如图 4.4-5 所示。

塔头垂直度的控制与辅升过程相同。

塔架自升就位的主要控制要求是，承载索及后拉索连接后，主塔塔架向山侧倾斜 10°，承载索空索垂跨比为 5.2%，塔架后倾至工作状态示意图如图 4.4-6 所示。

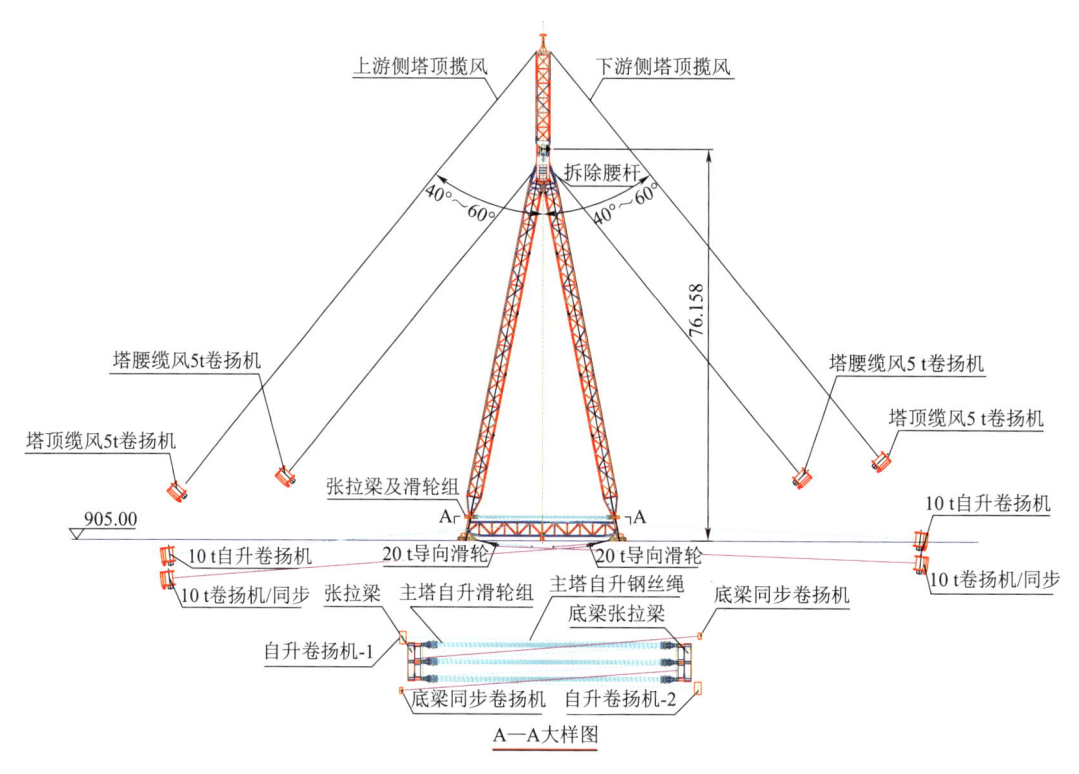

图 4.4-5 主塔自升示意图（单位：m）

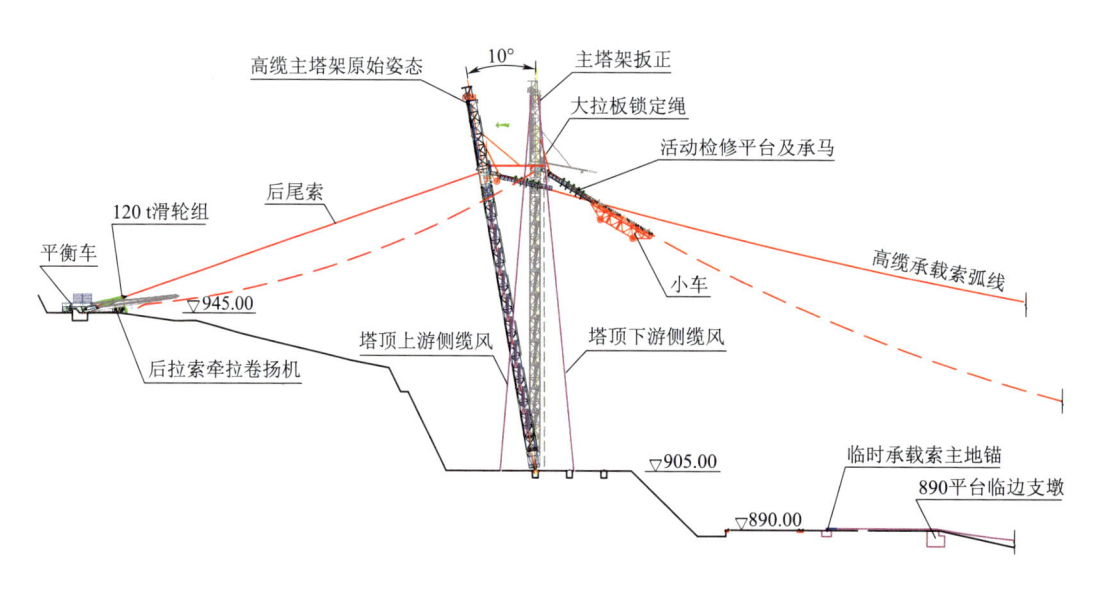

图 4.4-6 塔架后倾至工作姿态示意图（单位：m）

4.5 承载索安装

承载索安装主要工序包括索头浇筑、承载索过江、后拉索平衡台车安装、承载索张紧和后拉索张紧等。

4.5.1 索头浇铸

缆机承载索及后拉索的两个端头均通过索头固定，在缆机运行过程中索头承担较大的交变载荷，因此，对索头浇铸工艺有严格的要求。索头浇铸一般采用熔点相对较低的单金属或合金。白鹤滩缆机的索头浇铸材料为锌，其具有熔化后易于冷却固化，冷却固化后无杂物析出，有一定的硬度且与主索的钢丝有很强的裹紧力等特性。

为保证缆机跨度到达设计要求，各缆机的承载索至少有一个索头的浇铸必须在安装现场进行，白鹤滩缆机承载索及后拉索的所有索头都是在现场浇铸。

(1) 索头浇铸前，须搭设承载索索头浇铸支架，将支架布置在承载索卷筒前约20 m。支架高度5 m，中间部位开挡200~300 mm，用于浇铸索头时承载索由开挡处穿过。把承载索的索头拉出大约35 m，以备浇铸。浇铸步骤如下：

①将30倍直径长的承载索清理干净，安装索头套筒，打散浇铸段的索丝，清洗索丝，打钩丝头，然后将索头和索套放置在浇铸钢支架上，以细流方式进行浇铸。

②浇铸时必须清除表面的氧化层和其他残渣。用锤轻轻敲击浇铸索套进行排气。

③索头浇铸后自然冷却，不得用水或温布冷却。冷却后，在浇铸接头的轴颈处涂抹润滑脂，防止其生锈。

④索头浇铸完成后24 h内严禁进行有可能影响索头浇筑金属凝固的剧烈振动施工作业。

(2) 浇铸过程中的质量控制要点。

①索套中承载索的所有钢丝均需打散，无钢丝相连，呈倒锥形，外层钢丝朝内弯钩，中间部分的钢丝呈双折状弯钩，折弯钢丝的长度为10倍的钢丝高度且不小于20 mm，钩底宽度约10 mm。弯钩程序完成后，使用烃类化学清洗剂清洗除油，去除杂质和污垢。

②加热浇铸金属所需坩埚应清洗干净，其容积需要比所需熔化金属量大1/2以上。

③以石棉绳密封承载索与索套间的缝隙，防止浇铸时的熔化金属漏掉。

④各钢丝端头以上所覆盖的金属层的厚度不小于5 mm。

承载索索头浇铸如图4.5-1所示，索头浇铸质量要求见表4.5-1。

4.5.2 承载索过江

承载索放索支架布置在右岸缆机平台，从右岸向左岸牵拉过江。

(a)   (b)

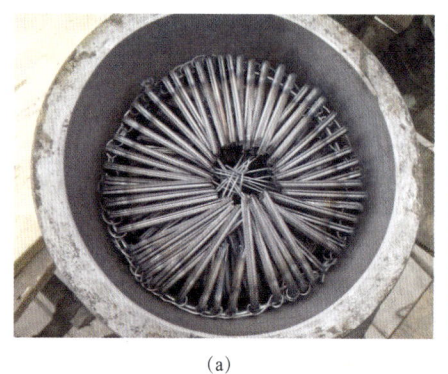

图 4.5-1 承载索索头浇铸

表 4.5-1 索头浇铸质量控制

序号	类别	标 准 要 求
1	浇铸锥体	浇铸锥体无歪斜、与锥套配合紧密
2	浇铸锥体外观	外圆锥面上的单根露丝长度不得超过单根丝长的 50%
3		总的露丝根数不得超过最外层丝总数的 20%
4		浇铸金属应充满索套内腔（锥体的完整性），锥体表面应平滑无直径超过 6 mm 的砂眼及缩孔
5		锥体后端部平整，且低于锥套不能超过 20 mm

承载索索头的一端浇铸好后，将承载索索头牵拉至临时承载索上方与牵拉绳连接，距索头 3 m 处开始安装第一个临时承马。之后，使用左右岸卷扬机将承载索牵拉至主塔，每 30 m 安装一个临时承马。承载索过江示意图如图 4.5-2 所示。

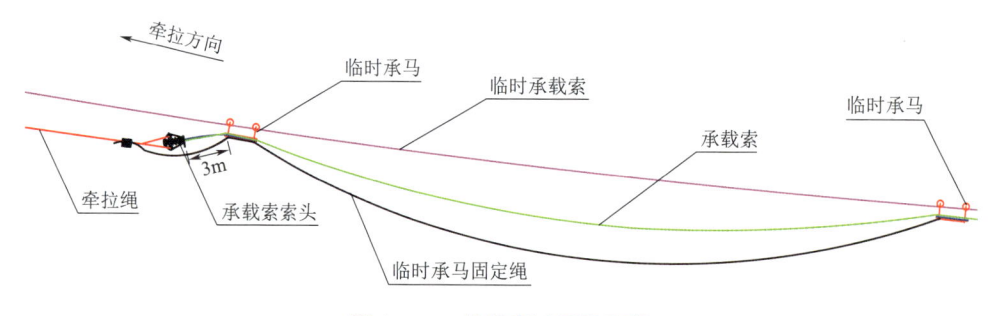

图 4.5-2 承载索过江示意图

承载索过江时的注意事项如下：

（1）地面沿索道铺设胶皮以防止承载索污染和溜索。

（2）承载索每放出距过索孔 100 m 时，为防止因承载索放出速度过大及重力加速度而出现"制动失控"现象，用承载索卷筒后部的 2 台卷扬机配合以"换步拖放"方式进行，将承载索逐段放出。承载索放出过索孔如图 4.5-3 所示。

(3) 承载索过江中，在安装轴线上、下游约 50 m 覆盖范围的各交通路及平台安排专人警戒，严禁人员、车辆逗留，在承载索牵拉的停歇期间断放行。

(4) 由专人负责在承载索表面进行长度测量标记，做好记录，临时承马安装在对应标记处，以保证每个承马安装位置准确，均匀布置。测量承载索长度时使用同一把经检定的皮尺，专人测量，并进行标记，过程中监理工程师进行复测校验，承载索测量标记如图 4.5-4 所示。

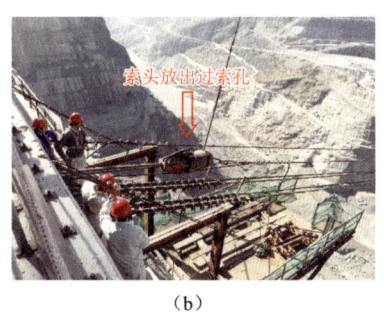

(a)　　　　　　　　　　　(b)

图 4.5-3　承载索放出过索孔

图 4.5-4　承载索测量标记

承载索放出的长度达到设计设定值时，经现场监理复核确认后用切割机将多余的承载索切断。用上述同样的方法浇铸另一个索头。待索头浇铸完成后，继续进行承载索索头悬挂前的放索。

主塔侧承载索索头到达左岸混凝土支墩处时，索头在手拉葫芦的配合下通过支墩，并需要拆除第一个临时承马。继续牵拉承载索过江，待索头牵拉至左岸平台临时承载索主地锚处后，拆除牵拉绳与承载索的连接。

副塔侧承载索索头通过过索孔后，在临江作业平台处进行副塔侧索头与承载索张紧滑轮组装置上的拉板连接，其后使用该张紧装置继续放出承载索。为防止其在临时承载索放出过程中出现倾斜或倾翻，采用可降低索头重心的自制小车托架承载索头，使承载索索头重心降低至临时承载索下方，将承载索张紧滑轮组装置及承载索放出。

左岸承载索牵拉卷扬机配合副塔承载索张紧装置，将索头安装处的活动拉板外放约35 m，其后进行主塔承载索索头的安装（见前述主塔塔架安装部分）。

4.5.3 后拉索平衡台车安装及承载索张紧

后拉索的张紧平衡梁通过 2 组 120 t 滑轮组与高程为 945 m 的平台上的 2 台 10 t 卷扬机连接，后拉索头与平衡台车的后拉索固定装置连接。待主塔架自升完成后，启动后拉索张紧卷扬机收绳，副塔张紧卷扬机放绳，使 A 型塔架渐渐向左岸倾斜至约 11°（设计值为 10°，预留承载索伸长余量）。将后拉索固定装置挂装在平衡台车后拉索悬挂点上，然后张紧承载索。承载索的张紧程序是，张紧卷扬机牵拉承载索张紧装置向副塔方向移动，承载索逐步脱开临时承马直至承载索张紧装置牵拉至固定连接拉板位置，使承载索垂度达到设计要求后（光索设计垂度为 44.3 m），安装连接拉板销轴。至此，承载索安装完成。承载索张紧现场如图 4.5-5 所示。

图 4.5-5 承载索张紧现场

4.6 机台及机构安装

三大机构的安装质量直接关系着后续缆机的运行质量和运行安全。白鹤滩缆机机构安装过程中，通过调研以往安装和运行过程中出现的问题，有针对性地制定了高于国标要求的安装精品标准，严格控制安装精度，保证后期缆机高速高强度运行中不出现因起升、牵引机构安装精度及后期结构变形引起的设备故障等问题。

4.6.1 行走机构

行走机构与塔架的组装在塔架安装前完成。安装前需对各车轮轴承及铰接部位进行检查，以确保润滑充分，对照行走机构图纸在缆机安装部位的轨道上测量放出台车组的中心点，使用汽车吊将缆机行走台车安放在轨道相应的部位，然后用枕木和钢支撑将台车稳固支撑，使各台车车轮踏面中心与轨道中心线对齐。

在安装高缆行走台车时，由于台车初始为竖直状态，而轨道踏面与水平有 10°的夹角，故在主塔轨道踏面采用楔形板垫平，塔架安装过程中应检查车轮在轨道上的情况，如有异常情况应立即进行调整，还需做好防止台车轮与轨道的线接触处滑动的措施。

4.6.2 机台安装

机台是支承工作机构及电气控制系统的基础。行走机构台车轮组安装就位后，依次吊装机台主梁及连接横梁，组拼时适当增大上拱度（白鹤滩缆机机台上拱度在设计基础上增大 2 mm），这样当机台上的物件安装后可避免机台出现下凹，使用水准仪和拉线方式，将测量机台平面度及机台对角线偏差控制在设计范围内。

通过对上述机台安装要点的严格控制，保证后续机构运行的稳定。

4.6.3 牵引机构

标记机构安装定位线，将牵引驱动机构支架、减速器支架及底座吊装就位，进行底层支架焊接，牵引机构安装定位线如图 4.6-1 所示。对焊缝进行渗透检验（Penetrant Testing，PT），检查焊接质量。安装步骤如下：

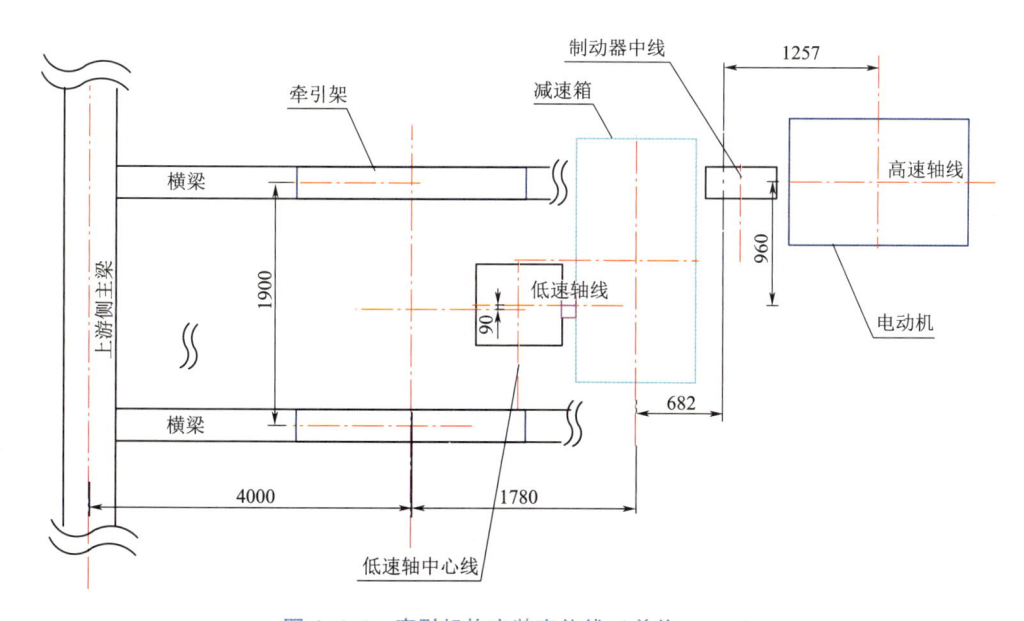

图 4.6-1 牵引机构安装定位线（单位：mm）

（1）底座的安装，底座定位调整好上平面的水平度后，进行底座与机台的焊接固定，对焊缝进行 PT 着色探伤，检查焊接质量，再复查底座上平面水平度。

（2）电动机减速器的安装，底座安装完成后进行电动机及减速器的吊装，根据测得的底座上平面的偏差将电动机及减速器调整水平，调整好减速器高速联轴器与电动机的连接。

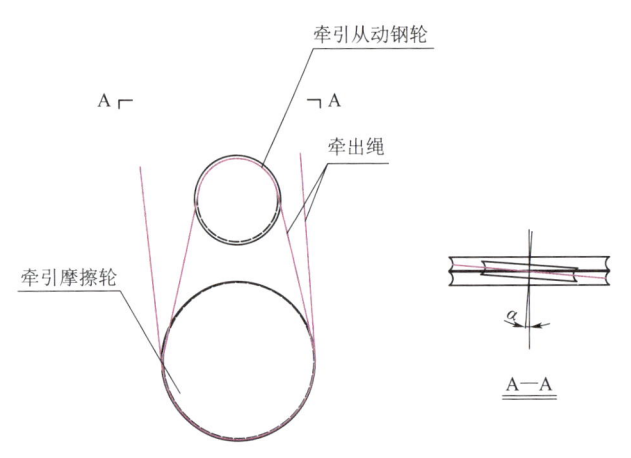

图 4.6-2 牵引机构摩擦轮与钢滑轮调整示意图

（3）牵引驱动机构支架安装就位后，调整好支架与减速器的低速联轴器的连接。

（4）牵引摩擦轮与从动钢轮安装，安装牵引架牵引摩擦驱动轮时应注意保证从动滑轮的进出绳槽分别对准主动牵引摩擦驱动轮的两个绳槽，牵引机构摩擦轮与钢滑轮调整示意图如图 4.6-2 所示。

（5）调整工作制动器间隙，注意保持制动盘的清洁度。

机构调整完成后，放置 2~3 天，再进行复测确认无变化即可组织验收。牵引机构调整控制标准详见表 4.6-1，牵引机构安装现场如图 4.6-3 所示。

表 4.6-1 牵引机构调整控制标准

序号	项　目	标准要求	白鹤滩精品标准	实测平均值
1	电动机轴与减速器输入轴的径向偏差	≤0.5 mm	≤0.2 mm	0.05 mm
2	电动机轴与减速器输入轴的角向偏差	≤18′	≤10′	1′
3	电动机轴与减速器输入轴的轴向偏差	≤1.2 mm	≤1 mm	0.03 mm
4	联轴器制动盘端面跳动	≤0.3 mm	≤0.2 mm	0.01 mm
5	工作制动器对中位置偏差	≤0.5 mm	≤0.2 mm	0.2 mm
6	工作制动器松闸间隙	≥1.0 mm	≥1.0 mm	1 mm
7	减速器轴向窜动输入轴	≤0.3 mm	≤0.2 mm	0.1 mm
8	减速器轴向窜动输出轴	≤0.5 mm	≤0.3 mm	0.2 mm

图 4.6-3 牵引机构安装现场

4.6.4 提升机构

以主梁中心线为基准确定提升机构安装定位中心线，再分别确定电动机及减速器底座、制动器及联轴器、提升卷筒、卷筒支座的安装中心线，如图 4.6-4 和图 4.6-5 所示。

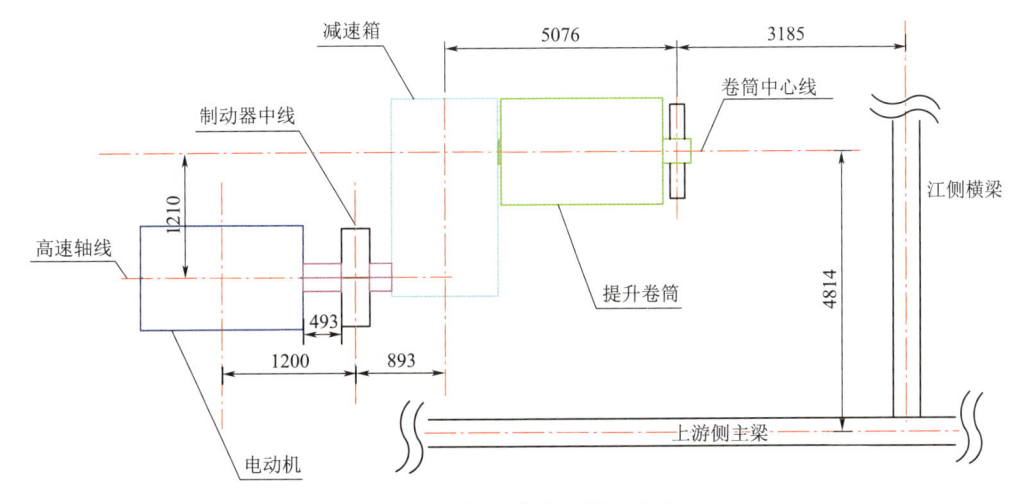

图 4.6-4 提升机构安装中心线（单位：mm）

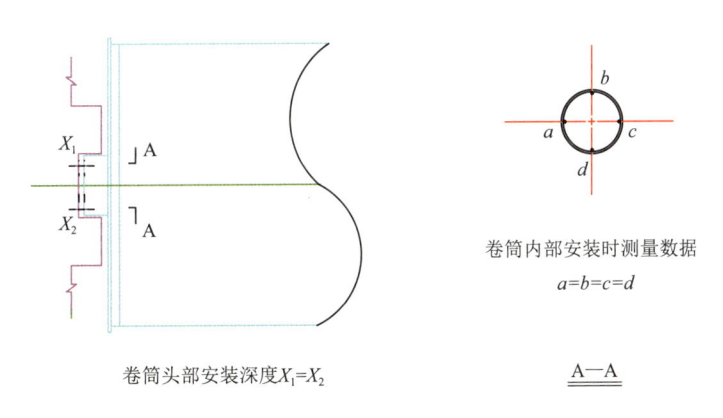

图 4.6-5 卷筒调整示意图

安装前各运动部件应加注润滑油脂，确保运转灵活。依次将底座、工作制动器、卷筒后支架、提升卷筒、提升电动机及减速器吊装就位。安装步骤如下：

（1）底座的安装。底座就位确认调整好上平面的水平度后，进行焊接固定，对焊缝进行 PT 着色探伤，检查焊接质量，再复查底座上平面水平度。

（2）电动机及减速器的安装。底座安装完成后进行电动机及减速器的吊装，根据测得的底座上平面的偏差将电动机及减速器调整水平，调整好减速器与电动机连接的高速联轴器。

（3）卷筒的安装。调整好卷筒同减速器连接的低速联轴器。

（4）安全制动器的安装。将安全制动器按照定位线吊装就位，保持制动盘两侧与制动片间隙一致。液压泵站安装时应保持油管油路清洁度，各连接点无漏油现象。

（5）排绳机构的安装。排绳机构安装就位后，检查和调整排绳机构滚珠丝杠轴中心线与卷筒中心线平行度。

机构调整完成后，放置2~3天后，进行复测确认无变化即可组织机构安装验收。

调整工作制动器时，应保持制动盘清洁度；排绳机构安装时需要对滚珠丝杠进行防护，并用支架对其保护和支托，严禁加注含钼基润滑脂，安装过程中滚珠丝杠应不受污染或损伤。机构安装调试好后，对减速箱进行清理，加入齿轮油，联轴器注入润滑脂。起升机构调整控制标准详见表4.6-2。

表4.6-2 起升机构调整控制标准

序号	项 目	标 准 要 求	白鹤滩精品标准	实测平均值
1	电机轴与减速器输入轴的径向偏差	≤0.5 mm	≤0.2 mm	0.05 mm
2	电机轴与减速器输入轴的角向偏差	≤18′	≤10′	1′
3	电机轴与减速器输入轴的轴向偏差	≤1.2 mm	≤1 mm	0.03 mm
4	联轴器制动盘端面跳动	≤0.3 mm	≤0.2 mm	0.01 mm
5	工作制动器对中位置偏差	≤0.5 mm	≤0.2 mm	0.2 mm
6	工作制动器松闸间隙	≥1.0 mm	≥1.0 mm	1 mm
7	减速器轴向窜动输入轴	≤0.3 mm	≤0.2 mm	0.1 mm
8	减速器轴向窜动输出轴	≤0.5 mm	≤0.3 mm	0.2 mm

白鹤滩缆机安装从2014年6月开始，2017年3月安装完成，缆机安装时间统计见表4.6-3。

表4.6-3 缆机安装时间统计

缆机编号	安装起始时间	安装完成时间	负荷试验时间	安装天数	备 注
1号	2014年6月20日	2015年1月29日	2015年1月30日	224	含桅杆吊和辅助索安装
2号	2014年9月11日	2015年2月1日	2015年2月5日	144	
3号	2015年4月15日	2015年9月22日	2015年9月26日	161	含桅杆吊拆除
4号	2015年10月15日	2015年12月24日	2015年12月25日	71	
5号	2016年3月5日	2016年5月29日	2016年5月30日	86	
6号	2016年6月26日	2016年9月25日	2016年9月26日	92	
7号	2016年11月21日	2017年3月7日	2017年3月13日	107	含辅助索拆除

4.7 思考与借鉴

（1）缆机安装和拆除场地整体规划。安装用地锚的设置规划应考虑可在后期用于缆机维护、拆除，并在施工阶段做好地锚防护。

（2）临时承载索移位技术应用。多台缆机特别是双层或多层布置缆机安装规划中，应考虑临时承载索通用及便于临时承载索的直接空中移位，以缩短安装工期，减少安装费用。根据白鹤滩工程的施工安排，在安装阶段，3台高缆安装完毕后进行4台低缆安装；在拆除阶段，4台低缆拆除完毕后进行3台高缆拆除。在以上两个阶段，如果将临时承载索回收后重新布设，不仅增加临时承载索及往复绳二次过江的作业风险及难度，还会影响安装和拆除工期，以及会对缆机平台高程以下土建作业面、永久建筑物的保护及道路交通等产生影响，且还需要重新购置4根不同规格的临时承载索，增加了成本。白鹤滩缆机安装过程中采用临时承载索移位技术避免了上述弊端。

（3）临时承载索垂度调整。4根临时承载索间的垂度偏差要求为20 mm，通过卷扬机实现临时承载索垂度的精确调整难度大。后续缆机安装拆除用临时承载索调整可采用在卷扬机初调后，在主地锚处增加丝杠调整装置进行精调的方式，其丝杠调整装置锚板设计成通孔形式，使用可调节螺杆或千斤顶等配合调整临时承载索垂度，再用专用销轴或垫板配合将临时承载索固定。临时承载索精调装置示意图如图4.7-1所示。

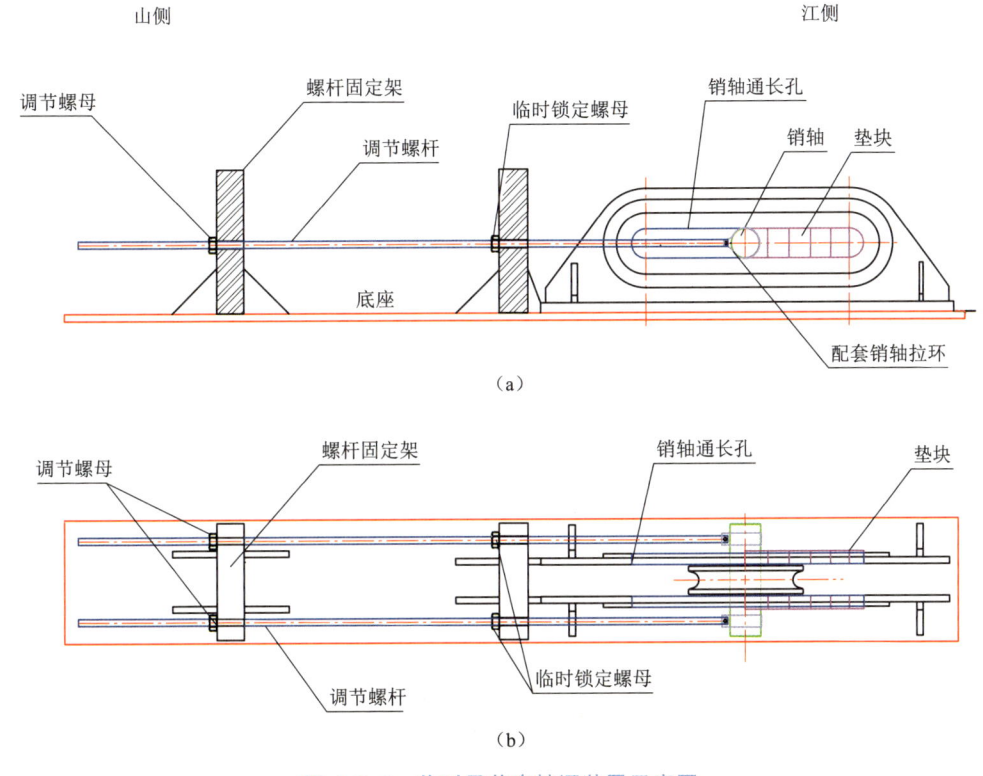

图 4.7-1 临时承载索精调装置示意图

（4）轨道安装接头处理。由于缆机大车运行速度较低，轨道接头的连接建议采用夹板螺栓连接方式，不建议采用焊接方式。

（5）承载索牵拉过程中的索头姿态控制。承载索过江为缆机安装安全风险最高的环节，且承载索索头尺寸大、重心高，牵拉过江过程中，易出现失稳。承载索过江过程中应将索头伸出第一个临时承马约3 m，以降低索头重心。也可研究制作索头专用临时承马，使索头重心低于临时承载索，以解决主索过江过程中索头稳定问题。

第 5 章 缆机运行

白鹤滩缆机群自 2015 年 2 月开始依次投入运行至大坝混凝土施工完成,安全运行 25 万 h,共浇筑混凝土 817.48 万 m³,吊运金属结构及各类设备材料 12.6 万 t,缆机完好率 99.83%,利用率 86%。本章就白鹤滩缆机运行管理机构、运行调度及执行、标准化运行、维护保养、备品备件、安全管理、缆机运行效率提升等方面的重点内容进行论述。

5.1 管理机构

白鹤滩缆机管理机构主要包含建设管理单位设备管理部门、建设管理单位生产管理部门,以及缆机生产调度监理单位、缆机运行监理单位、缆机运行单位和缆机主要使用单位。缆机运行组织机构由建设管理单位、监理单位、运行单位及设备使用单位四方组成。成立缆机运行调度协调小组,设领导小组和工作组。领导小组由建设管理单位相关负责人组成,包括建设管理单位负责人,分管大坝项目负责人,分管设备管理负责人。工作组由各相关单位人员参与组成,负责协调缆机使用调度。缆机运行调度协调小组组织机构如图 5.1-1 所示。

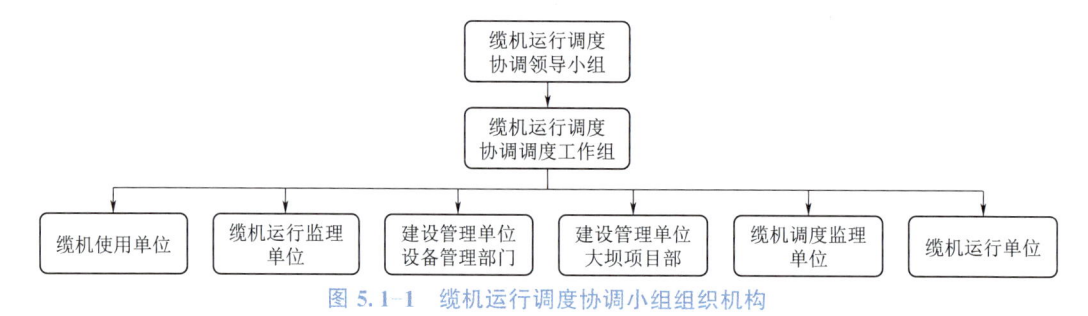

图 5.1-1 缆机运行调度协调小组组织机构

白鹤滩缆机运行单位组建了专业运行团队,全面负责缆机运行维护相关管理工作,其组织机构如图 5.1-2 所示,岗位职责见表 5.1-1。

缆机运行人员按三班制配置。每班单台缆机操作司机 2 人,其中 1 人操作,1 人监护,2 h 进行一次轮换;每班单台缆机信号员 4 人,其中仓面 2 人,取料平台 2 人,每个部位的 2 个信号员 1 人操作,1 人监护,轮换指挥;缆机每日检修架空人员每台缆机 2 人,机长 1 人;后拉索平台、高缆平台、高低缆副塔平台、低缆平台各安排值守巡视 2 人;缆机供电维护每班安排值班人员,集中维护。人员配置须考虑轮休,详细人员配置见表 5.1-2。

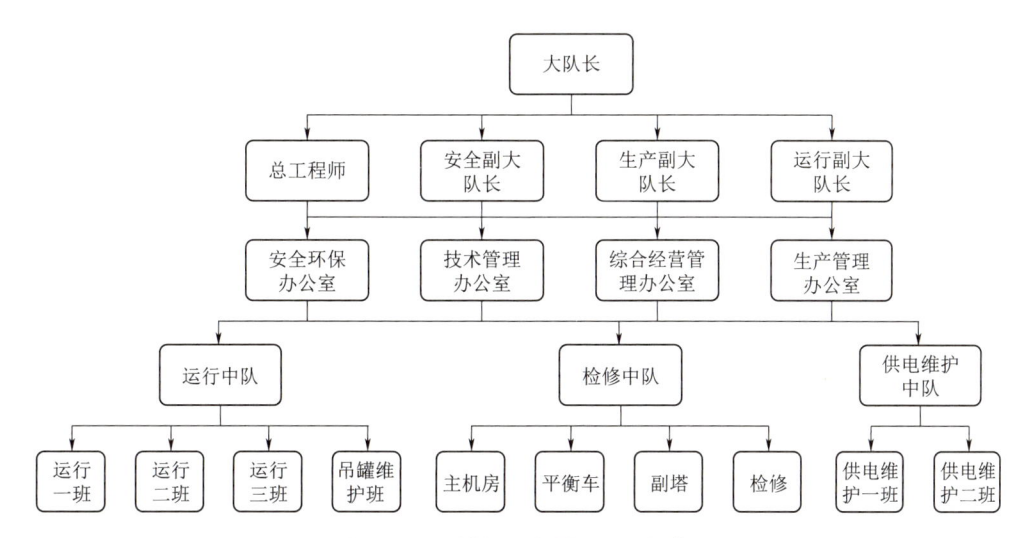

图 5.1-2 缆机运行团队组织机构

表 5.1-1 缆机运行团队岗位职责

序号	名　称	主要职责分配
1	大队长	大队长是缆机大队的第一责任人，全面负责生产、安全、质量、经营及行政管理
2	总工程师（分管质量、技术副大队长）	配合大队长全面负责缆机质量、技术管理工作
3	副大队长	配合大队长负责缆机运行、维护保养、安全管理、生产管理、物资管理和值班巡视工作
4	安全环保办公室	负责缆机工程施工现场安全及文明施工管理工作
5	技术管理办公室	负责缆机工程的技术、质量管理工作
6	物资设备办公室	负责缆机备品备件的采购与管理工作
7	综合经营管理办公室	负责本队综合管理、后勤保障及财务工作
8	生产管理办公室	负责本队生产组织、调度及管理工作
9	运行中队	负责缆机的操作、指挥、安全运行及吊罐维护工作，分为运行一班、二班、三班及吊罐维护班
10	检修中队	主要负责缆机的检修维护保养及缆机各点值班巡视工作，分为检修班、机房值守班
11	供电维护中队	主要负责缆机供电、电气设备维护和检修工作，分为供电维护一班和供电维护二班

表 5.1-2 缆机运行人员配置

序号	名　称	数量/人	备　注
1	运行队长	1	持有特种机械操作证
2	运行队副队长	3	持有特种机械操作证
3	检修队长	1	持有特种机械操作证

续表

序号	名 称	数量/人	备 注
4	检修队副队长（机械、电气）	2	持有特种机械操作证
5	机长	7	持有特种机械操作证
6	运行工（操作工、信号员）	140	持有特种机械操作证
7	机械检修工	22	持有特种机械操作证
8	电气维护工	10	持有特殊作业操作证
9	吊罐修理工	8	持有特种机械操作证
10	值守巡视人员	14	
11	合计	208	

5.2 运行调度及执行

5.2.1 工作程序

缆机运行调度协调小组根据生产计划、设备状态，明确次日缆机生产任务，由使用单位填写《缆机使用申请单》申请使用缆机，监理工程师审批，并下达指令，缆机运行单位签收执行。运行单位生产管理办公室根据缆机运行指令，及时与使用单位取得联系，安排各台缆机按指令运行。

使用单位在安排的吊运时间开始前到缆机运行单位生产管理办公室办理吊运手续，在吊运结束后签署缆机使用签证单。

5.2.2 缆机生产安排

运行单位生产管理办公室接到缆机协调小组生产任务安排后，立即下达至现场作业队，由作业队中队长依据设备的状态及生产任务，分配到适合承担吊运任务的缆机的当班班长，再由班组分配具体任务到个人。缆机生产调度流程为：缆机运行协调小组→运行单位生产管理办公室→缆机作业队伍→班组安排并反馈。

如果缆机在生产过程中出现故障，须逐级反映至缆机协调小组，同时运行单位对故障进行排查，比对缆机故障信息表相关内容，预估检修时长，并由生产管理部门通报至协调小组。当故障缆机检修时间较长时，由协调小组将生产任务分配到其他合适的缆机进行替补。缆机运行调度故障信息反馈流程如图 5.2-1 所示。

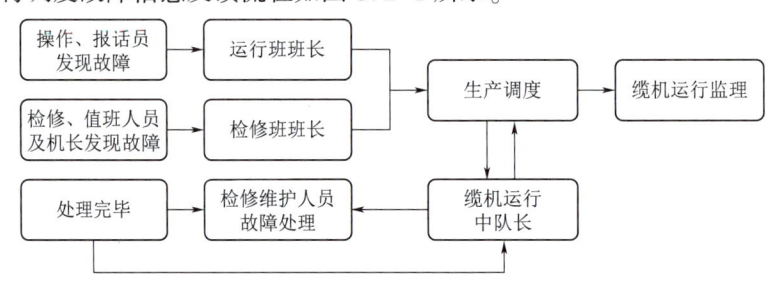

图 5.2-1 缆机运行调度故障信息反馈流程

当风速超过 13.8 m/s 时，运行单位向设备运行监理工程师通报风速信息，由监理工程师根据未来风速变化的预报启动大风应急响应，运行单位按照大风条件下缆机运行规程要求执行，并将执行情况反馈至协调小组。大风条件下缆机运行间距见表 5.2-1，大风应急响应等级划分见表 5.2-2。

表 5.2-1 大风条件下缆机运行间距

风速/(m/s)	最大摆距/m	平均摆距/m	承载索摆距/m	优化后的间距/m	原运行间距/m	备注
≤10				≥8	≥8	正常运行
≤13.8				≥10		
≤17	15.38	8.45	1.1	≥14.62	≥17	
≤18	15.87	8.81	1.1	≥15.2		
≤20	17.57	9.72	1.2	≥16.75	≥20	
>20	18.25	10.32	1.5			停车避险

表 5.2-2 大风应急响应等级划分

响应等级	风速 U /(m/s)	备注
Ⅲ	$13.8 < U \leq 17.1$	黄色预警（降效运行）
Ⅱ	$17.1 < U \leq 20.7$	橙色预警（应急运行）
Ⅰ	$U > 20.7$	红色预警（除避险外停止运行）

当遇大雾天气时，按照大雾天气缆机安全运行相关规定执行。

当遇施工生产变动或需临时调整时，由缆机协调小组下达变动指令至运行单位生产管理办公室，根据要求通报至现场作业人员执行。

5.3 标准化运行

5.3.1 混凝土吊运

根据缆机的运行流程，混凝土吊运循环由混凝土吊罐受料、重罐入仓、仓面卸料、空罐返回及落罐等步骤组成。

（1）运行单位接到混凝土吊运任务后，检查设备状况，操作司机查看工控机各参数是否正确；授料点及仓面报话员提前进入作业面，仓面报话员同仓面指挥明确浇筑要求，指挥操作司机行走大车至卸料点桩号。授料点报话员根据缆机浇筑位置检查车辆运输路线有无干扰，标记授料点位置，指挥运输车辆卸料。

（2）混凝土吊罐授料。授料时安排专人指挥，与授料司机实时核对车辆和仓面的对应情况，随缆机大车位置变化及时调整授料点标记，便于车辆及时对位。车辆卸料完成后检查吊罐外是否有易坠骨料，弧门是否有渗漏，以及车辆内的混凝土是否卸完，确认无异常后指挥缆机以 0.2~0.6 m/s 的速度将混凝土吊罐提升到离地面 5 m 左右，检查弧门自锁装置闭锁状态及缆机制动器工作状态，确认无误后指挥重罐运行。

（3）重罐运行。授料点报话员指挥重罐驶离授料平台，根据仓面高程指挥提升或下降，牵引机构逐级加挡至吊罐运行一定距离后，通知仓面报话员准备接钩。如运行范围内无其他干扰，操作司机可进行联动操作以提高运行效率，重罐运行至仓面报话员视线范围内，由仓面报话员指挥重罐逐级减速跟钩至仓面卸料点。

（4）缆机仓面卸料。卸料前注意卸料点周边人员和设备的避让，进入卸料点后在仓面报话员和仓面卸料员的配合下缓慢进行开卸料弧门的卸料操作，卸料过程中仓面报话员指挥吊钩缓慢落钩，以保证吊罐罐底不会过于靠近卸料仓面而影响卸料。

（5）空罐返回及落罐。当卸料完毕后，仓面报话员检查罐体弧门，确认无骨料残留且弧门关闭自锁装置锁定良好后，指挥将吊钩快速提升至安全高度，并通知授料点报话员准备接钩。如运行范围内无其他干扰，操作司机可进行联动操作返回授料平台，在授料点报话员的配合下完成落罐。

至此，缆机混凝土吊运循环完成。

5.3.2 大件吊装

5.3.2.1 大件吊装程序及要求

对于重量超过 30 t，或单边尺寸大于 12 m 且难以控制平衡的物件，按大件吊装进行管理。对于超出单台缆机额定起重量的物件采用双机或多机抬吊。大件吊装须编制专项吊装方案，并经监理工程师审批。根据施工要求和天气状况确定吊装时间，吊装前对吊具、吊耳等进行检查，确认无异常后按照方案实施吊装。大件吊装申请表（样表）如图 5.3-1 所示。

5.3.2.2 缆机抬吊

白鹤滩缆机群按高低双层布置，可通过高低缆配合实现双机或多机抬吊。双机抬吊宜使用同层缆机，以便于控制；多机抬吊采用高低搭配形式，多机抬吊示意图如图 5.3-2 和图 5.3-3 所示。

抬吊前，须将重物提前运至起吊落钩点轴线，尽量避免抬吊过程中行走大车。

空载测试，多机抬吊前对缆机各机构工作状况进行检查，试机完成后进行并机联合动作，以单机操作信号控制多机联合动作的模式测试各机的同步性。

挂钩，测试完成后，解除联合动作，单机操作逐台挂钩受力后恢复联合动作模式。

抬吊作业时，缆机各个方向的运动均以低速运行，随时监控同步性，当偏差较大时进行单机调整纠偏。

大件吊装完成后，对承载索索头、起重小车结构、承马及各机构进行检查。缆机抬吊现场如图 5.3-4 所示。

5.3.2.3 多机抬吊案例

白鹤滩水电站泄洪洞工程进口 KROLL-1800 型塔机起重臂抬吊采用了三机抬吊方案。

白鹤滩水电站泄洪洞工程进口 KROLL-1800 型塔机起重臂长 75 m，重量约 70 t，安装高度距仓面 85 m。因安装条件限制，起重臂须于塔机塔架安装完成后一次吊装就位。根据上述安装参数及结构特点，制定如下三机抬吊方案。

（1）根据起重臂结构特点及缆机载荷分配，通过计算确定起重臂靠根部 A 吊点和中部 B 吊点，如图 5.3-5 所示。

中国长江三峡集团公司 　　　　　　　　　　表格编号：BB000009—2013

金沙江×××水电站工程
大件吊装申请表

合同编号：　　　　　单元工程编码：　　　　　表单流水号：
承包人：　　　　　　　监理人：

安装工程项目				
工程部位及高程				
申请吊装构件、设备名称				
图名及图号		设计重量/t		实际重量/t
申请单提交时间		申请吊装时间		
申请吊装设备验收情况				
申请吊装部位验收情况				
吊装工器具准备情况				
吊装吊耳检查验收情况				
吊装部位工作面清理				
安全作业措施	吊装前安全技术交底			
	吊装作业准备情况检查			
	吊装作业过程控制			
	危险预知及预防措施			
	负责人		当班安全员	
其他				
承包人	初检：			年　月　日
	终检：			年　月　日
监理人				年　月　日

图 5.3-1　大件吊装申请表（样表）

（2）结合白鹤滩缆机群高低布置的特点，将 4 号低缆运行到 1 号和 2 号高缆中间，吊挂起重臂靠根部 A 吊点。另外两台高缆通过平衡梁挂吊起重臂中部 B 吊点，保证起重臂结构受力以及运动平稳。

（3）起重臂吊离地面并调平使 3 台缆机受力均衡后，将 3 台缆机切换至并机联合动作模式，由 1 人指挥 1 人操作三机联合动作，其他人员监护配合完成吊运及就位。

3 台缆机抬吊在 KROLL-1800 型塔机安装中的应用，积累了缆机多机抬吊经验，可供类似条件的工程施工借鉴。

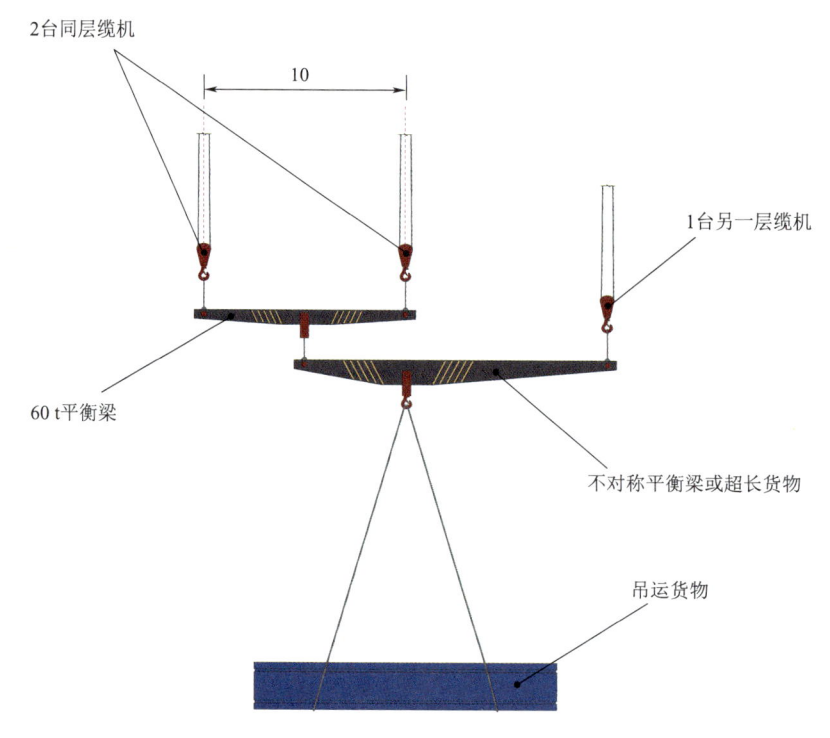

图 5.3-2 三机抬吊示意图（单位：m）

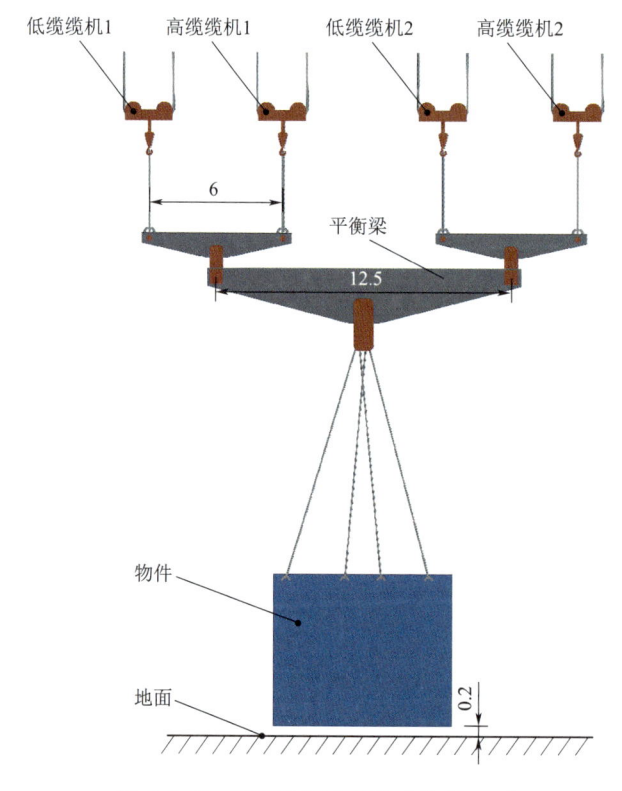

图 5.3-3 四机抬吊示意图（单位：m）

(a) (b)
(c) (d)

图 5.3-4　缆机抬吊现场

图 5.3-5　三机抬吊在 KROLL-1800 型塔机安装中的使用

5.3.3 吊零

缆机吊零具有以下特点：起吊吨位通常较大、覆盖范围广，缆机起重小车运行速度较快，但大车运行速度较慢，运行中受风速的影响大等特点。故在缆机进行吊零的运行管理过程中，不建议缆机沿上下游方向大范围移动调整重物落料点的位置，而是将物料运输车辆行驶至能够尽量减少缆机大车运行距离的位置挂钩吊运物料，以免造成缆机运行效率降低，对零星材料的吊运采用集装物料箱装载等方式进行。

因缆机覆盖范围广、高度大，地面观察视觉误差大。因此，在使用范围内的栈桥、较高坝段等显眼部位标注缆机大车桩号，便于准确申请缆机的运行位置，提高缆机吊零效率。

吊零期间，对相邻缆机的正常运行影响较大，必须严格按照缆机运行协调小组规定的时间和地点进行，提高缆机群运行效率。

吊零可分为准备、挂钩、吊运、摘钩4个阶段。

（1）准备。运行单位接到吊零任务后，检查设备状况，操作司机查看工控机各参数是否正确；明确缆机挂钩和摘钩点的位置、吊物类型、重量等。由运行队长通知挂钩点及摘钩点报话员提前到达作业面，挂钩点报话员配合起重指挥人员检查吊物及吊具等是否满足起吊要求，确认无误后指挥操作司机将缆机吊钩运行至被吊物上方。

（2）挂钩。使用单位起重工安排作业人员挂钩，挂钩点报话员根据起重工指令指挥缆机配合挂钩。

（3）吊运。挂钩点报话员指挥将重物吊离地面后，观察缆机制动效果、吊具、吊物等符合起重规范要求，确认正常后指挥起钩向摘钩点运行，通知摘钩点报话员准备接钩，并在视线范围内监护吊运状况，操作司机根据吊物状况及运行环境可进行联动操作以提高运行效率，运行至摘钩点报话员视线范围内后，摘钩点报话员指挥操作司机减速落钩。

（4）摘钩。重物落钩前应调整好落料位置，重物落地后摘钩。

缆机所吊运设备及材料的捆绑、挂钩、摘钩均由使用单位安排持《起重工操作证》的起重工进行。指挥及操作严格按《白鹤滩30 t缆索式起重机吊装作业安全标准手册》、"十不吊"规定和其他安全操作规程执行。

5.4 维护保养

为确保缆机处于良好状态，保持高效运行，缆机维护保养需做到程序化、规范化、标准化，必须严格执行缆机的日保养、周保养、月保养、年度保养、零部件更换等，严格控制缆机的维护保养及检修质量，详细做好记录。

5.4.1 强制保养

5.4.1.1 日保养

各缆机每日开展1 h架空检查维护及保养，日保养项目应包括以下内容：

（1）检查起重小车各连接部位和承马的弹簧，必要时按照承马使用说明书对承马进行压紧力等项目的调整。

（2）检查主索表面断丝及损伤情况，检查主索端部及其悬挂连接，以及索端固定标记的变化情况。

（3）检查起升、牵引绳表面断丝及索端固定情况；如发现断丝则应每班检查并做记录。

（4）检查牵引绳上支的垂度是否在规定范围，其跨中最低点距承载索的间距不小于设计允许值（白鹤滩缆机为 10 m），过低时必须进行牵引绳的张紧。

（5）检查各电动机、减速箱、卷扬机卷筒轴承座、导向滑轮支架等基础螺栓的连接及紧固情况，发现松动应及时紧固，有扭矩要求的应使用扭力扳手紧固至规定值。

（6）检查各制动装置是否可靠，必要时进行调整；制动片与制动盘单边的使用间隙为 1 mm，液压推杆的储备行程满足规定，制动片厚度磨损到规定值时，应更换新件。

（7）对主塔、副塔和后拉索按要求进行检查。

（8）检查司机室工控机显示本缆机及相邻缆机位置参数与实际尺寸对比的精准度，必要时做相应修正。

5.4.1.2 周保养

各缆机每周进行一次 4 h 的维护保养，周保养项目应包括以下内容：

（1）完成日保养全部内容。

（2）检查起重小车、承马、钢丝绳导向滑轮的工作情况及磨损量，并进行相应的调整或维修。

（3）检查起升卷筒上钢丝绳固定压板螺栓紧固情况。

（4）对起升绳和牵引绳进行详细检查，当表面断丝数或绳索直径减小量达到更换标准时应及时更换。

（5）检查主索外观，如发现外层丝断裂且断丝外翘，必须立即由有经验的专业人员处理，并做好断丝记录。

（6）检查起升、牵引机构联轴器的工作状况。

（7）清除电动机及电气设备的灰尘、污垢及油类附着物。

（8）检查夹轨器钳口间隙，钳口单边间隙应在 12 mm 左右，钳口应平整并与轨道边缘吻合严密。

（9）检查塔架行走台车开放式齿轮啮合情况。

（10）检查主塔和副塔的螺栓连接情况。

（11）检查行走台车轮的磨损情况。

（12）对牵引起重小车全面检查。

（13）检查导向滑轮绳槽，当绳槽磨损深度大于规范要求时应更换。

（14）按润滑周期表加注润滑油（脂）。

5.4.1.3 月保养

各缆机每月进行一次 12 h 的维护保养，月保养项目应包括以下内容：

（1）完成周保养全部内容。

（2）电气部分应由专职专业人员按电气设备检修规程及电气使用说明书进行全面检查、维护和清洁。

（3）检查和清洁各电动机，特别应注意清洁整流器表面，清洁或更换风机过滤网。

（4）检查各电气柜、接线箱等部位接线有无松动，各接触器、继电器、整流器等部件的工作是否正常。

（5）检查各限位装置、限荷装置、指示仪器、保护开关等动作是否可靠，必要时进行调整。

（6）需要停电检查维护保养的内容：对变压器、直流装置、驱动及供电主回路各端子进行预防性紧固并清除灰尘；检查主回路开关、继电器、接触器工作情况；PLC控制单元、通信模块等的常规维护，各部位编码器、传感器有无损伤、松动；外部电缆、通信电缆有无损伤。

（7）对起升、牵引机构进行全面检查，包括各连接的紧固情况以及各运动副磨损情况，必要时进行调整。

（8）检查大车运行机构驱动装置和水平轮、垂直轮以及夹轨器的运行情况，测量水平轮、垂直轮的轮径磨损量，达到报废标准时须更换。

（9）对主索、起升绳和牵引绳的磨损和断丝情况进行全面检查。

（10）对轨道压板进行紧固性检查，检查螺母是否松动，轨道有无沉陷，轨道表面有无压纹、裂纹和啃轨现象。

（11）对各连接部位的螺栓进行紧固性检查，有松动的应及时紧固。

（12）对吊钩、卷筒、制动器、联轴器等进行重点检查，特别应注意检查是否有裂纹和变形。

（13）按润滑周期表加注润滑油（脂）。

5.4.1.4 年度保养

各缆机每年开展1次为期2天的维护保养，年保养项目应包括以下内容：

（1）完成月保养全部内容。

（2）对塔架钢结构进行全面检查：各连接点螺栓有无松动（可用锤击法判定），结构件有无变形、裂纹和锈蚀，必要时予以矫正、补焊和补漆。对重要连接部位高强度螺栓应按规定扭矩抽查，必要时全面重新紧固。

（3）对避雷装置及接地保护设施进行检查，测量接地电阻是否符合要求。

（4）检查主索垂度是否符合设计要求，必要时应重新调整。

（5）检查起重小车行走轮，达到报废标准时应更换。

（6）对各减速器的各轴承、密封件、齿轮啮合等情况进行全面检查，达到更换标准时应更换。

（7）按说明书要求更换齿轮油。

（8）检查起升、牵引机构齿轮联轴器磨损情况，达到报废标准时应更换。

（9）对轨道进行测量，对超出标准的部位进行调整。

（10）对主副塔电缆的绝缘进行检查测量，绝缘电阻值不低于100 MΩ。

（11）按润滑周期表规定检查和加注润滑油（脂）。

缆机各部位保养润滑周期见表 5.4-1。

表 5.4-1　缆机各部位保养润滑周期

序号	润滑部位	润滑周期	润滑点	润滑油、脂牌号	润滑方法
一、电机、制动器及减速器					
1	各电机轴承	每 6 个月补充，每 24 个月更换		见电机铭牌，否则用锂基脂 2 号	拆开轴承盖填入
2	各制动器活动铰	每周		机械油 N32	油壶滴入
3	各减速器	每月补充，每 6 个月更换		N220-N320 工业闭式齿轮油	油桶倒入
4	各制动器液压推杆油缸	每月补充，每 6 个月更换		变压器油 BD-10	油桶倒入
二、起升机构					
5	减速器输入轴齿形联轴器	每 15 天补充，6 个月更换	2	MoS_2 锂基脂 2 号 1/3，机械油 2/3	油壶或油枪注入
6	减速器输出轴端卷筒联轴器	每 15 天补充，每 6 个月更换	1	MoS_2 锂基脂 2 号	拆出涂抹
7	挡绳装置活动铰	每周		机械油 N32	油壶滴入
8	卷筒滚动轴承座	每周	1	MoS_2 锂基脂 2 号	油枪注入
9	起升钢丝绳	每月	1	专用钢丝绳润滑油	喷涂
三、起重小车牵引机构					
10	减速器输入轴齿形联轴器	每 15 天补充，每 6 个月更换	2	MoS_2 锂基脂 2 号	油壶或油枪注入
11	减速器输出轴齿轮联轴器	每 15 天补充，每 6 个月更换	2	MoS_2 锂基脂 2 号	油壶或油枪注入
12	驱动摩擦轮及滑轮滚动轴承座	每周	6	MoS_2 锂基脂 2 号	油枪注入
13	牵引钢丝绳	每月	1	专用钢丝绳润滑油	喷涂
四、大车运行机构					
14	水平台车主动台车开式齿轮	每周	6	钙基脂 ZG-3H	手工涂抹
15	水平台车滚动轴承	每周	16	MoS_2 锂基脂 2 号	油枪注入
16	垂直台车滚动轴承		8+4	MoS_2 锂基脂 2 号	油枪注入
五、主塔					
17	主塔塔头牵引导向滑轮组	每周	2	MoS_2 锂基脂 2 号	油枪注入
18	主塔塔身牵引导向滑轮组	每周	2	MoS_2 锂基脂 2 号	油枪注入
19	主塔拉板起升导向滑轮	每周	2	MoS_2 锂基脂 2 号	油枪注入

续表

序号	润滑部位	润滑周期	润滑点	润滑油、脂牌号	润滑方法
20	主塔拉板牵引导向滑轮	每周	2	MoS_2 锂基脂 2 号	油枪注入
六、副塔					
21	副塔桁架牵引导向滑轮组	每周	4	MoS_2 锂基脂 2 号	油枪注入
22	牵引绳调整装置导向滑轮组	每周	2	MoS_2 锂基脂 2 号	油枪注入
23	副塔拉板牵引导向滑轮	每周	2	MoS_2 锂基脂 2 号	油枪注入
七、承马					
24	承马行走轮轴承	每周	4	MoS_2 锂基脂 2 号	油枪注入
25	承载索托轮轴承	每周	4	MoS_2 锂基脂 2 号	油枪注入
26	上、下压轮轴承	每周	6	MoS_2 锂基脂 2 号	油枪注入
27	链轮装置轴承	每周	2	MoS_2 锂基脂 2 号	油枪注入
28	起升绳防跳托滚装置轴承	每周	2	MoS_2 锂基脂 2 号	油枪注入
29	起升绳托轮	每周	2	MoS_2 锂基脂 2 号	油枪注入
八、起重小车、吊钩					
30	起重小车行走轮轴承	每周	24×1	MoS_2 锂基脂 2 号	油枪注入
31	起重小车反轮轴承	每周	4×1	MoS_2 锂基脂 2 号	油枪注入
32	起重小车托辊轴承	每周	12×1	MoS_2 锂基脂 2 号	油枪注入
33	起重小车起升导向滑轮轴承	每周	2×1	MoS_2 锂基脂 2 号	油枪注入
34	吊钩滑轮轴承	每周	2×1	MoS_2 锂基脂 2 号	油枪注入
35	吊钩推力轴承	每周	1	MoS_2 锂基脂 2 号	油枪注入
九、缆机维修平台					
36	维修平台悬挂承载滑轮	每月	2×1	MoS_2 锂基脂 2 号	油枪注入
37	承马承托滑轮组	每月	2×1	MoS_2 锂基脂 2 号	油枪注入
十、限位发送装置					
38	起升机构限位装置开式齿轮	每周	3	MoS_2 锂基脂 2 号	手工涂抹
39	牵引机构限位装置开式齿轮	每周	3	MoS_2 锂基脂 2 号	手工涂抹
40	大车限位装置油杯	每周	2	MoS_2 锂基脂 2 号	手工加满
十一、其他					
41	夹轨器润滑脂各油杯	每月	4×2	MoS_2 锂基脂 2 号	手工加满
42	终端限位开关销轴	每周	2×1	机械油 N32	油壶滴入
43	承载索	每月	1	专用油	手工涂抹
44	固定承马行走轮	6 个月	2	MoS_2 锂基脂 2 号	油枪注入
45	活动平台行走轮	6 个月	2×2	MoS_2 锂基脂 2 号	油枪注入
46	固定承马钢丝绳托辊	每周	3	MoS_2 锂基脂 2 号	油枪注入
47	活动平台钢丝绳托辊	每周	3	MoS_2 锂基脂 2 号	油枪注入

除以上强制保养之外，在缆机的主副塔配置巡视值班人员，随时对设备外观进行清洁，保持良好的机容机貌，如图5.4-1所示。

图 5.4-1　机容机貌

5.4.1.5　零部件更换

将缆机零部件分为易损件和非易损件两大类进行管理。易损件主要包括钢丝绳、导向滑轮、承马中的易损配件及各类继电器、断路器等电气配件。非易损件主要包括台车、电动机、减速器等总成件。

对易损件，在左右岸缆机平台设立二级配件库储存，便于及时领用更换。更换完成后写入检修日志并签字确认，及时更新二级配件库存台账。

非易损件储存在建设管理单位仓库，其仓储台账与运行单位共享，以便及时查找和补充。更换时需制定更换专项方案由监理审核，组织技术交底。

更换过程中按照相关技术标准进行管控，监理旁站。工作完成后，进行检测或试车运行，确认恢复技术性能后投入正式运行。

对于缆机的易于更换的易损件，制定定期检修、更换制度，并据此执行。对于牵引绳、提升绳、导向滑轮、行走台车轮、减速器高速轴及轴承等安全风险较大的检修项目的配件更换，应编制专项方案及安全技术措施，报监理审查，组织召开技术交底会后实施。

5.4.2　缆机检修

当缆机出现故障时，可参照故障类型及处理方法（详见表5.4-2），全面分析引起故障可能的原因，采用排除法，逐个环节排查，缩小故障查找范围，查找到故障原因后，如果是硬件故障，对发生故障的零部件进行检修，硬件损坏用备件更换，通过对受损硬件进行修复或更换恢复设备的功能；如果是软件故障，可以通过完善和调整程序解决。消除故障和缺陷后，应进行相关的检测或试车运行，确认故障完全排除且恢复原功能后再投入正式运行。

表 5.4-2 故障类型及处理方法

机构	序号	故障现象	故障原因	处理方法	处理要求
各机构常见故障	1	制动器制动效能下降	制动器摩擦片与制动盘间隙过大、过小、或偏斜	调整制动片与闸盘间隙或对正	架空检查或检修时处理
			制动力矩调整不佳	调整制动器力矩行程	架空检查或检修时处理
			制动盘或摩擦片有油污	清理制动器油污	停机处理
			制动器摩擦片磨损严重，出现部分脱落现象	更换	停机处理
			液压推杆器补偿行程超标	调整推杆器补偿行程	停机时处理
	2	起升、牵引联轴器径向跳动过大	联轴器间隙调整不当	调整联轴器	检修时处理
	3	减速箱异响、减速器温度高、油压低等问题	减速箱齿或轴承磨损	开箱检查各齿轮齿面	检修时处理
			油路循环不良或齿轮油多加	检查油泵及管路，放出多余润滑油	检修时处理
			液压油表损坏	更换油表	架空检查或检修时处理
			轴承间隙过大	检查各轴承间隙	检修时处理
			减速箱齿轮油未达油标刻度	及时补充齿轮油	检修时处理
	4	油泵电机	油泵电机异响	检查油泵电机联轴器	检修时处理
			油泵电机温度过高	勤检查，对机房通风或更换其他可耐高温电机	检修时处理
	5	缆机钢丝绳断丝严重	钢丝绳疲劳磨损、绳径减小	勤检查，达到报废标准及时更换	检修或停机处理
	6	滑轮轮槽深、滑轮失圆、端盖螺栓退出	滑轮轮槽磨损	检查牵引绳张紧垂度是否过小，达到报废标准及时更换	检修时处理
			塔架滑轮端盖螺栓松动或退出	检查滑轮内部轴承有无异常，及时紧固处理	停机处理
			导向滑轮失圆	使用工装及时处理，必要时更换	停机处理
	7	油管、油嘴无法注油	油路堵塞	疏通油管，检查有无堵塞	架空检查或检修时处理

第 5 章 缆机运行

续表

机构	序号	故障现象	故障原因	处理方法	处理要求
提升机构	1	承马	承马离合器不分离	离合器调整不当、磨损、锈蚀	对承马离合器进行调整或调整压轮系统	架空检查或检修时处理
			承马打滑	承马压轮磨损过大、承马压紧弹簧疲劳失效或调整不当	对压轮系统弹簧调整,对磨损过大的承马压轮、疲劳失效的弹簧进行更换	架空检查或检修时处理
			承马主索托轮轮沿破损	托轮疲劳损坏	及时更换	检修时处理
			承马提升托轮振动、异响	提升托轮耳板、销轴磨损	更换承马提升托轮及轴或将提升托轮耳板固定	检修时处理
			承马出现"跳动"现象	行走轮或压轮失圆过大、磨损,主索沾染异物	对失圆过大后的行走轮、压轮、摩擦轮及磨损的档杆更换,清理主索沾染的异物	检修时处理
			承马行走轮油槽磨平	正常磨损	更换行走轮	检修时处理
			承马结构件螺栓松动、脱落或断裂	运行振动导致松弛、脱落	紧固、更换	架空检查或检修时处理
			承马齿盘振动	齿盘键磨损	紧固轴端部固定螺栓或更换平键	架空检查或检修时处理
			承马链条单侧磨损	链盘不对中有偏斜	调整齿盘位置	检修时处理
			承马链条松弛	链条拉长、磨损	张紧链条或截短链条	架空检查或检修时处理
	2	固定式承马	固定式承马提升、牵引托辊不转	托辊注油较多、内部轴承损坏卡滞	清除多余润滑脂,更换轴承	架空检查或检修时处理
			固定式承马鞍摆动	耳板、销轴磨损	更换耳板、销轴	检修时处理
	3	提升卷筒	排绳机构出绳偏差过大	排绳滑轮磨损或调整不当	调整排绳轮位置	停机处理
			提升卷筒内部异响	卷筒联轴器调整不佳、内部有杂物、轴承异响	调整联轴器、清理杂物、检查轴承,必要时更换轴承	停机处理
			提升卷筒链条与主梁碰挂磨损	链条拉长、压紧装置失效	截短链条,调整压紧装置位置	停机处理

续表

机构	序号	故障现象	故障原因	处理方法	处理要求
提升机构	4	提升绳卷筒缠绕过满，触碰防跳绳限位	钢丝绳拉长	截短钢丝绳处理	停机处理
		提升绳吊钩跳槽	故障急停或操作时加减速过急	钢丝绳复位，平稳操作	停机处理
		起重小车腹部滑轮轮槽过深	磨损	更换滑轮	停机处理
		起重小车腹部提升托辊不转或磨损量大	轴承损坏卡滞	更换轴承	检修时处理
		吊钩"抖动"现象	提升机构滑轮失圆	使用专用工装进行修圆处理	检修时处理
	5	牵引绳上支固定端钢丝绳打扭	承马压轮过紧、钢丝绳内应力未完全释放	起重小车行驶至打扭一侧，松弛承马压轮，将钢丝绳固定端拆除，释放内应力后重新安装	停机处理
		牵引绳与承马出现干涉	牵引绳垂度过大	张紧牵引绳	架空检查或检修时处理
行走机构	1	行走台车异响	传动机构齿面磨损、行走台车啃轨、电气故障	检查齿面，必要时更换，调整台车，检查电气参数有无异常	检修时处理
		行走台车齿轮磨损	齿面出现麻面、缺油	观察运行	更换时需停机
	2	夹轨器打不开	电气故障、液压泵站压力不够	检查接触器行程，检查泵站内泄	检修时处理
		液压油管漏油	接头螺栓松弛、油管腐蚀、损坏	拧紧接头螺栓、更换油管、密封件	检修或停机处理

在故障处理中需停机处理的，对故障处理所需时长进行预估分析，根据处理时长对混凝土浇筑影响分四个级别。

一级：处理时长0.5 h以内，对混凝土浇筑影响很小，一般对仓面不做调整。

二级：处理时长0.5~2 h，对混凝土浇筑影响较小，采用批层遮盖的措施。

三级：处理时长2~6 h，对混凝土浇筑影响较大，需调配其他缆机。

四级：处理时长6 h及以上，对混凝土浇筑将严重影响，采取全仓面覆盖保湿或停仓处理。

5.5 备品备件

白鹤滩缆机需在5年内保持高强度连续运行，基本无其他替代的吊运设备。对于备品备件的管理要求极高。充足、及时的备品备件供应和合理的库存储备，既是缆机检修、故障处理、事故抢修的先决条件，也是保证工程能否顺利进行和提高缆机群整体经济性的关键控制环节。因此，对于备品备件管理的要求是，既要保证充足、及时的备品备件供应，使得缆机的检修、故障处理、事故抢修得以快速、顺利地进行；又不能有过多的备品备件积压，从而增加缆机运行的成本。

白鹤滩缆机备品备件均为专用配件，其中既有国产配件又有进口配件，具有种类繁多、标准高、供应链单一、供货周期长、采购困难、仓储保管要求高等特点。

为此白鹤滩缆机在备品备件的管理中实行了建设管理单位统供和运行单位自购相结合的"预寿命动态管理"方式，取得了较好的效果，没有因备品备件原因出现安全隐患，未出现停机待备件的事件发生。在运行维护期内保证了缆机群的安全高效运行，并在运维期结束时将备品备件库存积压量控制到了合理范围。缆机运行结束时，难以转让给其他工程使用的备品备件价值小于20万元，平均单台缆机的剩余备品备件积压资金，远小于其他同类工程。

5.5.1 备品备件预寿命动态管理

结合故障预控、计划管理、采购管理、仓储台账管理等备品备件基本管理要求，借鉴以往运行保养及维修的经验，并对部分环节进行细分和强化，主要分为预期寿命强制更换和寿命预警动态库存控制两个方面。

1. 预期寿命强制更换

经调研分析，缆机常用易损件和故障易发生处备品备件的计划编制审批、采购等约占缆机备品备件管理工作量的70%左右，根据数据统计和经验总结确定预期寿命，对这类易损件，在其预期寿命达到前的一个相对合理的经济性时间点，利用检修时间对7台缆机进行统一强制更换。

例如7台缆机导向滑轮的总数为73个，根据磨损量跟踪统计数据和运行维护保养经验，可判定这些滑轮均需在缆机运行期内更换一次，且仅需更换一次，因各滑轮磨损的速率不尽相同，如果等滑轮达到了报废标准才逐个进行更换，则势必频繁编制采购计划并采购，同时需多次申请计划检修时间甚至出现因故障原因的停机，对生产造成影响。对于此类备品备件的管理，采用提前统一编制计划、批量采购以提高经济性，一次性到货，利用检修时间在达到报废标准前有计划地更换，突破"达报废标准后再进行更换"的固有思维模式。在不对运行经济性和设备完好率产生影响的前提下，大大减少了此部分备品备件管理的难度和工作量以及对工程的影响。该管理方式在对缆机上使用的专用机械、电气配件和通用配件的管理中也起到了良好的效果。

2. 寿命预警动态库存控制

通过对备品备件清册的梳理分类，对不常用的备品备件根据消耗跟踪统计数据和运行维护保养经验预测，确定"预警库存量"，并结合单台缆机上的如导向滑轮等此类备品备件的数量、实际库存、理论库存量、动态消耗量、预期消耗量等控制性数据，制定《合理库存动态预警表》。白鹤滩缆机备品备件合理库存动态预警表（样表）见表 5.5-1。根据此预警表进行动态管理，及时准确地指导备品备件计划编制和采购到货工作，实现了从预期消耗预警、上报计划、采购到货、预警解除、动态消耗，再回到预期消耗预警的动态闭环管理。

表 5.5-1　白鹤滩缆机备品备件合理库存动态预警表（样表）

序号	备件名称	单机数量	总量（缆机群）	库存数量	预期寿命	周动态消耗	预警库存	是否上报采购计划
1								
2								

注　1. 此表每周进行归整分析。
　　2. 库存数量为周实际储存量。
　　3. 预期寿命为根据磨损量跟踪统计数据和运行维护经验确定的使用周期。
　　4. 周动态消耗为每周已消耗量及本周预期消耗量。
　　5. 预警库存为根据总量（缆机群）、周动态消耗及采购周期确定的预警数量，当达到数量时及时上报计划采购。

根据上述分析方法，以钢丝绳预期寿命分析为例，对最先更换的 5 台缆机钢丝绳使用寿命进行分析得出预期寿命。钢丝绳使用寿命统计见表 5.5-2。

表 5.5-2　钢丝绳使用寿命统计（8×k26WS-EPIWRC）

缆机编号	部位	使用时间/月	作业台时/h	浇筑台时/h	浇筑方量/m³
1 号	牵引绳	48.67	18 045.25	13 351.75	585 710.1
	提升绳	38.17	11 266.25	7407.25	262 461.1
2 号	牵引绳	35.67	11 380	6144.75	194 794.5
	提升绳	35.67	11 380	6144.75	194 794.5
3 号	牵引绳	43.4	17 562	11 581	496 726
	提升绳	43.4	17 562	11 581	496 726
4 号	牵引绳	40.27	16 072	11 336	570 391
	提升绳	40.27	16 073	11 336	570 391
5 号	牵引绳	22.1	9883.5	6164.75	275 905.1
	提升绳	29.2	14 489.75	10 236.75	510 085.1
合计		376.82	143 713.75	95 284	4 157 984.4
平均值		37.682	14 371.375	9528.4	415 798.44

注　为减少缆机检修时间，对接近报废标准的 2~4 号缆机的提升绳和牵引绳同时进行更换。

根据表 5.5-2，钢丝绳使用时间 22~48 个月，混凝土浇筑 19 万~58 万 m³，循环次数 3 万~6 万次。因此，可以为钢丝绳确定一个大概的使用寿命为：缆机新钢丝绳使用寿命为 2 年，或混凝土浇筑 40 万 m³，或循环次数 5 万次，一项达到即表示钢丝绳达到其预期寿命。

5.5.2 采购管理

备品备件品牌、规格和型号均采购原装品牌或同档次产品。钢丝绳等通用备品备件采用公开招标方式组织采购，专用备品备件向原缆机设计制造单位组织采购。在缆机运行合同文件中明确了由建设管理单位提供的备品备件清单及价格（主要是关键部位，以及价格较高的备品备件），其余的由运行单位自购。建设管理单位有偿提供的缆机备品备件见表 5.5-3，运行单位自购的主要备品备件见表 5.5-4 和表 5.5-5。

表 5.5-3 建设管理单位有偿提供的缆机备品备件

序 号	项 目	备注（使用部位或产地）
1	高速联轴器	起升和牵引机构
2	卷筒联轴器	高低缆
3	轴承	牵引摩擦轮，钢滑轮，卷筒支座，起重小车车轮，吊钩
4	滑轮	高低主塔，塔头，拉板，低缆排绳
5	摩擦滑轮衬垫	牵引机构
6	大车主动车轮	主动轮和从动轮
7	车轮小齿轮	主动轮和从动轮
8	尼龙车轮	起重小车
9	重量传感器	
10	工作制动器摩擦片	
11	安全制动器摩擦片	
12	安全制动器泵站	起升机构
13	电缆卷筒联轴器	
14	电缆卷筒单向轴承	
15	承马牵引绳摩擦轮	
16	承马起升绳托辊	
17	承马传动链条	
18	承马离合器总成	
19	承马行走轮总成	
20	承马总成	
21	起升钢丝绳	
22	牵引钢丝绳	
23	滑轮装置	含轴承座
24	驱动车轮组	车轮总成
25	驱动车轮组	车轮总成
26	驱动台车装置	副塔水平轨
27	从动台车装置	副塔水平轨，低缆主塔水平轨，副塔垂直轨，高缆平衡台车，低缆主塔后轨
28	驱动台车装置（2706）	高缆主塔，高缆平衡台车，低缆主塔，前轨低缆主塔后轨

续表

序 号	项 目	备注（使用部位或产地）
29	从动台车装置（4038）	低缆主塔前轨
30	减速电机	高缆主塔，副塔水平轨，低缆主塔水平轨，高缆平衡台车，低缆主塔前轨，低缆主塔后轨
31	旋转编码器	
32	行程开关	
33	无线电台	
34	电台天线	
35	工控机总成	
36	操作手柄左右总成	
37	行走变频器	
38	行走变频器制动单元	
39	制动电阻	
40	IGBT 组件	
41	熔断器	
42	熔断器	
43	主控板	
44	通信板	
45	测速板	
46	光纤转换板	
47	CDP-312R	
48	UPS	
49	PLC 模块	
50	接近开关	
51	控制变压器	
52	无线以太网	
53	光端机	
54	远程通信模块	
55	空调	
56	凸轮限位	
57	凸轮限位	
58	起重小车终端无线	
59	指示灯	
60	按钮	
61	中间继电器	
62	主断路器	

续表

序　号	项　目	备注（使用部位或产地）
63	低压断路器	
64	交流接触器	
65	热继电器	
66	通信电缆卷筒滑环	
67	主塔、副塔电缆卷筒滑环	
68	主上机电缆	
69	副塔、平衡台车上机电缆	
70	光纤	
71	高压电缆头	
72	摄像头	
73	电池	
74	上机专用通信电缆	
75	DP 电缆	

表 5.5-4　运行单位自购机械备品备件

序　号	项　目	备注（使用部位）
1	钢丝绳	辅助绳检修用
2	钢丝绳卡	检修用
3	导向开口滑轮	检修用
4	卸扣	检修用
5	大罐吊绳	HG9 型吊罐
6	手动换向阀	HG9 型吊罐
7	蓄能油缸	HG9 型吊罐
8	弧门油缸	HG9 型吊罐
9	蓄能油缸修理包	HG9 型吊罐
10	弧门油缸修理包	HG9 型吊罐
11	钢丝绳座合成材料套	HG9 型吊罐
12	承马压轮	承马配件
13	承马牵引摩擦轮衬套	承马配件
14	承马提升托轮	承马配件
15	承马行走轮摩擦片	承马配件
16	蝶簧	承马配件
17	承马承载索托轮	承马配件
18	承马链条张紧轮	承马配件

表 5.5-5 运行单位自购电气备品备件

序号	项 目	规 格	备注（使用部位）
1	塔头检修吊电机	2 kW	
2	风速仪	FA213+FA130	
3	提升载荷传感器	ZT-30+4-20 mA	
4	卷扬机凸轮控制器	ZL-1046	
5	机房检修吊控制盒		检修吊
6	塔头检修吊控制盒		检修吊
7	提升减速器油泵电机	Y2112M-4	
8	牵引减速器油泵电机	Y2100L2-4	
9	提升电机滤网		
10	牵引电机滤网		

5.5.3 使用管理

（1）建设管理单位对到货的备品备件及时验收，建立专项台账并妥善保管，由使用单位按程序调拨使用。对于现场应急使用的备品备件可简化领用程序，后续补办调拨手续。

（2）在缆机主副塔设置备品备件二级库，主要存放易损、常用的备品备件。建立台账，按周对备品备件的消耗和库存进行统计上报。

（3）对易损件的更换由监理工程师确认，更换后进行详细记录。

（4）建设管理单位库存备品备件清单与运行单位及运行监理信息共享，及时核对。

5.5.4 运行单位库存备件折价回购

建立缆机未使用的备品备件回购核销管理制度，缆机拆除退场前，对运行单位采购的未使用的新备件由建设管理单位按照采购单价折价回购，避免运行单位因考虑成本而出现未备足备件或某些达到报废标准零部件仍超时使用的现象。

5.6 安全管理

5.6.1 安全管理难点

白鹤滩水电站缆机群运行管理主要面临以下难点：

（1）施工任务重：白鹤滩水电站大坝坝体自2017年4月正式开始浇筑，平均每月吊运混凝土大于15万 m³，浇筑高峰期平均每月浇筑量超过22万 m³，按高峰期浇筑量计算，每台缆机平均每天需吊运116罐混凝土入仓。此外，缆机还需承担金属结构吊运和安装、辅助设备吊运及材料吊运等工作，使用频率高、强度大、任务重。

（2）施工工况多：按缆机起重小车运行位置，缆机的运行工况分为正常工作工况和非正常工作工况；根据缆机吊物特性，分为混凝土浇筑吊运工况、零活辅助吊运工况和抬吊工况；根据高低线平台，分为高缆、低缆运行和高低缆联合运行工况；根据缆机运行数量，分为单台缆机运行和多台缆机联合运行工况。

（3）施工风险大：白鹤滩大坝分为 31 个坝段，要按期完成浇筑任务，大部分时间须两仓或三仓同浇。多仓同浇时，为保证混凝土浇筑质量，需 7 台缆机同时配合浇筑。缆机与大坝仓面塔吊之间存在交叉作业，增加了吊罐与塔吊的碰撞风险。

（4）自然环境复杂：白鹤滩气候条件恶劣，7 级以上大风多年平均小时数为 2317 h。其中，7 级风多年平均小时数为 1308 h，8 级风多年平均小时数为 726.6 h，9 级风多年平均小时数为 232.8 h，10 级风多年平均小时数为 44 h，11 级风多年平均小时数为 4 h。白鹤滩工程坝址河段，不同位置、不同高程处，风速、风向差异极大，对缆机的安全运行挑战巨大。

综合以上因素，白鹤滩大坝施工缆机运行存在着诸多安全风险，安全措施不到位，会极大影响大坝施工安全及效率。

5.6.2 风险分析及防控

缆机的运行风险及安全隐患主要受到人的因素、设备的因素、环境因素和管理因素等因素的影响，且各因素相互影响，相互制约。在缆机的安全管理中，详细分析各因素对缆机运行的影响，在此基础上制定相应的管控措施，并严格执行。在工程总体施工管理过程中应综合统筹考虑缆机运行条件，均衡合理安排生产，给缆机创造良好的运行环境，提高缆机的运行安全性。

5.6.2.1 人的因素

人是生产活动中最活跃、最具潜力的因素，但同时也是最不稳定的因素，在缆机运行中"人"的安全意识和认知是降低安全风险的关键。缆机的运行操作、指挥及检修维护对人员的操作技能、注意力、判断力、反应力、精神状况和心理素质等都有很高的要求。

采取的主要措施有：

（1）加强风险因素的认知教育，提高应对能力。加强安全教育和技能培训，所有司机及指挥人员必须持证上岗。暂未取证的操作司机和信号指挥人员必须签订师徒协议，不允许单独操作，操作时须有师傅在场监控。

（2）执行带班制，运行值班队长（副队长）加强巡视检查，对复杂作业面重点防控，对报话员及操作司机的违章作业及时提醒或纠正。

（3）定期组织体检，注意运行人员的身体、精神和心理状况，身体状况异常者禁止上岗。

（4）研发应用司机疲劳辨识警示系统和目标位置保护系统。

5.6.2.2 设备因素

主要包括缆机设计缺陷、制造缺陷、安装缺陷、设备故障、机械磨损、材料疲劳、安全保护装置失效、备品备件质量缺陷及设备维修保养不到位等方面的风险。

（1）采取的主要措施。

① 严格执行《白鹤滩水电站 30 t 平移式缆机安全操作和维护保养规程》，定期开展设备检查，检查设备状态、机械磨损状态、安全保护装置状态等，定期对重要结构件和焊缝

进行检测，对设备故障和缺陷等做到及时发现及时处理，保证缆机始终处在最佳运行状态。

② 加强备品备件采购质量管控，加强维修和保养过程管控及检查。

③ 制定起升绳和牵引索更换临控标准，研发应用轴承温度在线监测系统，设置吊钩平稳提升控制系统。

④ 通过技术改造，提高缆机运行的安全性，如对吊罐的改造、减速器强制润滑管路、电气室降温等技术改造。

（2）关键部位防控要点案例。

① 承载索：对同一捻距内同一根钢丝出现 2 个断丝点的，将断点间的钢丝挑出，断口部位承载索采用钢丝箍紧，钢丝断口用砂轮修磨，确保断口处钢丝略低于周边钢丝。修磨后拆除所箍的钢丝，断口间的缝隙用 MoS_2 锂基脂封闭，防止雨水浸入。

对一个捻距内出现 1 个断点的，断口部位用钢丝箍紧后，因断口钢丝收缩形成的缝隙的两端用砂轮修磨，确保断口处钢丝略低于周边钢丝，修磨后拆除所箍的钢丝，断口缝隙处用 MoS_2 锂基脂封闭，防止雨水浸入。

断口处的缝隙做好记号标记，以备后期观察监护。加强对承载索断丝部位的观察，如有发展和变化及时向承载索制造厂家通报，寻求承载索制造厂家的技术支持。

② 起升绳和牵引绳：钢丝绳更换除按照《缆机钢丝绳更换临控标准的通知》执行外，如果出现聚集断丝（半个捻距同股断相邻 3 丝及以上或相邻 2 股各断丝 2 丝及以上）和断丝陡增（7 天统计周期内断丝数量呈几何倍数增长）也应更换。

5.6.2.3　环境因素

环境因素主要是自然环境和施工环境，其中，自然环境因素主要包括大风、高温、雷雨及地震等方面的风险；施工环境因素主要包括多标段多单位施工协调、多工种交叉作业、多设备干扰、高空作业和施工作业面复杂等方面的风险。

采取的主要措施有：

（1）自然环境。委托专业机构，邀请专家指导开展白鹤滩大风条件下缆机运行专题研究，制定大风条件下安全运行规定。委托有资质的单位对缆机接地系统进行每年不少于 2 次检测，加强雷暴天气的预报预警。极端天气下的运行按照《极端天气现场处置方案》执行，定期组织开展应急处置预案的宣传培训和应急演练。恶劣天气下安全运行防控要点有：

①对视线有影响的雾天：报话员到位后及时与司机联系，再次核对吊钩、大车、起重小车位置参数，在确定无误后方可进行低速单动作运行，禁止联动操作。同时在缆机运行区间内增加监护人员，增加报话频次。

②雷雨天气：在雷雨天气来临时，根据现场情况，缆机运行协调小组依据天气预报结合天气变化情况及时研判，当雷雨可能对缆机运行有造成损害的风险时，及时安排停机，由当班队长按规定的程序执行停机操作。

③高温天气：制订夏季高温防暑计划，组织采购防暑降温食物及药品，以及做好高温天气应急救援工作的指挥、协调预案。

④大风天气：建立由气象中心、建设管理单位、监理单位、运行单位和缆机司机等组

成的大风预警信息通报机制。施工区大风信息通报流程如图 5.6-1 所示，现场大风信息缆机通报流程如图 5.6-2 所示。

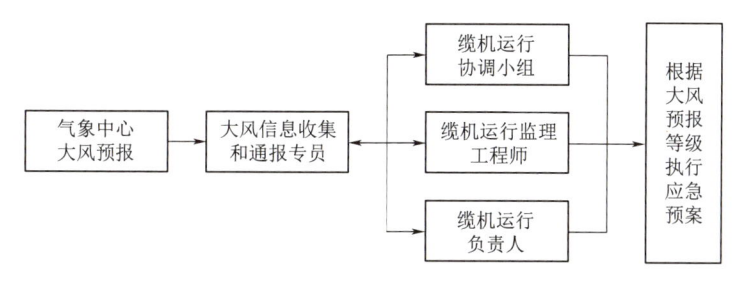

图 5.6-1　施工区大风信息通报流程

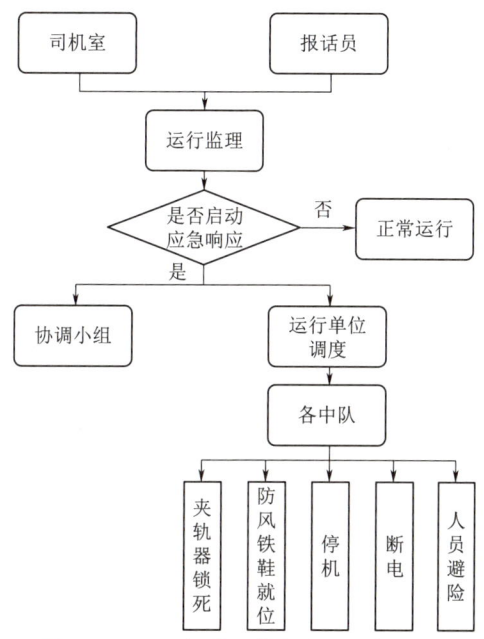

图 5.6-2　现场大风信息缆机通报流程

注：应急响应解除流程同上，逐级解除。

大风条件下缆机运行间距按照《白鹤滩水电站大坝工程缆机运行防碰撞安全管理规定》所要求的大风条件下缆机运行间距规定执行，见表 5.6-1。

表 5.6-1　大风条件下缆机运行间距规定

风速/(m/s)	浇筑作业	维护检修	吊零	承载索间距/m
≤13.8	正常运行	正常进行	正常进行	按说明书要求
≤17	正常运行			≥14.6
≤18	停止大车运行；停止结构复杂或狭小仓浇筑	停止	停止	≥15.2
≤20				≥16.8
≤21				≥18
>21	停止			停车避险

根据缆机自身抗风设计标准，结合白鹤滩缆机在大风条件下运行试验中实测的具体数据分析研究，对缆机在不同风力条件下的运行工况进行划分，并制定应急响应等级，见表5.2-2。

（2）施工环境。缆机运行区域各施工标段间签订《交叉作业安全生产管理协议》和《突发事件应急救援互助协议》，明确各方安全管理责任和要求。制定《缆机运行防碰撞安全管理规定》，复杂仓面安全保障规定。建立缆机运行调度沟通协调机制，研发应用设备防碰撞系统、目标位置保护系统等。

5.6.2.4 管理因素

管理风险主要包括制度不完善、执行不到位等方面的风险。

采取的主要措施有：

（1）制定《缆机维护保养和检修及运行管理办法》《缆机运行防碰撞安全管理规定》和《缆机司机安全操作规程》等管理制度和操作规程10余项，过程中不断修订完善。

（2）加强对缆机管理制度和操作规程的宣传贯彻培训。

（3）设置分管安全负责人，配足专职安全管理人员，落实缆机司机2h轮换工作制度。

5.6.3 避让原则

缆机群运行过程相互避让按如下原则执行：

（1）非浇筑作业缆机应主动避让浇筑作业缆机。

（2）协同作业缆机应主动避让主浇筑缆机。

（3）浇筑单仓的缆机应主动避让浇筑多仓的缆机。

（4）进仓缆机应避让出仓缆机。

（5）多台缆机浇筑同一仓面并进行条带覆盖时，进度较慢的缆机优先进入。

（6）卸料点设置警示标志，其他设备禁止进入。

（7）高低缆避让时不允许吊重（含空罐）跨越。

5.6.4 大风条件的运行规定

通过在缆机运行区域的河谷断面进行风场测试及此条件下吊罐摆动试验，获得风速和摆动幅度数据。根据该试验成果，有针对性地制定了大风条件下的缆机安全运行规定，主要内容有：

（1）以3号缆机副塔风速测速点的数据作为风速的标准值，以每分钟出现3次及以上的风速峰值作为指令依据。

（2）大风条件下运行一般规定如下：

①浇筑混凝土时吊罐入仓和出仓遵循"高进低出"原则，即以联动方式操作，在入仓时以高位弧线轨迹运行，出仓时以低位弧线轨迹运行，以保证相邻缆机空罐与重罐运行轨迹在空间上错开避免碰撞。

②相邻缆机禁止同进同出，避免碰撞。

③金结设备和部分迎风面积较大的大件设备吊运时，相邻缆机需避让。

(3) 大风条件下缆机运行间距要求如下：

缆机运行初期，相邻缆机运行间距按空罐平均摆距测试值的 2 倍运行，通过大风天气的实际运行，就浇筑工况下大风对缆机运行的影响进行了进一步的验证试验。根据试验结果，对缆机的安全运行间距进行优化，即以各风速下空罐平均摆距测试值的 1.6 倍作为安全距离，缆机安全运行间距见表 5.2-1。

(4) 各风速条件下缆机吊零及复杂狭小仓面的混凝土浇筑运行原则为：

①当风速小于等于 10.7 m/s 时，缆机可正常运行。

②当风速为 10.8~13.8 m/s 时，暂停大件吊装及多卡模板吊运作业，其他作业可正常进行。

③当风速为 13.8~17.1 m/s 时，应停止大型模板等迎风面积较大物品的吊装作业。

④当风速为 17.1~20.7 m/s 时，停止缆机大车运行机构运行，停止结构复杂或狭小仓面的混凝土浇筑，停止吊零，增加卸料点卸料司机人数，增大设备避让距离。

⑤当风速大于 20.7 m/s 时，停止一切吊装作业，缆机进入避险状态，并按规定的响应机制及安全措施做好应急避险工作。

5.6.5 缆机防碰撞管理

设备防碰撞是缆机安全管理的重点。白鹤滩缆机碰撞风险主要有：同平台及不同平台相邻缆机间的碰撞，缆机与其运行范围内的塔机、门机、吊车、振捣平仓设备，以及栈桥模板等设备设施之间的碰撞等。

5.6.5.1 建立三级通报制度

为确保各设备间的安全运行，制定施工区《白鹤滩缆机防碰撞管理办法及"三级通报"制度》，在存在干扰时进行通报，明确双方设备运行的时段、部位、高程、运行轨迹等信息，待双方确认避让措施后方可运行。设备防碰撞管理通报流程如图 5.6-3 所示。

5.6.5.2 研发防碰撞系统

设计研发安全管理系统，建立系统服务器，设计研发防碰撞系统。通过数学计算建立三维模型，采集各防碰撞系统涵盖的设备动态数据，以动画的形式实时显示各设备的位置和工作状态。全程监控缆机和其他施工设备的运行，及时掌握各设备相互位置关系和运行动态。当设备之间出现干扰时，缆机司机室及安装在其他设备的报警装置发出报警，缆机减速直至停机，可有效避免设备间发生碰撞。

5.6.6 异常情况处置

(1) 大风雷雨天气时按预定方案进行应急处置，应及时切断司机室电源。缆机在运行中突遇停电，要关闭所有电源，并将操作手柄回零，同时及时报告当班负责人。

(2) 缆机在运行中突遇指挥信号不明，长时间没有指挥信号时，应及时将操作手柄回零。

(3) 缆机在运行中，遇意外突发事故，应立即按操作台上的急停按钮，切断总电源。

(4) 缆机在运行中，一旦发现控制台上的某个报警灯闪烁，操作司机必须停止任何操作，并立即报告当班负责人或检修电工，未得到检修电工许可，不得将报警信号重新复位。

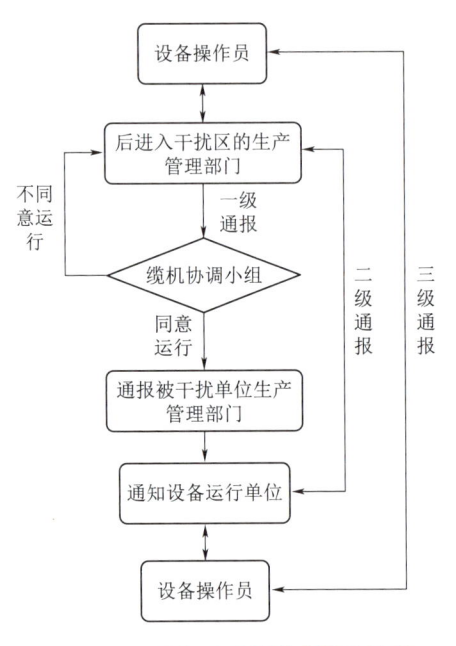

图 5.6-3 设备防碰撞管理通报流程

5.7 缆机运行效率提升

为优化缆机及配套设备的运行，提升缆机运行效率，通过对初始运行阶段缆机运行各环节时间进行统计分析，找到对缆机运行效率有影响的环节及因素，制定应对措施，使缆机运行整体效率提升，满足大坝施工进度及质量要求。

5.7.1 数据采集与分析

（1）混凝土运输流程为：混凝土生产→水平运输→吊罐装料→重罐运输→仓面卸料→空罐回程。

（2）为精准分析缆机运行效率的影响因素，开发了缆机运行实时数据采集系统，通过集成吊钩及混凝土运输车辆的卫星定位信息、数据缓存、速度传感器、Wi-Fi/4G 通信等组件的数据，实时采集吊钩位置、吊钩运行速度、取料对接车辆、卸料耗时等信息。通过理论分析模型研究并结合现场的应用需求，反复进行归纳及总结，形成以数据采集、整体评价、环节分析、异常定位、资源优化为一体的缆机运行综合分析体系。

将缆机单循环分解为装料→吊运→对位→卸料→回程 5 个环节，对每个环节的用时进行统计分析，不仅能反映缆机运行自身效率，还能反映混凝土生产的水平运输和仓面平仓振捣效率，有针对性地对每个环节进行研究，制定应对措施，从而提高缆机运行效率，进而提高大坝浇筑效率。缆机运行实时数据采集系统如图 5.7-1 所示。混凝土生产运输效率分析体系如图 5.7-2 所示。

第5章 缆机运行

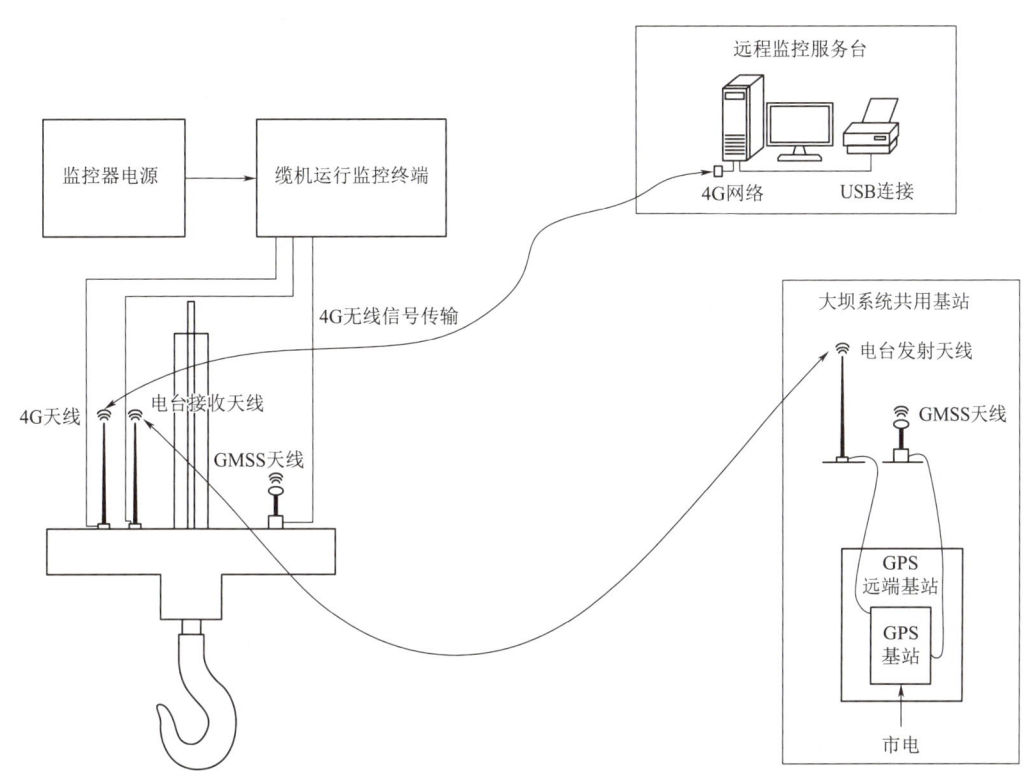

图 5.7-1 缆机运行实时数据采集系统

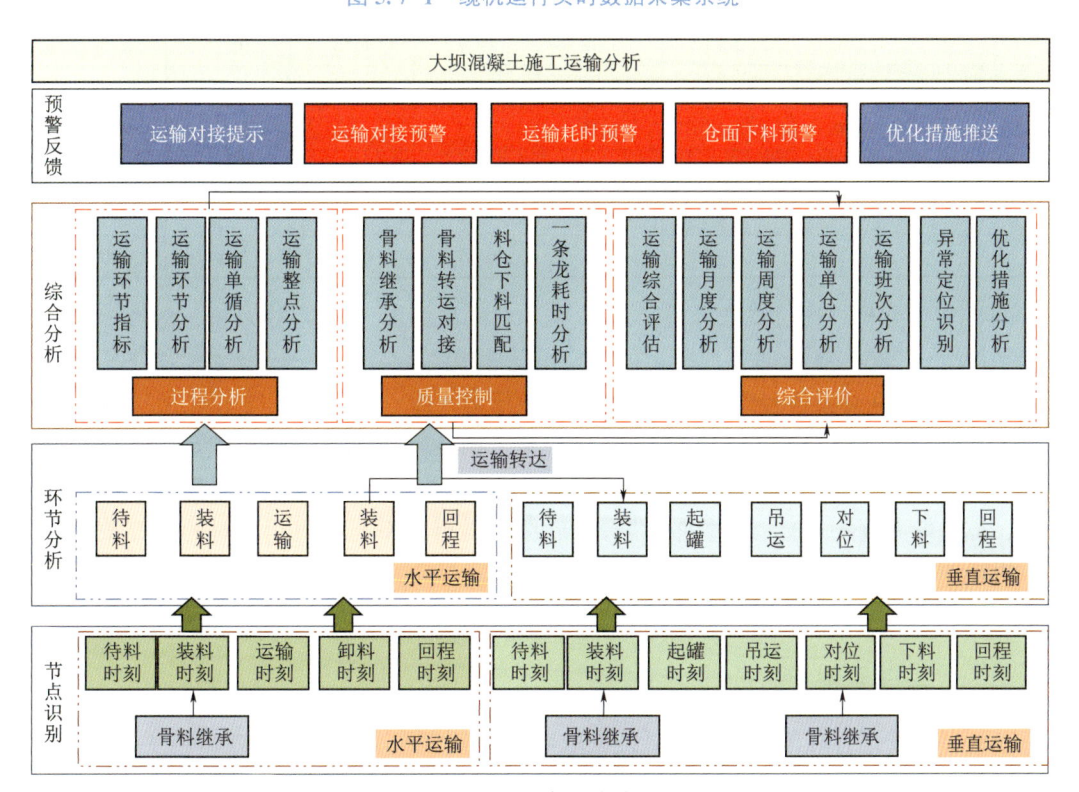

图 5.7-2 混凝土生产运输效率分析体系

（3）数据统计节录：2017 年各缆机混凝土吊运工作量统计见表 5.7-1，2018 年缆机运行时间统计见表 5.7-2。

表 5.7-1　2017 年各缆机混凝土吊运工作量统计

缆机编号	混凝土/m³	浇筑台时/h	小时罐数/(罐/h)
1 号	151 921	3353.75	5.03
2 号	168 503.5	3791	4.94
3 号	75 098	2185	3.82
4 号	132 854.5	2739.75	5.39
5 号	153 628	3281.5	5.20
6 号	118 901	2870.75	4.60
7 号	52 792	1810.5	3.24
合计	853 698	20 032.25	32.22
平均	121 956.86	2861.75	4.60

表 5.7-2　2018 年缆机运行时间统计

时间	待料/min	装料/min	吊运/min	卸料/min	回程/min	单循环/min	小时罐数/(罐/h)
2018 年 4 月	1.82	1.36	2.96	1.62	2.38	10.15	5.91
2018 年 5 月	1.52	2.08	3.35	1.08	2.15	10.18	5.9
2018 年 6 月	2.02	2.18	3.48	1.27	1.53	10.48	5.72
2018 年 7 月	1.88	1.84	2.68	1.46	1.52	9.37	6.4
2018 年 8 月	1.78	2.18	3.15	1.95	1.4	10.46	5.73
2018 年 9 月	2.68	1.2	2.92	0.99	2.47	10.26	5.85
平均值	1.95	1.81	3.09	1.40	1.91	10.15	5.92
方差	0.13	0.15	0.07	0.11	0.19	0.14	0.05

（4）数据分析。通过数据分析，2017 年 7 台缆机混凝土吊运量为 853 698 m³，每台缆机平均运行 2861.75 台时，混凝土的平均吊运速率约为 4.60 罐/h。

2018 年 4—9 月，各台缆机平均每小时浇筑罐数 6 罐，单循环平均用时 10.15 min，其中吊运和回程环节用时最多，平均 5 min，占整个循环时间的 49.3%；待料和装料平均用时 3.76 min，占 37%；卸料平均时长 1.4 min，占 13.8%。缆机空罐回程环节数据稳定性最差，方差最大（0.19）。经过进一步分析，缆机运行效率与缆机运行时的天气条件、缆机司机操作熟练度以及与指挥人员的协调默契程度等要素有关，可有针对性地制定改进措施。

5.7.2　效率提升措施

通过对现场运行环节数据采集系统获取数据的处理及分析，影响效率的主要因素有：仓面特性、运输车辆与拌和楼及缆机的匹配、仓面组织、司机的熟练程度、仓面指挥与报话员配合程度及天气等。

5.7.2.1 混凝土生产和水平运输

（1）提高水平运输供料效率。通过对缆机运行取料、吊运、卸料、回程和落罐全过程运行时间进行统计分析，如果没有待料时间的影响，缆机理论上可达到每小时 15 罐的浇筑效率。由此可知，待料时间是影响缆机浇筑效率的重要环节。

白鹤滩供料平台通过自卸车和侧卸车卸料试验对比分析，一个卸料循环中用自卸车卸料平均用时 31 s，侧卸车卸料平均用时 87 s。采用自卸车进行混凝土水平运输，可加快卸料速度。制定推行水平运输标准化，对自卸车进楼、装料、出楼、防雨防晒加盖、卸料准备、卸料过程和离开卸料区 7 个动作进行了标准化操作及用时规定，进一步缩短水平运输时间，提高对吊罐供料速度。自卸车卸料如图 5.7-3 所示。

图 5.7-3 自卸车卸料

（2）"楼""车""罐"优化配置。以"楼""车""罐"三者最优配置为原则，即混凝土在拌和楼拌制完成后车辆及时接料，缆机吊罐到达授料点时车辆具备卸料条件，吊罐入仓时仓面具备卸料条件。经分析和试验确认，1 台缆机固定 2 辆混凝土运输车，单仓浇筑时配置 2 座拌和楼；2 仓和 3 仓浇筑时配置 3 座拌和楼为最佳的配套方案。

（3）应用车辆识别系统。大坝混凝土浇筑仓内不同标号、级配混凝土更换频繁，为避免换料影响生产效率，在拌和楼上安装车辆识别系统，与自卸车上的混凝土配料识别卡相匹配，当仓面要料需求调整时，混凝土识别卡信息相应调整。车辆进楼前，车辆识别系统自动识别混凝土识别卡信息，引导车辆进入对应取料口，提高自卸车取料的效率，并保证供料准确。

（4）合理规划供料平台运输道路。对拌和楼至供料平台的道路进行统一规划和管理，重车、空车环线行驶，互不干扰，提升水平运输效率。

（5）混凝土检测快速取样。大坝混凝土生产需按规范要求的频次进行出机口拌和物取样检测，通过在取样部位安装快速取样装备，缩短取样耗时，减少对混凝土生产运输的干扰，进一步提高生产效率。

5.7.2.2 垂直运输效率保障措施

（1）提高人员待遇，保持运行人员稳定。

（2）针对不同仓面的特性，授料、吊运、卸料、返回、落罐五个环节，制定"缆机联动"标准化运行流程，提高混凝土运输效率。

（3）采用目标位置保护系统、防碰撞系统、司机疲劳辨识系统，提高设备本质安全，降低司机心理压力，提高缆机运行效率。

（4）严格按照规章制度进行维护保养，使设备处于良好的技术状况，提高设备可靠性。

5.7.2.3 优化缆机组合和卸料方式

1. 缆机组合

根据单仓最大面积、最小面积、孔口结构复杂性、不规则体型及岸坡坝段等不同特性，合理搭配入仓缆机台数和时机，通过"3+3"（2个浇筑仓，每仓3台缆机）"3+4""4+2""2+2+2""2+2+3""2+2+2+1"等不同缆机台数的优化组合，可实现7台缆机同时浇筑两仓或多仓，减少缆机间的相互干扰，发挥缆机群的最大效率。

精准备仓与配仓，采用多仓同浇、无缝转仓方式，形成"两浇、两待、四验"（2仓浇筑，2仓待浇、4仓处于验收状态）的备仓常态，具备能够实施3~4仓同时浇筑条件，以最大化利用人、机、材等资源。

2. 卸料方式优化

通过优化仓面工艺设计，浇筑资源标配化，浇筑组织规范化，提高缆机浇筑效率。利用多台缆机进行混凝土浇筑，采用条带平铺法施工，即分区分条带，下料定点定线、有序平仓、楔形推进、翘尾料头、及时振捣，跟进覆盖保温被的一种大仓面条带平铺法浇筑方式。单个条带配置1台缆机、1台平仓机、1台振捣台车。

混凝土浇筑实施条带浇筑时，如果是要求同一缆机分别到不同浇筑分块部位进行卸料，这种卸料方式由于转换分块时走大车，就会大大增加吊运时长、降低运行效率。通过缆机报话员进仓就近指挥，仓内混凝土卸料指挥人员与仓内报话员及时沟通，提前告知下一罐的卸料位置，尽量调整为同一台缆机浇筑同一个分块，并提前确定下一罐料的位置，将缆机的大车运行耗时穿插在空罐返程运行过程中。

缆机吊罐入仓后，要求一次将料卸完，避免仓内二次卸料。

原则上卸料时不允许走大车和小车（钢筋密集处、小结构部位例外），卸料位置有细微偏差，利用平仓机进行处理。

复杂部位浇筑时，拆除下料点部位横缝模板，搭设授料斗、溜槽等辅助入仓手段。

大风季节低坝块浇筑时提前吊离跨仓交通栈桥，保证缆机吊罐与栈桥间有足够的安全运行距离。

5.7.2.4 指标管理

根据年度混凝土浇筑计划，确定缆机不同吊运任务及维修保养的控制时间比例，制定"平均台时入仓强度保证指标、吊运混凝土利用率保证指标、吊运零星材料利用率控制指标、闲置率控制指标、单台缆机正常月维护保养时间控制指标、缆机故障率控制指标"。建立红牌和黄牌警告制度，实现指标化管理。

根据每日浇筑强度计划，组织"日碰头会""仓前会"，分解浇筑指标到各台缆机，责任到人。对班产未达标的采用"说清楚"的"问责"制度，找出问题根源，制定相应解决措施，保证小时、班、日浇筑达到计划的强度，进一步提高缆机浇筑效率。

5.7.2.5 信息化管理

充分利用现有的智能大坝建设及计算机信息管理系统，实现智能大坝信息管理系统与缆机运行系统对于缆机吊钩位置等信息数据的共享，及时掌握缆机群相互位置关系和运行动态，便于对缆机进行全面调度；研发缆机目标位置保护功能，开发缆机与缆机、缆机与塔机的防碰撞系统，降低缆机碰撞风险，提升缆机运行效率。

5.7.2.6 司机室优化布置

通过对缆机混凝土吊运的各环节分析，回程中的落罐操作稳定性差。为解决此问题，在司机室的位置布置中以改善司机目视条件为原则，动态调整司机室布置位置和方式，以改善操作司机的目视条件，提高吊运效率。

1. 动态调整司机室布置位置和布置方式

缆机安装调试期间，坝肩开挖尚未完成，坝肩无布置司机室位置，司机室临时布置在缆机安装平台，吊零时视线良好。

坝肩开挖完成，左岸坝肩坝顶高程平台形成后，依地形条件将缆机司机室调整到该平台，沿边坡布设，按高低双层布置，使高低缆司机对供料平台和仓面均有较好的视野，便于提前进行跟钩、稳钩和落罐预判，提升缆机运行效率，司机室双层布置如图 5.7-4 所示。

图 5.7-4 司机室双层布置

大坝的垫座层施工完成后，有了视野更好的司机室布置位置，将司机室调整为同平台布置，自江侧开始依次为 1~7 号司机室，同平台司机室单层布置如图 5.7-5 所示。

图 5.7-5 同平台司机室单层布置

2. 增设副司机室

缆机浇筑低高程坝段，低线供料平台取料时，布置在高线的主司机室视线条件差，为此在低线供料平台上游侧增设 4 台副司机室，极大地改善了低线平台取料的目视条件，提高了缆机低线取料的浇筑效率，同时可降低安全风险。

副司机室和主司机室配置、点位、通信方式以及 PLC 和上位机地址完全一样。主副司机室互为闭锁关系，同一时间只能由一台司机室操作，地址互不冲突。为便于区分主副司机室，避免误操作，4 台副司机室编号分别为 A、B、C、D。副司机室可通用于高缆和低缆，副司机室操控分配方式为：A 司机室控制 1 号和 4 号缆机；B 司机室控制 2 号和 5 号缆机；C 司机室控制 3 号和 6 号缆机；D 司机室控制 2 号和 7 号缆机。

5.7.3 成效

通过采用以上效率提升措施，缆机群运行效率有了明显的提升，吊罐的吊运环节平均时间由原 3.09 min 减少到 1.51 min，平均小时浇筑混凝土的吊罐数由 4.60 罐/h 提高到 7.33 罐/h，最高达 8.87 罐/h，效率平均提升 23.8%，平均利用率超过 70%，缆机使用高峰期月平均利用率 86%。

2019—2020 年白鹤滩大坝浇筑高峰期，单台缆机的浇筑效率基本稳定在 10 罐/h 左右。优化后的缆机运行效率统计见表 5.7-3，高峰期缆机周运行效率统计见表 5.7-4。

表 5.7-3 优化后的缆机运行效率统计

时间	待料/min	装料/min	吊运/min	卸料/min	回程/min	单循环/min	小时罐数/(罐/h)
2018 年 10 月	2.08	1.15	2.55	0.72	1.75	8.25	7.28
2018 年 11 月	1.75	1.64	2.41	0.61	1.11	7.51	7.99
2018 年 12 月	2.52	0.84	2.25	0.95	2.54	9.11	6.59
2019 年 1 月	2.34	0.77	1.35	0.68	1.92	7.05	8.51
2019 年 2 月	1.66	1.7	1.98	0.61	2.79	8.74	6.87
2019 年 3 月	2.53	0.7	1.82	0.57	2.06	7.68	7.82
2019 年 4 月	2.33	0.84	1.21	0.64	1.74	6.77	8.87
2019 年 5 月	2.46	0.68	1.62	0.74	2.11	7.6	7.9
2019 年 6 月	2.41	0.71	1.58	0.78	2.09	7.58	7.91
2019 年 7 月	2.53	0.74	1.58	0.74	2.17	7.77	7.72
2019 年 8 月	2.67	0.73	1.48	0.94	2.06	7.87	7.62
2019 年 9 月	2.55	0.73	1.39	0.83	2.01	7.5	8
2019 年 10 月	2.57	0.76	1.48	0.92	2.03	7.75	7.74
2019 年 11 月	2.29	0.84	1.25	0.94	1.88	7.2	8.33
2019 年 12 月	2.36	0.94	1.23	1.06	1.97	7.56	7.94
2020 年 1 月	2.51	0.89	1.26	0.98	1.96	7.59	7.9

续表

时间	待料/min	装料/min	吊运/min	卸料/min	回程/min	单循环/min	小时罐数/(罐/h)
2020年2月	2.61	0.81	1.42	1.05	1.93	7.83	7.66
2020年3月	2.6	1.07	1.28	1.06	1.84	7.85	7.64
2020年4月	2.88	0.88	1.19	1.47	1.39	7.81	7.68
2020年5月	2.8	0.89	1.26	1.47	1.46	7.87	7.63
2020年6月	2.82	0.93	1.25	1.34	1.5	7.84	7.65
2020年7月	2.92	0.96	1.27	1.42	1.49	8.06	7.44
2020年8月	2.98	1	1.26	1.6	1.46	8.3	7.23
2020年9月	3.1	1.07	1.21	1.52	1.43	8.33	7.2
2020年10月	3.07	1.03	1.12	1.49	1.4	8.12	7.39
2020年11月	3.22	1.1	1.15	1.72	1.62	8.81	6.81
2020年12月	3.25	1.25	1.35	1.87	1.73	9.45	6.35
2021年1月	3.3	1.24	1.67	2.88	1.62	10.7	5.61
2021年2月	3.88	1.28	1.56	2.34	1.81	10.87	5.52
2021年3月	4.25	1.44	1.61	2.08	1.93	11.31	5.31
2021年4月	4.53	1.29	1.81	1.79	2.07	11.48	5.22
求和	85.77	30.9	46.85	37.81	56.87	258.16	227.33
平均值	2.77	1.00	1.51	1.22	1.83	8.33	7.33

表 5.7-4　高峰期缆机周运行效率统计

缆机编号	运量/罐	装料/min	吊运/min	对位/min	卸料/min	回程/min	单循/min	强度/(罐/h)
1号	976	1.18	1.78	0.8	1.19	1.39	6.34	9.46
2号	841	1.25	1.26	1.1	1.19	1.21	6.01	9.98
3号	752	0.94	1.3	1.46	1.21	1.67	6.58	9.12
4号	716	1.16	1.02	1.04	1.01	1.08	5.31	11.30
5号	709	1.22	1.53	1.21	1.31	1.12	6.39	9.39
6号	756	1.32	1.43	1.25	1.15	1.41	6.56	9.15
7号	641	1.44	1.46	1.35	1.15	1.58	6.98	8.60
平均值	770.14	1.22	1.40	1.17	1.17	1.35	6.31	9.57

由上述运行效率月度统计图可知，除2020年因仓面陆续封顶，仓面环境复杂，缆机的使用需求降低及运行安全等因素，缆机的运行效率降低较多外，上述措施对于缆机群整体效率提高的趋势明显。缆机运行效率月度统计如图5.7-6所示。

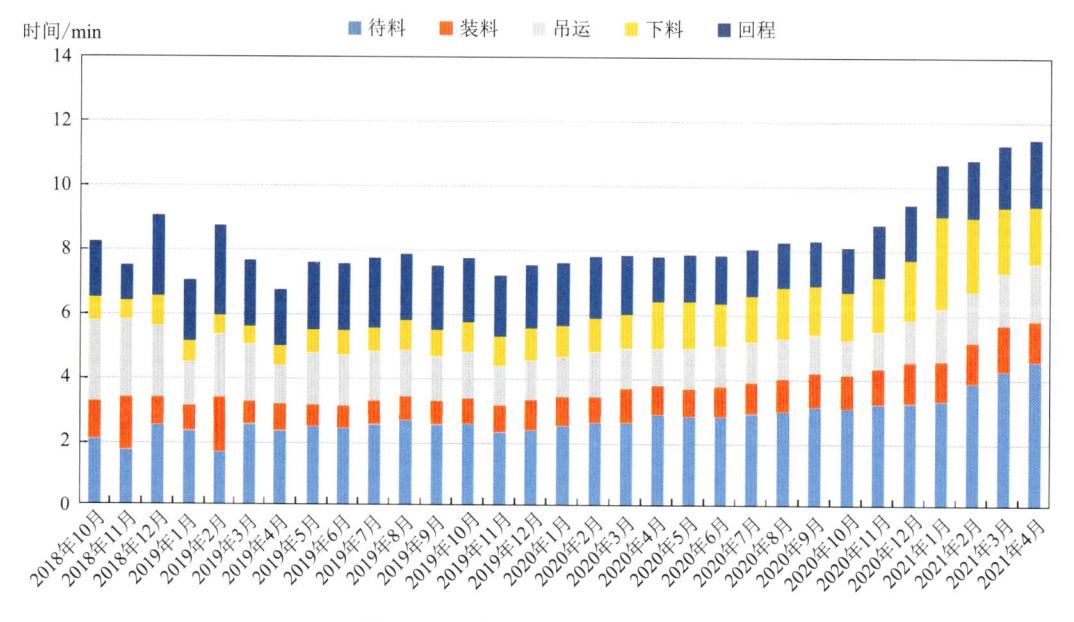

图 5.7-6　缆机运行效率月度统计

5.8　设备优化改进

5.8.1　电气设备运行环境改善

缆机电气室内布置有电气控制系统和驱动控制系统的主要设备，其内部布置的电气元件具有复杂、多样、发热量高等特点。缆机投运初期，司机室频繁显示"机房温度过高"的报警信息，甚至出现了系统保护性停机的现象，对缆机电气元件的使用寿命和缆机的正常运行有较大影响。

5.8.1.1　原因分析

（1）由于白鹤滩地区高温时段长，受到结构限制，缆机电气室布置在阳光易于照射的位置，夏季电气室内极端温度高达60℃。

（2）电气柜上方无排气孔，柜内高温气体无法及时排出。

（3）空调室外机布置于阳光直接照射处，散热不良，热交换效果差。

（4）空调制冷功率偏小，制冷能力不能满足要求。

5.8.1.2　优化改进

（1）根据缆机电气室外墙的结构形式，在距电气室外壁200 mm处加装了防晒隔热板，并在表面喷涂反光漆，同时在电气室顶部加装遮阳棚，避免阳光直射，阻隔部分外来热源。

（2）在电气柜顶部增加散热孔，将电气柜内热空气及时排出，降低柜内元器件核心区温度。

（3）在电气室顶部增设轴流风机，将电气室产生的热量及时排出，避免电气室排出的气体同空调进风形成混流，以降低空调的进气温度。

（4）将空调室外机移至机房腹部阴凉通风部位，提高空调的热交换能力。

(5) 主塔电气室内增设一台5匹（输入功率约4 kW）柜式空调，提高总体制冷能力。

(6) 电气室内增加温度传感器，通过温度传感器自动控制空调的启动和停机，从而控制电气室的温度，避免因昼夜温差过大而出现电气室有冷凝水现象。

5.8.1.3 应用效果

采取优化措施后，夏季电气室内部温度可降低至30℃以下，电气柜内元器件核心区温度降低至40℃以下，有效解决了电气室温度过高的现象。

5.8.2 吊罐优化改进

混凝土吊罐是混凝土专用运载工具，在落罐过程中同授料平台频繁碰撞，易造成罐体、弧门、托辊等部位的结构变形，甚至弧门因异常变形而自动打开。

5.8.2.1 弧门结构优化

将吊罐弧门扇形板连接销轴部位钢板厚度由原来的10 mm增加至30 mm。将下半部分扇形板改为三角箱梁结构，以增加吊罐弧门的强度及开闭稳定性，减少了弧门托辊固定螺栓的磨损，避免因落罐时的震动造成弧门开闭不畅。混凝土吊罐弧门优化前后如图5.8-1和图5.8-2所示。

（a）实物图　　　　（b）结构图

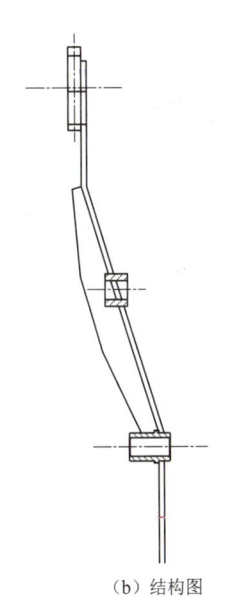

图5.8-1　混凝土吊罐弧门优化前

为避免吊罐因液压系统故障造成的弧门的意外开启而引发事故的风险，结合以往缆机使用吊罐的经验，在混凝土立罐弧门处加装机械自锁装置，如图5.8-3所示。

5.8.2.2 吊罐罐体优化改造

1. 锥段罐壁改造

原设计吊罐的锥段钢板厚度6 mm，Q235材质，钢板厚度较薄，强度较低。在使用过程中，该部位磨损变形较快，须对内壁贴焊衬板进行加厚处理。如果在现场处理，受现场施工条件和设备的限制，衬板无法卷制成标准的锥形体，衬板和原罐壁间必定存在间隙，

(a) 实物图　　　　　　　　　　　　(b) 结构图

图 5.8-2　混凝土吊罐弧门优化后

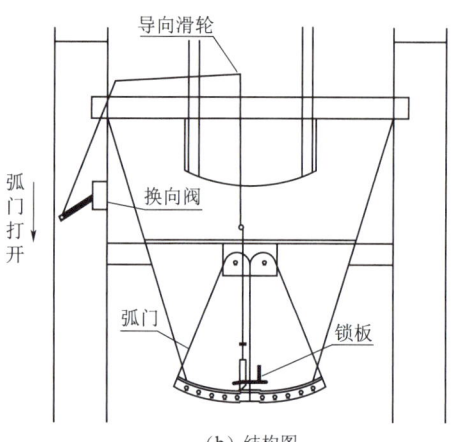

(a) 实物图　　　　　　　　　　　　(b) 结构图

图 5.8-3　吊罐自锁装置

图 5.8-4　罐体优化图

使得锥体段的补强效果受到影响。因此，需对原立罐锥段进行整体更换，采用 Q345B、厚度 16 mm 的钢板，在专业厂内加工成锥段管壁，并增加 1 道加强圈后，在现场与原罐壁焊接成形，如图 5.8-4 所示。

2. 弧门改造

原设计弧门板厚 12 mm，Q235 钢板，结构较单薄。改造方案将弧门主要受力的扇形耳板加厚到 20 mm，材质更换为 Q345B。为方便加工制造，将原冷弯结构改为焊接结构，并增加了加强筋板。弧门扇形耳板效果图和结构图如图 5.8-5 和图 5.8-6 所示。

图 5.8-5　弧门扇形耳板效果图　　　　　图 5.8-6　弧门扇形耳板结构图

3. 蓄能油缸优化

对蓄能油缸进行重新优化设计。

由于缆机为 A7 工作级别，故与之配套的混凝土吊罐的蓄能油缸使用频率非常高，使用过程载荷变化较大且存在较大冲击载荷。因此，蓄能油缸受力计算应区别于常规油缸，应考虑运行过程中的较大冲击载荷，需对结构进行加强。由此，蓄能油缸按承载 200 kN（额定载荷 150 kN）设计，并考虑相应的安全系数。无杆腔设有缓冲结构，减小冲击载荷。蓄能油缸所有原来使用铸件的零件替换为由优质碳素结构钢（45 号钢）组成的焊接件。油缸活塞在已有的承重螺纹上增加"锁紧螺母+紧定螺钉"，提高防松性能。

蓄能油缸下端盖连同下吊头与缸体为 45 号钢组成的焊接件。上端盖与缸体采用高强度螺钉在圆周上高密度均布的连接方式，螺钉拧入深度大于 2 倍螺钉直径。油缸上所有螺纹连接处均设置防松装置。蓄能油缸优化前后如图 5.8-7 和图 5.8-8 所示。

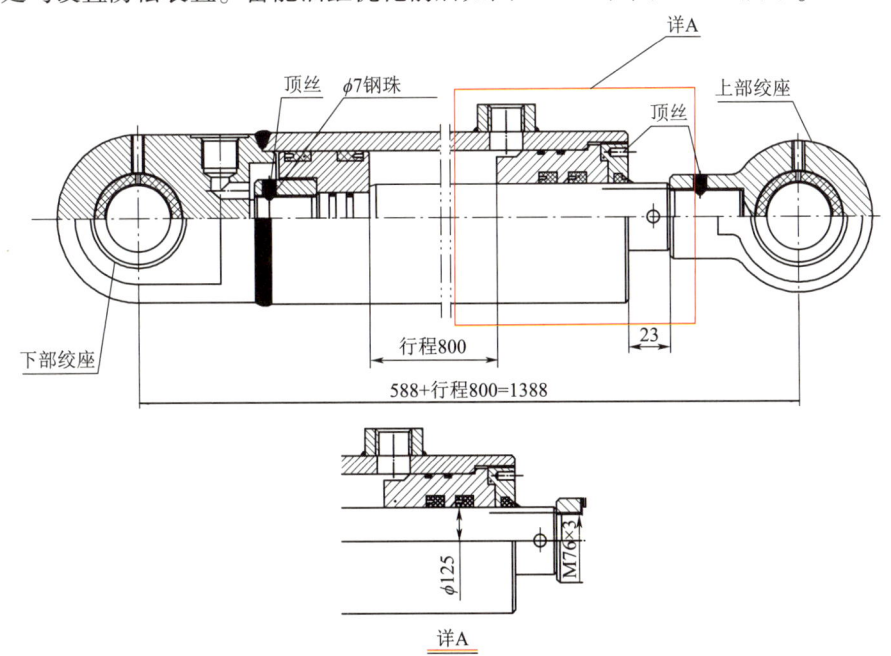

图 5.8-7　优化前的蓄能油缸（单位：mm）

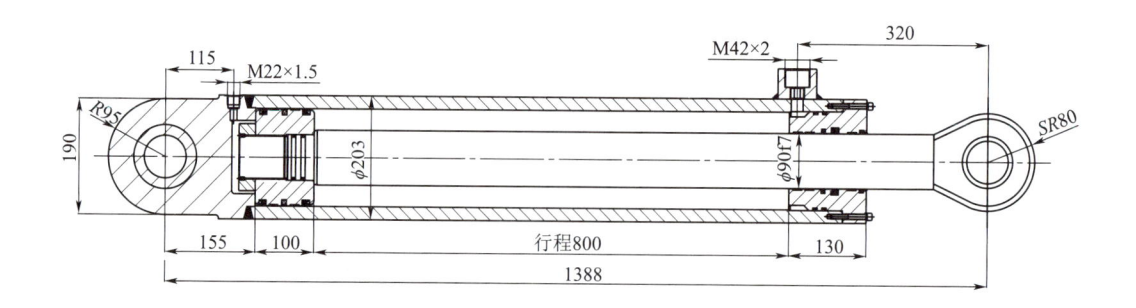

图 5.8-8　优化后的蓄能油缸（单位：mm）

经过优化改造，整个运行过程中吊罐未出现故障。

5.9　思考与借鉴

（1）运行队伍建设方面。缆机属于特种设备，其运行强度高、覆盖范围广、起升扬程大，施工安全风险较高，对缆机的运行维护人员的思想、技能及心理素质等方面要求较高，为确保缆机安全高效稳定运行，配备一支责任心强、专业技能娴熟、心理素质过硬、稳定的、成建制的运行管理队伍是必要的。

（2）缆机运行方面。开展了缆机标准化运行工作，确定了缆机群运行标准化流程，保证缆机运行规范化。

（3）设备维护方面。针对缆机群这类高风险特种设备，在运行维护方面，强化贯彻"以换替修、以改替换"的维护理念。当出现故障时对可通过更换零部件解决的以更换为主，对更换零部件后仍会存在隐患的进行技术改造，彻底消除隐患，以保证设备安全可靠，并可缩短故障处理的时间。

（4）维护保养制度落实方面。强制保养制度是保证设备持久正常运行的必不可少的手段。根据缆机运行经验，日保养时间通常可以得到保证，重点是确保周保养和月保养时间的落实。白鹤滩缆机在运行期间都保证了周保养和月保养时间的落实，生产与安排的检修时间有冲突时，周保养只能提前或滞后1天进行，月保养只能提前或滞后2天进行。

第 6 章　缆机拆除

缆机拆除面临上下层交叉作业，与电站主体建筑物干扰大等不利因素，是一项风险较高的施工作业。本章主要论述白鹤滩缆机拆除总体规划、拆除重难点、拆除安全技术要点及有别于安装逆过程的关键工艺。

6.1　拆除安排及基本要求

拆除顺序为先拆除低缆，后拆除高缆，这样可利用高缆协助进行低缆的拆除。拆除轴线利用原安装轴线，拆除顺序为先低缆 7 号→4 号，后高缆 3 号→1 号。

白鹤滩缆机拆除属于"超过一定规模的危险性较大工程"（即采用非常规起重设备、方法，且单件起吊重量在 100 kN 及以上的起重吊装工程），缆机拆除施工方案和专项安全措施编制完成后，按规定程序进行审查和审批。

所有构件均按设备的供货单元进行拆除，所拆除的设备进行必要的维护保养和包装后退库。

6.2　拆除准备

6.2.1　卷扬机及地锚布置

缆机拆除施工过程中，绳索系统的拆除和高缆 A 型塔架的下降均采用卷扬机设备，卷扬机设备固定在专用地锚上。考虑到缆机拆除过程为安装的逆过程，部分拆除所需的地锚可使用安装时地锚，根据需要增设新的地锚。高缆和低缆均需新增承载索导向地锚 1 个、承载索卷筒驱动装置地锚 2 个，主要用于承载索拆除过程中的导向回收。缆机拆除施工总平面布置如图 6.2-1 所示。

绳索系统及导向地锚须进行验算和检查，必要时进行补强。施工前对卷扬机所用地锚进行状态检查及受力校核，对新增地锚进行联合验收。所有地锚均须按相关标准的规定进行负荷试验，确认满足安全使用要求后方可投入使用。高缆和低缆拆除卷扬机平面布置如图 6.2-2 和图 6.2-3 所示。

6.2.2　辅助设施布置

在索道系统拆除施工中，存在高空坠物打击和坠落风险。为保证拆除轴线下方的施工道路车辆、行人安全通行，需要对拆除轴线下方的主要施工道路影响区域进行防护。

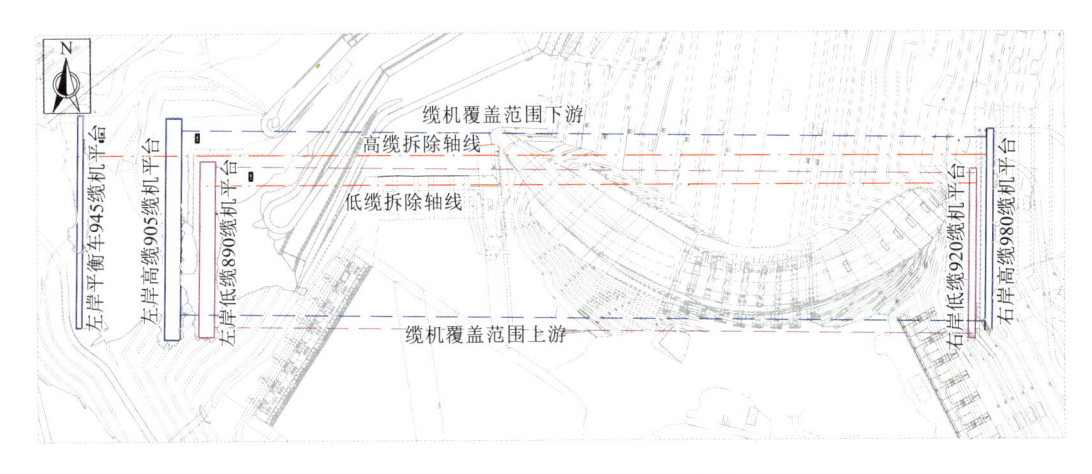

图 6.2-1 缆机拆除施工总平面布置

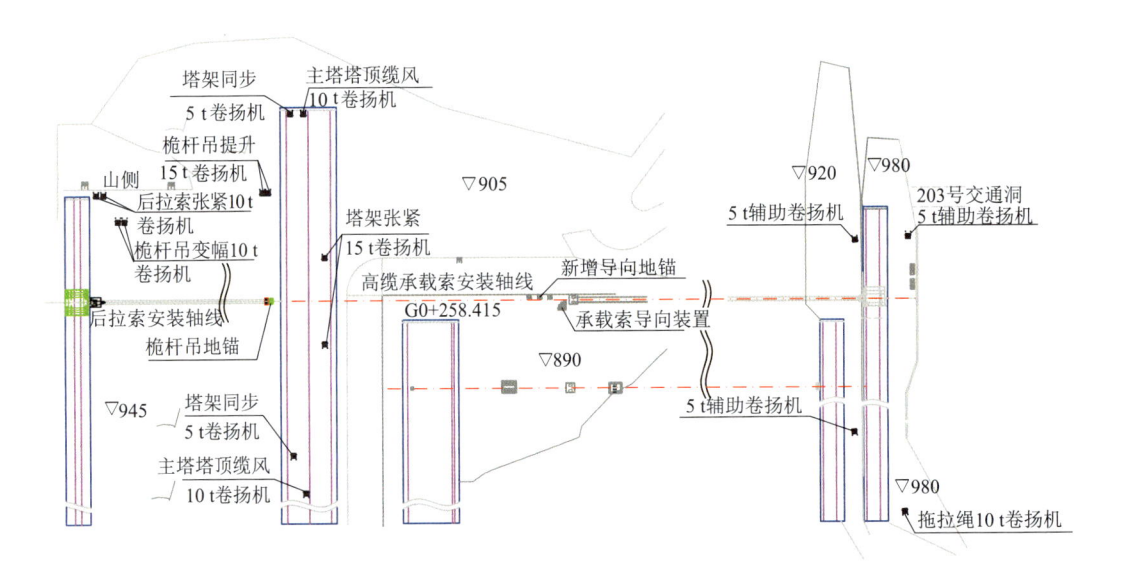

图 6.2-2 高缆拆除卷扬机平面布置（单位：m）

缆机拆除沿线工作面人员的避让、警戒及道路防护和通行协调是安全工作的重点，需提前办理避让面申请手续，做好拆除影响区域警戒。

缆机拆除前，将临时承载索中心线延长放点至缆机轨道并进行标注，以利于承载索轴线和临时承载索轴线的准确定位。

由于缆机拆除时大坝已浇筑到顶，缆机拆除用临时承载索与坝顶存在干涉，影响车辆通行，须在拆除轴线坝顶面（高缆拆除轴线在2号坝段处，低缆拆除轴线在4号坝段处）布置2个临时承载索支撑架，以保证坝面的交通通行不受影响。缆机拆除临时承载索支撑架如图6.2-4所示。

临时承载索支撑平台需坚固可靠，加设安全保护设施，并对坝顶及防浪墙加设木板进行保护，确保缆机拆除过程中，避免损伤和污染大坝混凝土。

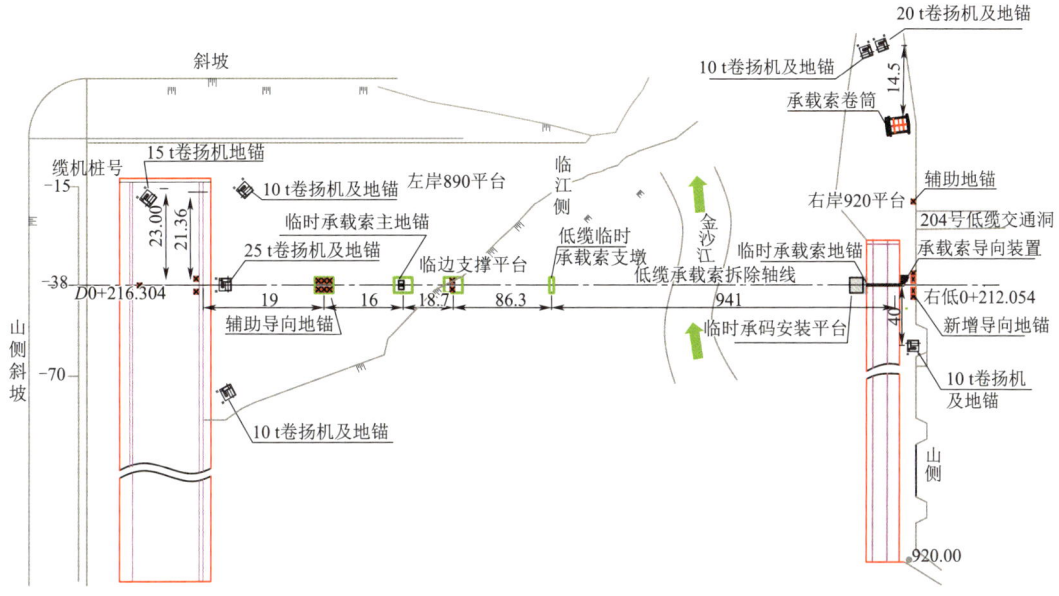

图 6.2-3　低缆拆除卷扬机平面布置（单位：m）

图 6.2-4　缆机拆除临时承载索支撑架

低缆承载索拆除过江采用从左岸至右岸的牵拉的方式，以便能够尽可能多地利用安装时所用的地锚，减少新地锚的制作，降低成本，且经过验算，牵拉卷扬机的牵拉力，满足承载索"从低往高"牵拉过江的要求；高缆承载索拆除过江采用从右岸向左岸牵拉的方式，由于临时承载索右岸悬挂点的高程比左岸高，可以降低承载索牵拉过程中的牵拉力。

低缆拆除施工前须布置承载索牵拉导向支承装置，并与地面插筋焊接固定。导向支承装置共布置有 5 组，分段支承承载索，以减少承载索与混凝土面的接触长度，从而减小滑动摩擦力，降低承载索牵拉过程中的牵拉力。导向支承装置如图 6.2-5 所示。

图 6.2-5　导向支承装置

6.3 缆机拆除

6.3.1 拆除流程

6.3.1.1 低缆拆除流程

低缆在原低缆安装轴线附近区域内拆除，按照安装过程的逆向流程进行。低缆拆除流程：准备工作（主要包括对所有需要利用的原有导向滑轮地锚和布置卷扬机的地锚进行拉拔试验，对使用的滑轮组、卸扣、钢丝绳等进行全面的保养与检查，拆除缆机使用的起吊设备性能及相关证件等检查）→卷扬机安装就位（根据拆除布置图标注的位置将卷扬机安装就位）→临时承载索的架设→拆除缆机提升绳及吊钩→拆除承马及牵引绳→拆除起重小车→临时承马安装→拆除承载索→拆除主副塔架及设备→设备维护保养→运输→退库。

6.3.1.2 高缆拆除流程

高缆同样在原高缆安装轴线附近区域内拆除。高缆拆除流程：准备工作（主要包括新增地锚安装，所有需要利用的原有导向滑轮地锚和布置的卷扬机地锚进行拉拔试验，使用的滑轮组、卸扣、钢丝绳等进行全面的保养与检查，拆除缆机使用的起吊设备性能及相关证件等检查）→卷扬机安装就位→桅杆吊安装及负荷试验→拆除提升绳及吊钩→拆除承马及牵引绳→拆除主塔机房及设备→临时承载索移位与架设→临时承马安装→副塔侧承载索从固定处放出→平衡台车后拉索索头从固定处放出→将A型塔架调整到垂直状态→安装塔架底梁支撑轮并加装配重→穿绕A型塔架自降钢丝绳并收紧→拆开底梁连接→A型塔架自降到51 m→桅杆吊抬吊梁与A型塔架连接并吊挂A型塔架→拆除自降系统→桅杆吊辅降A型塔架成水平状态→拆除承载索→拆除后拉索→拆除主塔、副塔及布置在上面的设备→拆除平衡台车→拆除司机室→设备维护保养→运输→退库。

6.3.2 重难点及安全技术要点

6.3.2.1 重难点

高缆拆除的重难点主要是A型塔架拆除时承载索、后拉索及塔架同步下降及其相互协调。高缆塔架总高102 m，自重达200 t，常规起吊设备无法直接拆除，需采用卷扬系统将承载索和后拉索随同主塔架一起进行自降，自降到51 m高度后，门型桅杆吊将塔架吊起，缓慢将塔架放低，直至将塔架放到轨道平面上，再收回承载索和后拉索。A型塔架下降过程中为保证其处于垂直状态，需使用18台卷扬机同步协调作业，协同操作难度大，安全风险高。

6.3.2.2 安全技术要点

1. 施工准备阶段

（1）缆机拆除属于高空特种作业，主要作业人员都须经过培训持证上岗。在项目实施前，进行全面安全技术交底，使施工人员充分了解缆机拆除方案、缆机结构及拆除说明书、国家有关起重设备安全强制规范及施工作业指导书等，熟悉安全技术措施，确保缆机拆除安全受控。

（2）缆机拆除涉及部件多，参与的起重设备、卷扬机、滑轮组、卸扣工器具都需经过受力安全性验算、检查和保养并进行验收。高空所用的防松、防滑和防坠工器具使用前都需进行检查、保养，并做好记录。

（3）两台自降卷扬机均需设置逆止器。

（4）桅杆吊安装完成后，按规范要求进行荷载试验。

2. 缆机拆除阶段

（1）拆除时卷扬机协同作业较多，卷扬机操作须统一指挥，动作协调准确。卷扬机工作时，卷扬机、滑轮组等重要设备均须安排专人监护，卷扬机司机不得离开工作岗位。卷扬机处于非工作状态时，切断电源，控制器要放回零位。

（2）绳索回收过程中，设置安全警戒区，布置安全警戒线，确保钢丝绳下方无车辆和人员逗留。

（3）高缆 A 型塔架自降和辅降时，实时检查塔架垂直状态和缆风钢丝绳的受力状态。

（4）塔架自降和辅降过程中，安排专人观察塔架、后拉索、承载索与缆风绳的状态及受力变化情况，如有偏差须矫正后再继续作业。

（5）塔架自降到预定高度时，对自降系统进行锁定，确保安全情况下，方可进行桅杆吊的挂装，待桅杆吊受力后，减少自降系统的受力，塔架高度降低至 51 m 后才能解除自降系统的受力并将其拆除。

（6）承载索牵拉过程中，降低索头重心，以提高承载索牵拉过程中的稳定性。对回收轴线上下游 50 m 以内的范围进行安全警戒。

（7）及时了解天气变化情况，遇到特殊天气条件，按相关预案规定执行。夜间及大风、大雨等不利于进行拆除作业的天气不允许进行施工作业。

6.3.3 索道系统拆除

索道系统拆除包括提升绳、牵引绳、承载索及后拉索等部件的拆除，缆机索道系统拆除为安装的逆向程序。索道系统拆除时将检修平台、起重小车、吊钩一并拆除。

6.3.3.1 提升绳拆除

提升绳拆除可利用主塔机房提升卷筒对其进行回收。低缆提升绳回收过程中，双层绕绳阶段提升系统排绳机构须采用手动驱动排绳滑轮的移动。低缆提升绳拆除示意图如图 6.3-1 所示。

拆除顺序：起重小车开至副塔→拆除主塔端 5 个承马→拆除副塔端 5 个承马→将提升绳在副塔的固定端拆开→绳头拉至起重小车上并固定→起重小车行走至主塔塔头→吊钩落至地面→绳头放下与地面卷扬机插接受力→提升绳回收至机房卷筒→提升绳从卷筒上退离→缠绕至卷盘、退库。

6.3.3.2 牵引绳拆除

牵引绳拆除采用牵引绳整体回收方式。拆除前由于副塔端 5 个自行式承马已拆除，空中无承托点，故在副塔检修平台前悬挂一个导向滑轮，以控制牵引绳垂度不至于过大而使其碰挂检修平台。绳索过江时，安排专人监护，防止垂度过低而对坝面有影响。牵引绳穿

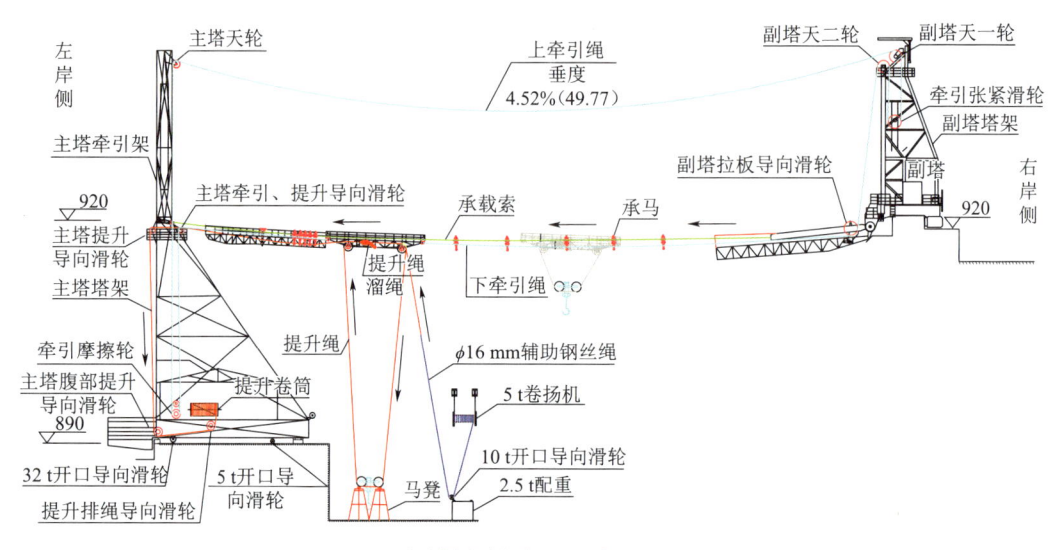

图 6.3-1 低缆提升绳拆除示意图（单位：m）

过的各牵引导向滑轮处，均由专人监控。

牵引绳整体回收拆除顺序为：起重小车在主塔侧锁定→通过牵引绳张紧装置放松牵引绳，增加牵引绳垂度→牵引绳上支在主塔侧临时固定→解除起重小车主塔侧牵引绳绳头与1号卷扬机连接→2号、3号卷扬机将起重小车副塔侧绳头放至地面，绳头与3号卷扬机连接→牵引绳回收（1号卷扬机回收，3号卷扬机施放），连接点到达副塔→6号卷扬机配合将副塔侧上支牵引绳放至固定式检修平台临时固定→退出6号卷扬机在塔架钢丝绳，重新穿过过索孔与上支牵引绳头连接→牵引绳继续回收（1号、3号卷扬机回收，6号卷扬机施放）→6号卷扬机钢丝绳临时锁定至主塔临边地锚→解除主塔架剩余牵引绳并回收至1号卷扬机→缠绕至卷盘、退库。低缆牵引绳拆除示意图如图 6.3-2 所示。

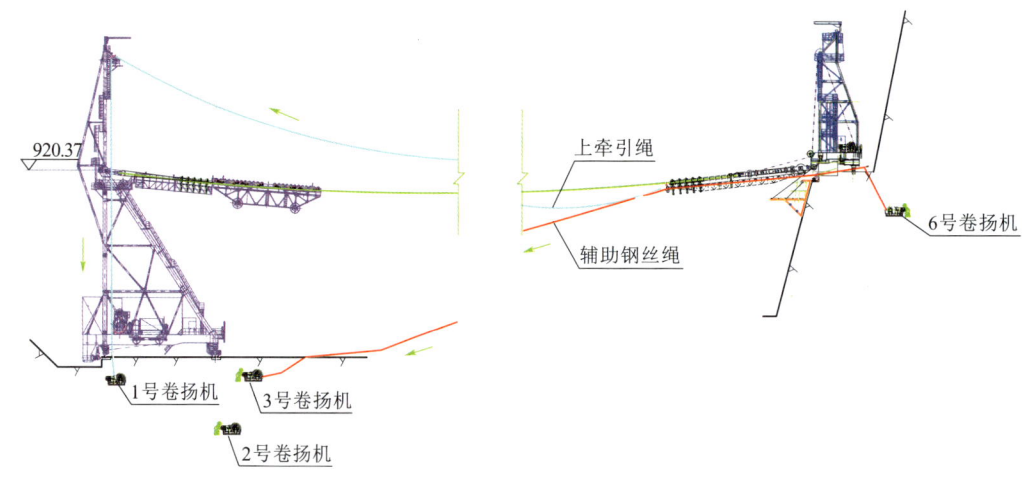

图 6.3-2 低缆牵引绳拆除示意图（单位：m）

6.3.3.3 主副塔检修平台、起重小车及主塔侧承马的拆除

检修平台、起重小车及主塔侧承马的拆除在提升、牵引绳拆除后进行。高缆活动检

修平台、起重小车和主塔侧承马位置较高，待承载索落至地面后再进行拆除。低缆活动检修平台、起重小车和主塔侧承马可直接利用汽车吊先进行拆除，再进行承载的拆除回收。

由于副塔场地限制，固定检修平台拆除需将塔架移动至下游端头混凝土墩位置，用汽车吊分段拆除。

6.3.3.4 承载索拆除回收

完成临时承载索和临时承马安装后，进行承载索的拆除回收。承载索回收过程工序复杂繁琐，多台卷扬机配合作业，施工难度大，须专人指挥，确保承载索回收过程安全可控，此项工作是缆机拆除的难度较大的控制性施工环节。

低缆承载索回收卷筒布置在右岸缆机平台安装时放索卷筒处，承载索从左岸往右岸牵拉回收。

高缆承载索回收卷筒布置在左岸高程890平台。由于左右岸临时承载索固定端高程差较大（90 m），承载索从右岸向左岸牵拉回收。

配重块拆除程序：施工前，先拆除70 t配重块；待副塔侧索头拆除并放至临时承马上时二次拆除210 t配重块；主塔侧承载索索头拆除完成后拆除剩余210 t配重块。

降低低缆承载索垂度的过程中，为防止副塔侧张紧拉板滑轮组与临时承载索间的相互碰挂，同时避免索头倾翻，使用高缆吊起该滑轮组配合卷扬机施放承载索，施放约20 m长度后，将承载索主塔侧索头从其固定装置中拆除，如图6.3-3所示。低缆主塔侧承载索拆除示意图如图6.3-4所示。承载索回收过程中需对承载索进行外观断丝和松散情况检查，及表面涂抹润滑脂的维护保养。

6.3.4 塔架拆除

塔架拆解过程中不得随意使用割枪割断构件，严禁使用锤击法直接敲击拆除销轴及螺栓。高空作业须搭设必要的操作平台。汽车吊作业时，重物及起吊臂下方严禁站人。拆除过程严禁上下交叉作业。作业区域须设置安全警戒。

副塔塔架的拆除工序与其他工程基本相同，较为常规且简单，本文仅论述主塔塔架的拆除程序。

6.3.4.1 低缆塔架拆除

低缆塔架拆除主要使用汽车吊或高缆进行拆除，其拆除顺序为：天轮架拆除→塔头及拉板拆除→前斜支腿、直支腿及连系杆件拆除→机房及机构拆除→钩型梁拆除→平台连接梁拆除→主梁拆除→前、后端梁拆除→行走台车组拆除→运输退库。

6.3.4.2 高缆塔架拆除

由于高缆的塔架高达101 m，需采用卷扬机辅助自降塔架后用桅杆吊辅助拆除。高缆塔架自降过程中，需用后拉索和承载索调整A型塔架使其保持垂直状态（用重锤吊线监测），可采用水准仪实时监测塔架下降高度。当A型塔架自降到51 m时，拆除自降张紧钢丝绳系统，在桅杆吊的辅助吊挂下将A型塔架下降至水平状态，拆除后拉索和承载索，最后采用汽车吊分解拆除塔架构件。

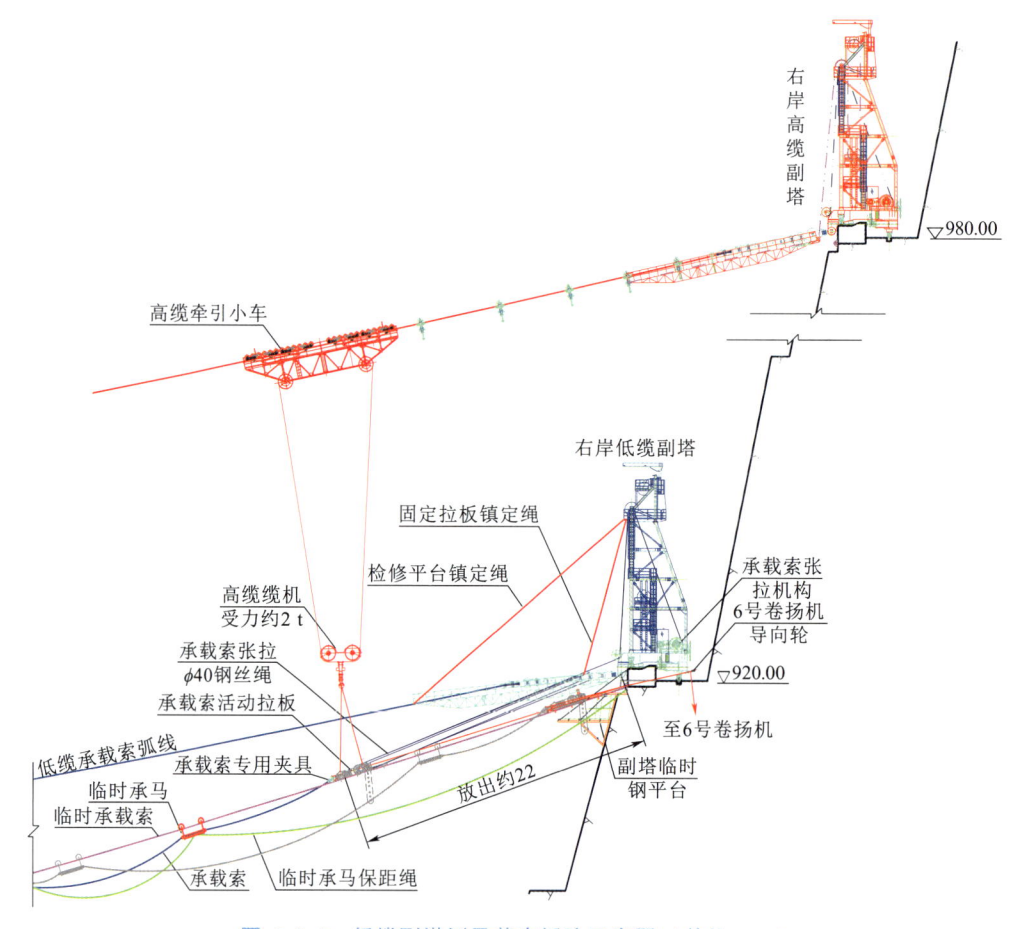

图 6.3-3 低缆副塔侧承载索拆除示意图（单位：m）

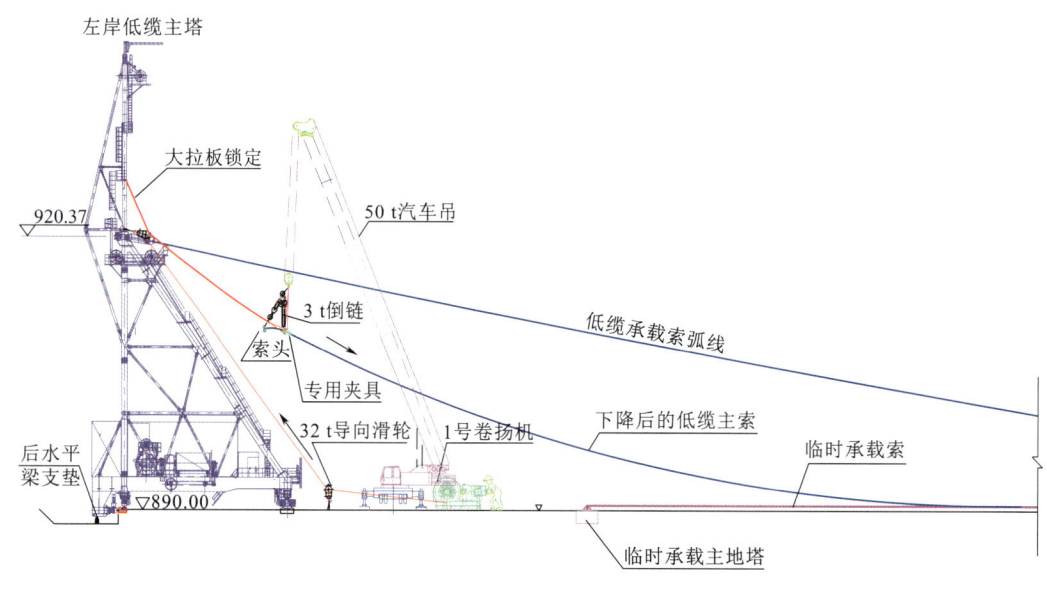

图 6.3-4 低缆主塔侧承载索拆除示意图（单位：m）

6.4 设备保养与退库

为保证拆除缆机的设备及构件能够被再利用,拆除过程中需防止构件的变形及设备、零部件的受损,做好设备、构件及零部件的保护。对拆除的缆机零部件进行必要的清洁和保养。对需装箱的线缆、器件等进行分类,对机械构件掉漆部位进行补漆;装箱时编制装箱单,一份放于箱内,另一份移交仓库管理方。退库过程中,构件装车、绑扎应牢靠,严禁超宽、超高,防止运输过程中损坏构件。

第7章 缆机工程建设管理与专题研究

本章从白鹤滩缆机群管理目标和理念的制定，管理机构设置、制度建设、运行机制及管理措施等入手，重点论述了白鹤滩缆机管理的特点及行之有效的管理经验。根据白鹤滩缆机运行环境及安全管理需要，组织开展了有关专题研究和智能化研究应用。

7.1 管理目标和理念

在白鹤滩水电工程"建设世界一流精品工程""成就水电典范，传世精品"的总目标下，白鹤滩缆机工程围绕安全和高效两条主线，确立了"设计零疑点、制造零缺陷、安装零偏差、运行零隐患"的建设管理目标。

根据缆机工程建设管理目标，确定的白鹤滩缆机工程建设管理理念为：设计科学、制造精良，安装精品、运行高效，管理一流、合作共赢。

7.2 管理体系

7.2.1 管理机构

根据安全高效总目标和完成大坝施工任务的要求，组建了涵盖工程设计、缆机设计和制造、安装和运行等方面的层次清楚、关系明确的缆机管理组织体系。白鹤滩缆机管理体系框图如图 7.2-1 所示。

7.2.2 运行管理机制

7.2.2.1 缆机调度协调

成立缆机运行调度领导小组和工作组，负责协调缆机使用调度，制定缆机调度月、周、日调度例会制度。

月例会：由建设管理单位组织，每月上旬召开。例会的内容是，总结上月缆机运行及检修保养情况，安排本月检修工作；研究解决缆机运行过程中的安全、技术等问题；协调上月缆机调度存在问题，确定本月缆机生产的总体安排；研究缆机运行"一条龙"（"一条龙"指涉及缆机运输的装料—吊运—对位—卸料—回程5个环节）效率提升工作等。

周例会：由缆机调度监理组织，每周四与缆机运行周例会合并召开。会议主要内容是确定缆机周使用计划及调配要求、缆机周保养安排等。

日碰头会：由缆机调度监理组织，每日召开现场会议。主要检查当日缆机运行和使用计划执行情况，安排次日缆机使用计划等。

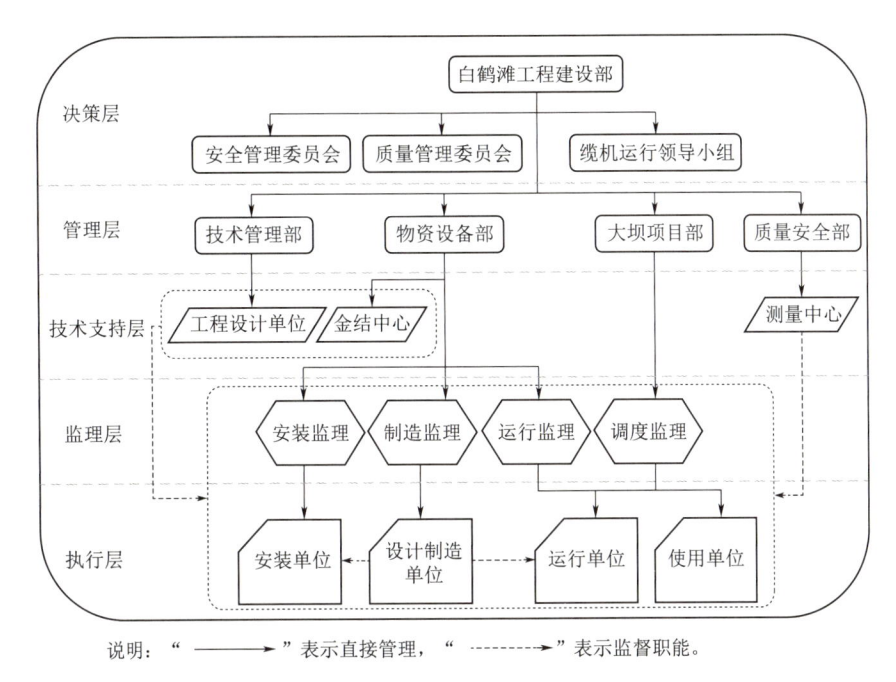

图 7.2-1　白鹤滩缆机管理体系框图

监理协调机制：配备独立于工程建设和缆机使用调度监理的专业化缆机运行监理，负责缆机的运行、维护保养、检修、备品备件管理、检修、拆除，以及与缆机本体相关的质量、技术、安全等方面的监理工作。缆机监理对缆机状态负责，缆机调度监理单位对缆机使用调度负责，两家监理单位相互独立，协同工作。

7.2.2.2　设计制造单位全过程技术支持

缆机自设备到货开始，缆机安装、运行和拆除全过程实行设计制造单位全过程技术服务机制。技术服务形式根据缆机管理各阶段的特点设定，并结合白鹤滩现场的生产情况动态调整，主要包括驻场服务、定期服务和专项服务三种形式。

1. 安装阶段驻场服务

缆机到货和安装阶段，由缆机设计制造单位组建技术服务小组，驻白鹤滩工地现场开展技术服务。服务内容主要包括设备交接验收，参与缆机安装方案审查，缆机安装技术指导，处理安装过程的制造质量缺陷，提出缆机安装过程中的合理化建议和意见等。

2. 运行阶段定期服务

缆机运行与拆除阶段，发挥缆机设计制造单位熟悉缆机技术性能及结构特性的优势，由其按季度定期开展每次为期4~7天的技术服务，在解决缆机运行过程中出现的问题时提供技术支持。服务内容主要包括对7台缆机系统全面检查、专项业务咨询（含培训）、运行操作系统优化升级（若有）、提出零配件采购及更换建议、设备故障处理建议、提供机械设备维护优化意见及其他技术指导等。

3. 特殊事项专项服务

定期检查服务期外，如发现现场无法处理的设备故障，或组织召开涉及到缆机状态的重要会议时，缆机厂商接到通知后48 h内抵达白鹤滩工地参与故障应急处理、参加会议，提出合理化意见和建议等。缆机技术服务签证表（样表）见表7.2-1。

表7.2-1 缆机技术服务签证表（样表）

合同编号	BHT/×××		服务单编号	BHT×××
服务时间	××××年××月××日~××月××日		服务地点	白鹤滩水电站
服务类型	√定期检查□应急处理			
服务人员				
服务内容	一、机械部分服务内容及处理意见 1. 1号缆机主塔大拉板下面的提升导向轮轮槽磨损较深接近报废标准，应适时安排更换；主塔牵引绳上支导向轮有异响，请注意观察，必要时更换 2. 2号缆机主塔牵引绳上支导向轮偏磨接近报废标准，应适时安排更换 3. 3号缆机主塔塔头牵引提升导向轮都有偏磨，提升导向轮偏磨已经接近报废标准，应适时安排更换 4. 4号缆机主塔塔头提升导向轮有偏磨现象，注意检查 5. 1~7号缆机承马行走轮均已经达到报废标准，1~3号缆机的承马行走轮磨损特别严重，应立即更换，以免对承载索造成损伤 6. 5号、6号缆机主塔塔头提升导向轮绳槽磨损较深接近报废，要加大检查频次，及时更换 7. 调整了5号缆机起升机构的对位误差，解决了与起升电机相联的减速器高速轴联轴器异常振动的问题 8. 7号缆机主塔牵引绳上支导向轮、副塔天轮有异响，要注意观察 二、电气部分服务内容及处理意见 检查了白鹤滩1~7号缆机电气部分，总体运行、保养良好，发现和处理了如下问题： 1. 更改了1~7号缆机目标位参数，起升卸料后起升高度由原来40 m改为20 m 2. 调整了1~7号缆机牵引机构启动参数 3. 检查了4~7号超速开关，通过绝对值编码器信号增加了4~7号缆机超速保护功能 4. 解决了7号缆机牵引机构启动时异响的问题 5. 检查了缆机防碰撞系统，更改了594塔机防碰撞参数，目前4号塔机与缆机的防碰撞系统工作正常，8号塔机电源有时会被其运行人员关掉，建议电源一直打开 三、特别提醒 1. 加强1号、2号、3号缆机的承载索保养 2. 在浇筑29坝段以右坝段时已经接近非正常工作区域，运行单位应注意起吊重量，不得超过非正常工作区限定的起吊重量，以保证设备安全运行 3. 架空检查时注意对承载索断丝的检查，在周保养和月保养时应对承载索进行全面检查 4. 缆机辅助变压器没有备件，建议备一个 5. 多传动柜辅助变压器没有备件，建议备一个 6. 低缆排绳机构断链传感器支架弹簧老化，建议每台备两套			
服务单位： 　　年　月　日			缆机运行单位： 　　年　月　日	
监理单位： 　　年　月　日			建设管理单位单位： 　　年　月　日	

7.2.2.3 问题反馈与处理

建立了缆机运行"问题发现—反馈—分析—沟通—处理"的问题处理机制，及时有效地解决缆机运行过程中出现的需由设备设计制造单位处理的问题。缆机运行单位发现设备问题，及时向缆机运行监理单位、建设管理单位和设计制造单位报告，由缆机设计制造单位分析后提出处理意见和建议。缆机运行单位现场能自行解决的问题由缆机运行单位现场解决；需借助缆机设计制造单位力量或外购配件的问题，由缆机设计制造单位和建设管理单位协助处理。

7.2.2.4 信息共享与通报

1. 水文气象信息通报机制

建立水文气象信息及大风预警通报机制，每天按时以手机短信方式将气象信息及预警信息发送至监理工程师及缆机运行单位管理人员，使作业人员提前掌握气象及预警信息，合理安排工作内容，按照预警信息提前进行避险安排，避免大风天气时进行大件吊装、高空作业及其他风险作业。缆机运行现场配备手持式风速仪，随时关注风速变化，遇6级及以上大风时，暂停吊零作业并逐级通报，混凝土浇筑作业按制定的规定执行，并采取相应安全应对措施。

2. 防碰撞三级通报机制

在缆机覆盖范围内，施工设备严格执行设备防碰撞三级通报制度。设备运行前，进行相关设备之间的相互通报，将设备运行的时间、部位、高程、运行轨迹等信息明确告知对方，待对方设备确认无相互干扰后方可运行。

3. 缆机与智能建造信息共享机制

建立缆机运行系统数据与智能大坝信息通报和共享机制。充分利用智能大坝建设及计算机信息管理系统，实现智能大坝信息管理系统相关数据与缆机运行系统的数据共享，及时掌握和分析缆机群相互位置关系、运行动态和运行效率，便于对缆机群进行整体合理调度，发现问题及时解决。

4. 监理报告机制

白鹤滩缆机管理全过程实施监理报告机制，可增强监理单位质量安全责任人和监理人员依法履行监理职责的责任心，保证缆机运行的质量和安全，充分发挥监理在缆机管理过程中对现场管控的重要作用，完善监理工作制，规范监理工作行为，提升白鹤滩缆机运行、现场质量安全监理水平。监理报告分日常联络、监理月报、监理急报三种形式。

日常联络：采用电话、微信、短信，或当面报告的形式，由总监理工程师或授权人不定期向建设管理单位项目负责人员报告。报告内容主要包括反映监理在巡视、旁站、方案审批、验收等日常工作中的工作情况，征求相关意见建议，反映施工现场质量安全状态信息等。

监理月报：主要包括每月定期向建设管理单位提交的关于缆机制造、安装和运行质量、安全、生产和进度情况的报告。其主要内容包括施工单位或运行单位和监理单位关键岗位人员到岗和履职情况，保证缆机安全生产的基本条件检查和现场重大危险源识别管控及设备安全检查等情况，保证缆机正常状态的基本条件的检查情况，制造、安装、运行人员履职，设备制造、安装及维修保养质量，设备运行及技术参数状况的管控检查情况，生产和进度情况等。

监理急报：当发现缆机制造、安装和运行管理主体存在违法违规行为不能有效制止，现场存在重大质量安全隐患不能及时消除或发生质量安全事故等紧急情况时，应及时向建设管理单位提交的报告。其主要内容包括存在的违法违规行为，施工现场存在的监理无法处置、可能会导致质量安全事故发生的重大质量安全隐患等问题，现场发生的工程和设备质量、安全生产事故等。

7.2.2.5 大风条件下缆机运行预警响应机制

将大风条件下缆机运行存在的风险分为 3 个等级，并制定相应的响应措施进行分级管理。

1. 黄色预警：风力 7 级（13.8 m/s<U≤17.1 m/s）

Ⅲ级响应，缆机需要降效运行。具体要求是，缆机操作司机向现场管理人员和信号员通报大风情况，相互提醒提前预防。暂停迎风面积较大物件的吊零，未开仓面暂停开仓。正在浇筑的仓面适当加宽浇筑条带，吊罐下落点周边 5 m 范围内禁止设备和人员停留。

关注实时监控的现场风力，当 0.5 h 内风速值小于 13.8 m/s，可恢复正常运行。

2. 橙色预警：风力 8 级（17.1 m/s<U≤20.7 m/s）

Ⅱ级响应，为缆机应急运行状态。

仓面响应措施是，降低仓面浇筑强度、增大条带宽度、减小坯层厚度、定点下料、增大仓面设备与缆机的安全距离、减少同仓浇筑缆机数量。

设备响应措施是，多台缆机同时运行时，按大风条件下缆机运行间距（见表 5.2-1）控制相邻缆机运行间距，减少大车运行，起重小车、吊钩降速运行，密切关注风速变化。根据风速变化趋势做好调整响应等级准备（见表 5.2-2）。

3. 红色预警：风力 9 级及以上（U>20.7 m/s）

Ⅰ级响应，为缆机停止运行，自身避险，为最高等级响应。

仓面响应措施是，仓面做停仓应急处置。

设备响应措施是，吊罐就近落至仓面或卸料点就近摘钩，吊钩上升至上限位，锁紧夹轨器、关闭缆机控制电源、缆机停止运行。

人员响应措施是，主副塔监护人员将防风铁鞋就位，所有人员就近到避风点避风。

密切关注风速变化，风速下降后根据相应风力等级的响应措施，恢复缆机运行。

7.2.3 管理制度

白鹤滩缆机从运行管理职责、使用协调管理、运行操作管理、维修保养规定、运行安全管理、备品备件管理、报表及运行维护资料管理等全方位制定并颁布了系列缆机管理制度，实现了缆机运行维护保养的科学化、规范化、精细化、标准化。

7.2.3.1 缆机安全管理

为防止大坝工程缆机与其覆盖范围内的塔机、仓面设备、模板及其他设施发生碰撞，制定了《白鹤滩水电站大坝工程缆机运行防碰撞安全管理规定》；鉴于 GB/T 5972—2023/ISO 4309：2017《起重机钢丝绳保养、维护、检验和报废》等通用标准不适用于白鹤滩缆机工况，制定《白鹤滩水电站缆机钢丝绳更换临控标准》。发布《白鹤滩水电站缆机风险防控措施》，明确了缆机运行风险分级要求，并明确了一般风险和较大及以上风险管理规定和重点检查要求。

1. 新设备布置方案报备

缆机覆盖范围内塔机和其他高耸设施布置方案审查应通知缆机运行监理参加，批复方案通报缆机运行单位和运行监理，以便缆机运行单位及时制定防碰撞应对措施。

2. 防碰撞"三级通报"制度

其他设备进入影响缆机运行的区域时，须请示缆机协调小组，获批准后，通报到缆机运行单位生产调度部门和运行大队，通报内容包括影响范围、作业时间等。一方发起通报后，另一方须立即回应。未得到对方明确回复，严禁进入。

3. 设备避让原则

各缆机间浇筑混凝土的缆机优先，其他缆机避让；大坝浇筑仓号内的其他设备避让缆机；两台缆机运行范围出现重叠时，先进入者优先；运动缆机避让静止缆机；在固定的缆机架空和保养时间段内，位于左右岸进水口、泄洪洞进口处的塔机须避让；缆机架空和保养超出固定时间段时，缆机运行单位应向受影响的左右岸进水口、泄洪洞进口塔机通报，按"三级通报"原则执行。

4. 缆机跨越塔机及浇筑混凝土时安全运行间距规定

缆机吊钩跨越塔机时，吊物底部距离塔机顶部不少于 30 m。缆机浇筑混凝土时，由于取料平台位于左岸，缆机运行的范围在浇筑仓至取料平台之间，故主要考虑卸料点左岸侧的防碰撞。因而塔机在缆机运行范围相关区域作业时，塔机坝内作业面距缆机浇筑仓左岸侧不少于 2 个坝段（约 40 m）、右岸侧不少于 1 个坝段（约 20 m）；塔机在缆机运行范围相关区域外作业时，塔机作业范围边缘距缆机运行轴线距离不少于 15 m；缆机浇筑坝段左岸侧相邻坝段的高程低于浇筑坝段时，左岸侧坝段的汽车起重机的起重臂的伸出高度不得超过横缝模板；缆机浇筑坝段左岸侧相邻坝段的高程低于浇筑坝段时，浇筑坝段右侧坝段仓面中线以左和相邻左侧坝段禁止汽车起重机作业。缆机浇筑坝段的左岸侧有坝段的高程高于浇筑坝段时，缆机应在吊罐高出左岸侧运行范围内仓面最高障碍物 30 m 以上方可进行起升牵引联动作业；低坝段流道仓（有孔口的仓）浇筑，大风季节须拆除卸料点部位横缝模板；非大风季节，若吊罐距离两侧横缝模板距离不足 3 m 时，须拆除卸料点部位横缝模板；如无法满足上述要求时，须经运行单位及浇筑单位协商同意，采取降低缆机运行速度和加强监护等措施，并签订备忘录。

5. 大风天气运行规定

大风天气（风速>13.8 m/s）缆机运行参考表 5.6-1 执行，缆机运行风速以布置在 3 号缆机副塔上的风速仪测得的风速为准。大风天气（风速>13.8 m/s）塔机应停止作业。

6. 大雾天气缆机运行规定

当能见度小于 50 m，缆机应停止运行；当能见度大于 50 m 且小于或等于 80 m，缆机采取单动低速运行（1~3 挡）；当能见度大于 80 m，缆机正常运行；当能见度小于或等于 80 m，缆机覆盖范围内塔机禁止运行；大雾天气缆机限制或暂停运行由缆机运行单位提出申请，运行监理单位根据能见度确定。

7. 缆机钢丝绳更换临控标准

应用钢丝绳更换临时控制标准研究成果，制定白鹤滩缆机钢丝绳更换临控标准如下：

（1）表面可见断丝在全长任意位置 $6d$（d 为钢丝绳公称直径）长度范围内达到

12 丝或 30 d 长度范围内达到 25 丝时更换。

（2）循环次数达到 5 万个工作循环时更换。

（3）浇筑混凝土量达到 40 万 m^3 时更换。

（4）使用时间达到 2 年时更换，在使用时间达到 1.5 年时加强钢丝绳的检查。

白鹤滩缆机钢丝绳（8×k26WS-EPIWRC，多层缠绕）更换临控标准和对应的 GB/T 5972/ISO 4309《起重机钢丝绳保养、维护、检验和报废》钢丝绳报废标准对比见表 7.2-2。

表 7.2-2　白鹤滩临控标准和国标对比

序号	项目	GB/T 5972—2023 报废基准	白鹤滩临控标准
1	表面可见断丝数	6 d 长度范围内达到 18 丝或 30 d 长度范围内达到 36 丝	6 d 长度范围内达到 12 丝或 30 d 长度范围内达到 25 丝
2	循环数	未规定	5 万个
3	混凝土浇筑方量	未规定	40 万 m^3
4	使用时间	未规定	24 个月
5	其他	直径减小、断股、腐蚀、畸形和损伤等	参照国标执行

7.2.3.2　缆机运行管理

为规范白鹤滩缆机的运行、调度、使用工作程序，确保缆机安全、高效、有序运行，制定了《白鹤滩水电站 30 t 平移式缆机运行管理办法》和《白鹤滩水电站 30 t 平移式缆机安全操作和维护保养规程》等制度，明确了各方管理职责、安全操作说明、维护与保养规定、缆机使用协调管理程序、备品备件管理规定、运行维护资料管理要求等；针对缆机运行中普遍存在的吊零时效率降低的现象，制定了《缆机吊零规定》。

1. 人员基本要求

（1）运行和维护人员与用工单位签有正式的劳动合同、健康状态良好，并且取得相应工种与岗位的上岗证。其中指挥人员应取得 Q3 作业项目（起重机械指挥）的操作证，缆机司机应取得 Q7 作业项目（缆索起重机司机）的操作证。

（2）学员在经过一段时间的理论学习和跟机见习，才允许实习操作；学员操作时必须有熟练的操作司机监护，不得单独进行操作及相关的参数调整；学员只有在操作达到熟练程度，经地方质量技术监督局考核合格并取得上岗证后，方可单独操作缆机。

（3）缆机运行及维护保养人员按月向缆机运行监理报备，缆机操作司机和信号员严格按照三班制配备。

（4）每台缆机的运行，实行定人、定机、定岗操作，未经运行监理同意，不得随意变更。

2. 运行基本要求

（1）信号员必须由具有一定起吊作业经验的专职人员担任。

（2）操作司机必须技能熟练，熟悉缆机基本结构及原理，严格按照有关规程执行。

3. 维护保养基本要求

（1）保养分为例行（日常）保养、定期保养。例行保养指机械在每班作业前、后及运行中为及时发现隐患、保持良好的运行状态所进行的以清洁、检查、紧固、调整、润滑为主的预防性保养措施。定期保养指机械在运行一定的间隔期后，为消除不正常状态，恢复良好的工作状态所进行的一种预防性的维护保养措施，分为日保养、周保养、月保养和年保养。

（2）为规范缆机停机维修保养时间，且便于生产计划的安排，规定了停机保养的时长。每台缆机日停机保养时长 1 h；每周每台缆机保证安排一天进行周保养，周保养的停机检查保养时长不少于 4 h；每月 27 日至次月 3 日分别进行各台缆机月维护保养，每台缆机停机月检查保养时长不少于 12 h；年保养安排在年终进行，每台缆机停机维护保养时长为 2 d。

4. 交接班基本要求

交接班"六交四查"，即交生产任务完成情况和作业要求，交设备运行及保养情况，交随机工具及油料和配件消耗情况，交检查及故障处理情况，交安全措施及注意事项，交设备运行及检修保养记录；查设备运行及保养情况，查设备运行、保养记录是否准确完整，查随机工具是否齐全，查终端限位、各安全保护装置是否正常。

5. 安全检查及安全事件管理

运行单位、运行监理每日巡查缆机运行安全状况，发现问题及时整改。运行监理每月组织一次缆机运行安全检查，相关管理单位根据需要不定期组织专项检查，对检查中发现的问题以文件形式下发限期整改。运行监理根据检查整改情况对缆机运行作出月安全分析评价。

有管理不到位、操作不当、维护不及时等行为，未造成缆机及人员伤害，或造成个别部件轻微损伤，经简单检查、处理即可，且未出现直接影响缆机工作性能的违章行为，尚未构成事故的，属于缆机安全事件。缆机安全事件按后果严重程度分为一般、较大、重大安全事件三类。

一般安全事件：指发生一般违章行为受到及时制止或未对设备人员造成伤害。

较大安全事件：指发生违章行为造成人员或设备出现轻微伤（损）害，经简单处理即可消除隐患，恢复正常工作。

重大安全事件：指发生违章行为造成人员或设备出现轻微伤（损）害，经简单处理即可，未有直接影响缆机工作能力，但事件中隐含重大事故发生的可能性。

一般安全事件由运行单位内部整改处理；较大安全事件由运行单位整改处理，其结果上报运行监理；重大事件由运行单位整改、运行监理处罚，其结果上报建设管理单位有关部门备案。

6. 备品备件管理

重要备品备件由建设管理单位定价有偿提供，其余备品备件由运行单位自行采购。

7. 资料管理

运行单位按台编制缆机履历书、月报和年报。其中，缆机完好率和利用率的计算公式为：

$$制度总台时 = 日历总台时 - 强制保养台时 \quad (7.2-1)$$

$$完好率 = \frac{制度总台时 - 故障台时}{制度总台时} \times 100\% \quad (7.2-2)$$

$$利用率 = \frac{实际作业总台时数}{制度总台时} \times 100\% \tag{7.2-3}$$

8. 非混凝土设备材料吊运管理

（1）非混凝土设备材料吊运（即吊零）申请须经过由调度监理牵头组织的运行监理、运行单位、使用单位组成的协调小组批准后才能使用缆机；限制每钩的最小吨位数，以提高缆机的使用效能。

（2）吊零需提前进行并完成准备工作，包括提前穿好钢丝绳和卡环等，报话员、摘挂钩员提前到位等。

（3）相邻仓号转运物料采用仓面吊车，小型材料工器具人工入仓，减少缆机吊零用时。

（4）浇筑过程中禁止摘罐吊零。

（5）吊零尽可能安排在缆机架空保养前后或浇筑转仓时集中进行。

7.2.3.3 缆机调度管理

为进一步规范白鹤滩水电站缆机群调度使用，科学调度缆机，制定了《白鹤滩水电站 30 t 平移式缆机调度管理办法》，明确缆机调度管理组织机构和职责，缆机调度月、周、日例会的要求，缆机使用调度原则，使用签证管理等。

1. 管理机构

成立了由建设管理单位相关部门负责人为组长，各相关单位人员组成的缆机运行调度领导小组，下设工作组，负责协调缆机使用调度，建立缆机月、周、日运行和使用调度例会制度。缆机运行单位全面负责缆机的运行、维护保养工作，使用单位负责吊钩以下吊运管理。

2. 调度使用基本流程

缆机调度使用基本流程为：使用单位申请→运行调度监理审批→运行单位执行→吊运计量。

3. 调度基本原则

（1）确保运行安全。

（2）满足大坝混凝土总体施工进度、坝体均衡上升。

（3）满足缆机日检查、周保养和月（年）检修安排，及特殊情况检修要求，遵守大风雷暴雨天气安全运行规定。

（4）浇筑仓缆机配置数量以确保浇筑质量为首要目标，依据坯层覆盖时间、缆机吊运强度等因素确定。

4. 调度使用原则

遵循缆机月调度例会中确定的缆机使用的总体安排，特殊情况需调整时，需领导小组组长同意；服从周、日缆机协调例会确定的使用安排，需改变时，应经工作小组组长同意。如两家使用单位需同时使用同一台缆机时，按重要性的原则进行安排，以及如果主标由两个及两个以上单位施工，而其中的一个与缆机运行为同一单位时，优先安排给非缆机运行单位使用的原则进行安排。

5. 缆机使用申请

使用单位由指定的人员于使用前一天填写使用申请，经调度监理审批后由运行单位签收执行。设备技术改造及需要增加的设备检修由运行监理向运行单位下达指令,运行单位申请缆机停机改造或检修。

6. 多仓同时浇筑缆机的调度

优先安排缆机运行桩号错开的仓号同时浇筑,确实无法错开时,缆机配置应确保仓面所有部位浇筑强度基本均衡。一台缆机同时浇筑同一桩号的不同仓号时,依据坯层覆盖时间,按罐数分配,交替使用;同时浇筑不同仓号的缆机吊运能力不足时,不安排同时浇筑,或可增加辅助手段满足同时浇筑要求。

7. 吊零安排

吊零一般安排在混凝土浇筑转仓期间或拌和楼洗楼时段,仓号浇筑期间原则上不得摘罐吊零;已安排浇筑的缆机在架空维护保养完成后须立即挂罐浇筑,禁止吊零。但转仓前的非在浇仓使用的缆机,或当日安排周保养的缆机架空检修时间(因架空检修与周保养合并进行),或安全和质量应急需要,经调度监理同意,可吊零。

8. 缆机吊运台时分配

白鹤滩大坝标分左岸标和右岸标,经过测算,两个标段需吊运的混凝土工程量比值为1.25,吊零台时比值为1.25。左岸标离缆机授料平台较近,右岸标相对较远。根据混凝土吊运效率理论循环时间分析,结合两标段工程量及不同高程缆机运行时间综合考虑后,左岸标与右岸标缆机使用台时的比值见表7.2-3。

表7.2-3　两标段分高程缆机使用台时比值表

高程区间/m	830~800	790~760	750~710	700~660	650~610	600以下
左岸标/右岸标	1.023	1.031	1.053	1.096	1.173	1.244

(1) 在大坝浇筑相应高程时,由调度监理按照综合比值,分配缆机使用台时。根据大坝主标两家施工单位的月计划浇筑量及实际浇筑进度,台时可略作调整,调整偏差不得大于5%。缆机使用单位每月24日前书面上报本月26日至下月25日的月浇筑工程量和缆机使用计划。为防止故意多申报工程量,获取了多余的缆机使用台时,由缆机运行监理进行缆机使用情况月考核,主要考核浇筑量、使用缆机台时、缆机使用浇筑效率等。

(2) 每周缆机使用台时按月计划再进行分配,可根据两家施工单位申报的周计划浇筑量及实际浇筑进度做调整,调整偏差不得大于5%。

(3) 每日缆机使用台时按照周计划再分配,可根据两家施工单位的缆机申请使用时间做调整,调整偏差不得大于10%。

(4) 如缆机出现故障等其他意外情况时,维修和处理意外所消耗的时间也按照上表中的比例进行分摊,分别核减使用台时。

9. 计量签证

工程量签证由运行单位负责,按月上报签证量汇总表,并附签证单,由运行单位、使用单位、调度监理三方签证认可,运行监理按周或月汇总签字。缆机吊运混凝土以"m^3"为单位计量,计量点为拌和楼出机口;缆机吊零以"台时"为单位计量,以缆机调度监理审签的实际动车时间开始计时,至吊物脱离吊钩时间止。吊运台时以0.25台时(15 min)为最小计量单位,不足15 min按0.25台时计。

大坝标以外的承包商使用缆机按台时计量，以 0.5 h 为计量单位，不足 0.5 h 按 0.5 h 计。

7.3 管理措施

7.3.1 设备管理与使用管理部门协调

为了确保缆机运行安全和效率，防止出现只顾生产安排忽视设备状态，或只顾设备管理忽视生产的现象。由建设管理单位主任总体协调，设置负责缆机运行调度的设备管理组长和运行管理组长，及设备管理部门和运行调度管理部门。建设管理单位分管物资设备部的副主任担任设备管理组长，物资设备部负责缆机职能管理；建设管理单位分管大坝项目部的副主任担任运行管理组长，由大坝项目部负责缆机运行调度。设备管理组长和设备职能管理部门对设备的性能状态、设备的完好性负责；运行管理组长和运行调度部门对设备使用调度、工程生产管理负责。设备管理和生产管理实现管理层级对等、管理话语权对等，设备管理和生产管理相互独立，协同工作，避免缆机带病作业。

7.3.2 配置专业化运行监理

通过组建专业化的设备运行监理机构，配备专业化的运行监理人员，提高缆机运行的完好率及生产效率，保障缆机的运行状况能够满足大坝高强度的施工需求。

缆机运行期间，配置独立于工程建设和缆机使用调度监理的专业化缆机运行监理，负责缆机的运行、维护保养、检修、备品备件管理、检修、拆除，以及与缆机本体相关的质量、技术、安全等方面的监理工作。缆机运行监理对缆机状态负责，工程建设监理对工程建设和缆机的使用调度负责，两家监理单位相互独立，协同工作。

7.3.3 专业机构专项技术支持

缆机高强度运行 2~3 年后，由行业内有资质、有经验的专业机构对缆机结构件进行全面检测。检测缆机的结构、机构，并进行应力测试等工作，主要包括对机构运行状态检测，主要受力结构件外观及焊缝检测，索道系统检测，各铸造、轧制钢部件的表面检测和轨道的状态检测等。缆机结构检测项目汇总表见表 7.3-1。

表 7.3-1　缆机结构检测项目汇总表

编号	设备	检测内容	备注
1.1	缆机主、副塔行走机构	电动机	状态检测
1.2		三合一减速器	状态检测
1.3		制动器	状态检测
1.4		车轮	无损检测
1.5		行程限位	状态检测
1.6		夹轨器或锚定装置	状态检测

续表

编号	设 备	检测内容	备 注
2.1	缆机牵引机构	电动机	状态检测
2.2		减速器	状态检测
2.3		制动器	状态检测
2.4		传动轴及联轴器	无损检测
2.5		摩擦轮装置	无损检测
2.6		卷筒	无损检测
2.7		滑轮	无损检测
3.1	缆机起升机构	电动机	状态检测
3.2		减速器	状态检测
3.3		工作制动器	状态检测
3.4		安全制动器	状态检测
3.5		卷筒	无损检测
3.6		传动轴及联轴器	状态检测
3.7		滑轮	无损检测
3.8		吊钩、吊耳、吊罐	无损检测
4.1	缆机结构部分	主塔、副塔、平衡台车、起重小车主要受力结构件检测	无损检测，防腐检测，应力测试

检测范围为 7 台缆机的主塔、平衡台车、副塔，及其各自机构的状态检测、腐蚀检测、主要尺寸检测、应力测试等。

7.3.4 实施缆机运行智能监控

1. 安全监控

研发的缆机目标位置保护系统，可设置吊钩安全运行区，提高缆机运行安全性；缆机与仓面塔机防碰撞系统有效避免了缆机与覆盖范围内塔机的运行干涉和碰撞；缆机司机防疲劳监视预警系统通过分析辨识司机是否疲劳，对司机进行警示，避免司机疲劳操作。基于包络图的缆机运行安全分析系统可构建缆机运行包络图分析模型，分析缆机碰撞风险，对现场缆机运行进行辅助安全管控，提高缆机运行安全管理水平。

2. 效率监控

研发混凝土运输至仓面一条龙在线监控系统，通过一条龙联动控制模型，分解混凝土水平运输、垂直运输过程，建立各环节的效率分析模型并在应用缆机的实际运行过程中，发现异常环节，实时预警，及时干预，有效提高了混凝土运输的智能化管理水平及安全性，提升了缆机的使用效率。

7.3.5 大风气候条件下吊罐摆幅试验

针对白鹤滩大风气候条件下的使用环境，组织开展大风条件下吊罐摆幅试验研究，测量在不同风力等级、缆机吊罐在不同高程、不同工况时的摆动量数据,分析大风对缆机运行的影响,探索吊罐摆动规律,制定出不同风速和工况条件下的缆机安全运行的最小间距,总结出适用于白鹤滩气象条件的缆机安全运行管理规程。

7.3.6 备品备件统供核销回购

为满足缆机运行所需备品备件需求,确保缆机正常安全地运行,同时最大限度减少配件库存积压,降低运行成本。缆机备品备件采取建设管理单位统供和运行单位自购相结合的方式。对重要、采购周期较长、价值较高的缆机备品备件,由合同约定定价供应,且划定为统供备件。统供备件由运行单位报备品备件需求计划,运行监理审核,建设管理单位统一采购;其他备件由运行单位报计划,运行监理单位审核,运行单位自行组织采购,监理对于其采购及使用实行过程监督。

制定缆机备品备件使用核销管理制度,缆机退场拆除前,由运行单位付款购买的未使用的新备件由建设管理单位按照调拨或采购单价回购,有效避免运行单位因考虑成本因素出现未备足备件或达到报废标准的备件仍超时使用的现象。

7.4 专题研究

根据白鹤滩缆机运行环境及安全管理需要,建设管理单位组织开展了有关专题研究和智能化研究应用。包括大风条件下吊罐摆动试验研究;基于包络图的缆机运行安全分析系统;钢丝绳更换标准研究及试验;缆机目标位置保护系统;缆机与塔机防碰撞预警系统;缆机司机疲劳辨识系统;轴承温度在线监测系统。形成了一套对人、机、物、环境智能化综合安全运行保障系统,对可能出现的安全风险及时感知、分析、预判、反馈、处置,取得了较好的效果。

7.4.1 大风气候条件下吊罐摆动试验研究

缆机能否在大风极端天气条件下安全运行的关键是检测吊物在此条件下的"实际摆幅",并制定可靠的应对措施。通过对缆机运行现场的河谷段勘察,在此河谷段的不同断面、不同区域、不同高程风速差异很大,且缆机在不同的运行工况下(单动、联动、高速、低速)吊罐的"实际摆幅"也同样存在较大差异。准确采集分析上述外部条件及工况对"实际摆幅"各参数的影响,是制定白鹤滩缆机大风气候条件下安全运行规定的依据。为此,设计制定了《吊罐摆动试验方案》,对大风天气条件下缆机吊罐摆幅进行了专题研究。

1. 研究目标

检测在不同风力等级、缆机在不同工况、吊罐在不同高程时的摆动数据,分析整理这些数据,用于制定白鹤滩缆机大风条件下安全运行规则。

2. 技术方案

在1号缆机的主塔塔顶、塔架中部、机房顶部、起重小车、副塔塔架中部分别设置风速仪;在1号缆机的吊罐、吊钩、起重小车上安装采用差分技术、精度为厘米级的 GPS

接收器，在吊罐和吊钩上安装精度达±0.1°的角度传感器。系统实时采集GPS接收器、角度传感器和风速仪的信号，信号经过处理后通过无线以太网传送到司机室控制中心，司机室控制中心把采集到的各个位置的风速仪数据和吊钩的GPS接收器数据经过解析后，计算出对应的风速和吊钩的摆幅，并在上位机上记录。

测量工况分为静态和动态。静态条件下测量空罐、重罐、吊运钢筋、吊运渣斗等工况的摆动；动态条件下测量重罐单动、重罐3挡联动、重罐5挡联动等工况的摆动。

利用GPS接收器和角度传感器实测缆机作业区域不同坐标点（高程、上下游方向 Y、左右岸方向 X）的缆机吊钩、吊罐的摆动幅度，并进行分析，计算矢量角。吊罐摆动计算模型示意图如图7.4-1所示，吊罐摆动幅度换算模型示意图如图7.4-2所示。

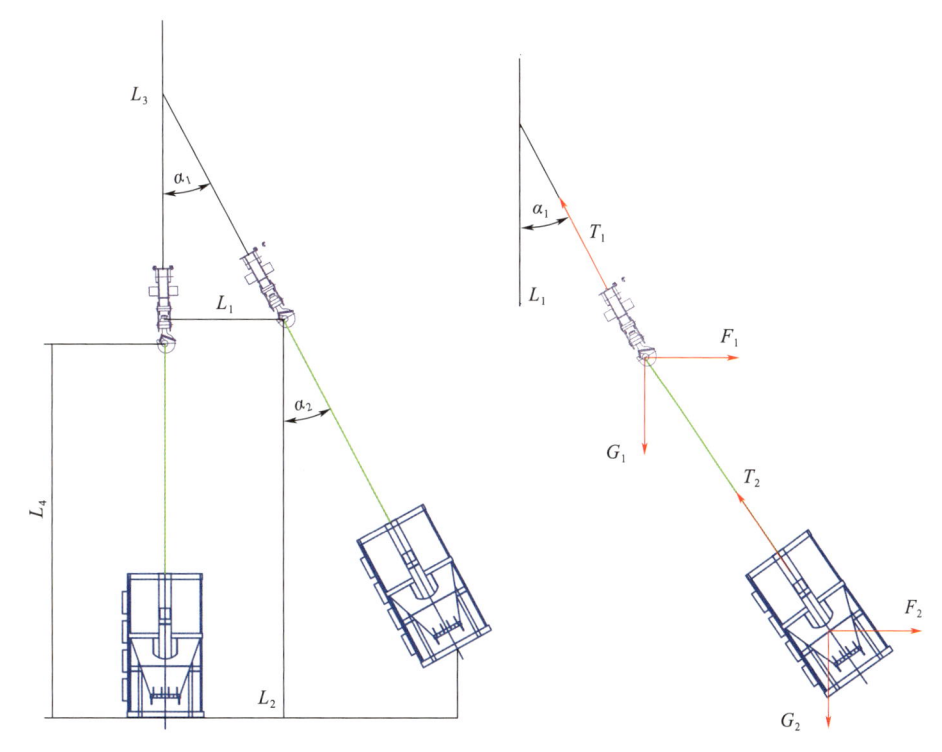

图 7.4-1 吊罐摆动计算模型示意图　　图 7.4-2 吊罐摆动幅度换算模型示意图

α_1、α_2 矢量角的计算公式为：

$$\tan\alpha_1 = \frac{L_1}{L_3} \tag{7.4-1}$$

$$\sin\alpha_2 = \frac{L_2 - L_1}{L_4} \tag{7.4-2}$$

式中：L_1 为吊钩的摆动幅度；L_2 为吊罐的摆动幅度；L_3 为起升绳长度；L_4 为吊罐（含吊罐绳）长度。

当吊钩摆动到对应位置时，根据力平衡方程，计算出 α_1、α_2（理论值），根据 α_1、α_2 计算出理论摆幅。计算公式如下：

$$F_2 = G_2\tan\alpha_2 \tag{7.4-3}$$

$$T_2 = \sqrt{F_2^2 + G_2^2} \tag{7.4-4}$$

$$F_1\cos\alpha_1 + T_2\sin(\alpha_2 - \alpha_1) = G_1\sin\alpha_1 \tag{7.4-5}$$

$$F_1 = C_1 P_1 A_1 \tag{7.4-6}$$

$$F_2 = C_2 P_2 A_2 \tag{7.4-7}$$

$$P_i = 0.652 V_i, (i=1,2) \tag{7.4-8}$$

式中：G_1 为吊钩重量；G_2 为吊罐重量；F_1 为吊钩风载荷；F_2 为吊罐风载荷；α_1 为吊钩起升绳与垂直方向夹角；α_2 为吊罐绳与垂直方向夹角；T_2 为吊罐部分拉力；C_1、C_2 为风力系数；P_1、P_2 为计算风压；A_1、A_2 分别为水平坐标轴方向的迎风面积。

根据计算的理论值和实测值，分析缆机在不同高程、不同区域吊罐摆动与缆机上检测部位风速、风向的相关性，得出缆机吊罐摆动受风速影响的修正值，并将记录的吊罐摆动数据与白鹤滩施工区新田、马脖子气象站实测数据进行对比分析。

3. 试验成果

（1）3号缆机副塔风速与吊罐所在部位风速一致性较好；缆机吊罐、副塔风速与新田气象站风速趋势一致性较差，绝对风速相差较大，与马脖子风速气象站趋势一致性总体较好，风速较接近，风速延时较小，在实际运行时有参考意义。故现场以靠近下游迎风面的3号缆机副塔风速作为缆机运行风速依据。

（2）测得静态空罐在不同风速下的摆幅见表7.4-1，静态重罐在不同风速下的摆幅见表7.4-2。

表7.4-1 空罐摆幅

吊罐风速/(m/s)	吊罐最大摆距/m	吊罐平均摆距/m	承载索最大摆距/m
15	10.62	8.05	0.7
19	12.85	9.18	1.1
21	13.82	10.32	1.5

注 起重小车位置850 m（大坝中线偏右100 m），吊罐（吊钩）起升高度240 m（约695 m高程）。

表7.4-2 重罐摆幅

吊罐风速/(m/s)	吊罐最大摆距/m	吊罐平均摆距/m	主索最大摆距/m
15	7.17	6.24	0.8
19	8.52	7.23	1.2
23	9.92	7.78	1.5

注 起重小车位置距离主塔850 m（大坝中线偏右100 m），吊罐（吊钩）起升高度240 m（约680 m高程）。

（3）吊罐运行过程中，起升机构在五挡高速下降工况时对吊罐摆动幅度有抑制作用，在停止下降后摆距逐渐增加。起升机构五挡下降时吊罐摆动幅度小于三挡下降，起升牵引联动且逐步加挡工况下吊罐摆距小于起升三挡单动下降时的摆幅，即联动工况下对摆幅有抑制作用。

（4）空罐或重罐时吊罐的摆幅都与风力大小成线性关系，空罐摆幅大于重罐。吊零时吊钩的摆幅和重量没有明显的线性关系,与吊运物体的外形及尺寸有关(迎风面积)。

(5)最大摆幅均发生在卸完料后的 30 s 内,吊罐卸完料后提升机构尽快起升的返程运行可以有效抑制吊罐的摆幅。

7.4.2 基于大风条件下缆机轨迹包络图的安全分析

缆机安全高效运行是大坝工程快速施工的关键因素之一,基于缆机轨迹包络图主要对包含坝区风场、缆机运行轨迹、缆机运行包络图等分析,最终为研究缆机安全高效运行服务,分析框架如图 7.4-3 所示。

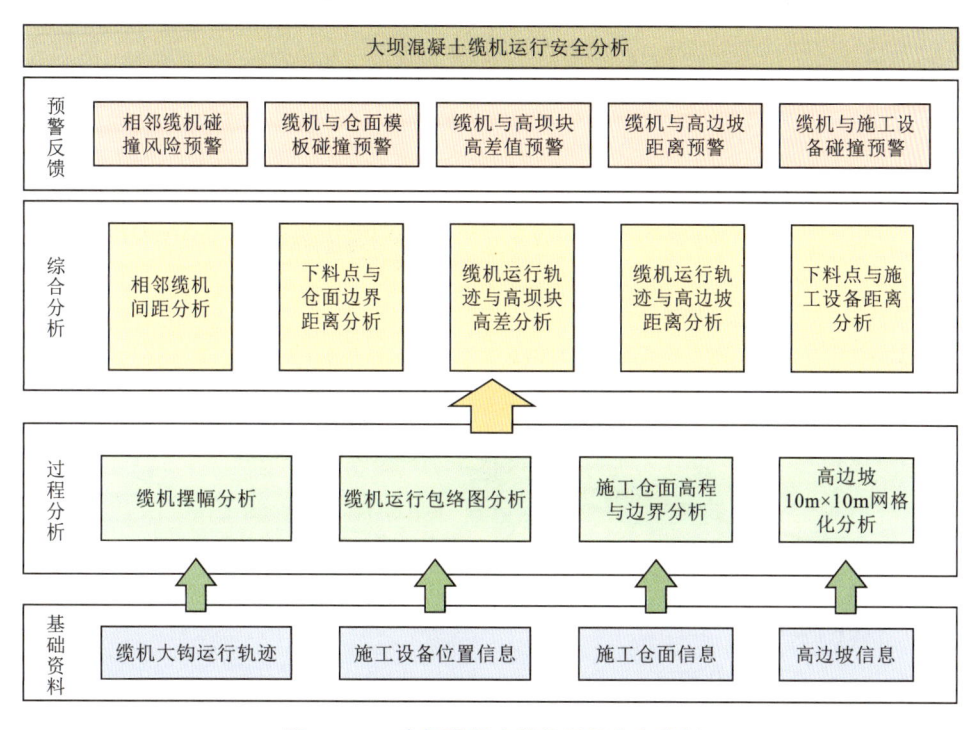

图 7.4-3 大坝混凝土缆机运行安全分析

1. 系统功能

(1)缆机摆幅实时分析。基于缆机主塔、副塔、吊钩的实时位置监控数据,一方面,精确分析缆机主塔桩号、副塔桩号,以及相邻缆机主塔间(副塔间)的间距,分析吊钩摆幅值;另一方面,结合坝区风场与吊重数据,构建缆机摆幅与风速、起升高度、吊重之间的关系函数,进而推算不同风速条件下,缆机吊钩最大摆幅值,为缆机最小安全间距的控制提供数据支持。

(2)缆机运行包络图分析。基于缆机轨迹监控、吊重、坝区风场等数据,实时计算缆机与相邻缆机、仓面设备、边坡、坝块的相对距离,构建缆机运行吊罐位置包络图分析模型,分析缆机碰撞风险,助力现场缆机运行安全管控,提升缆机运行安全管理水平。缆机运行包络图如图 7.4-4 所示,分析示意图如图 7.4-5 所示。

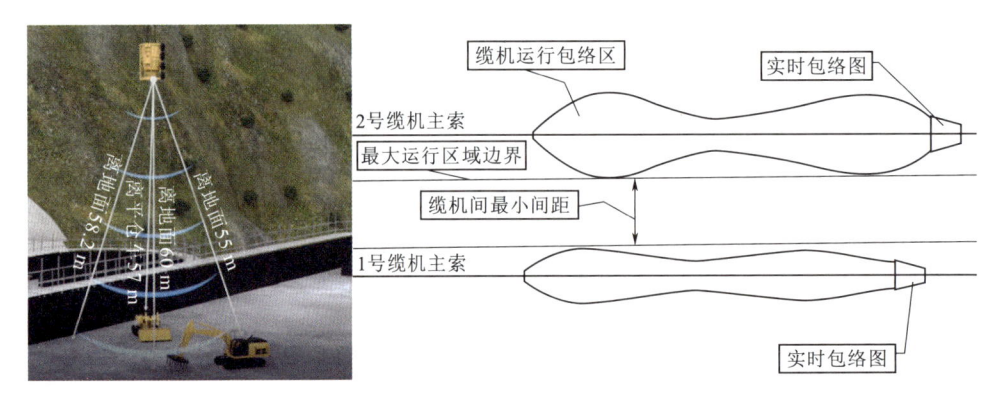

图 7.4-4 缆机运行包络图

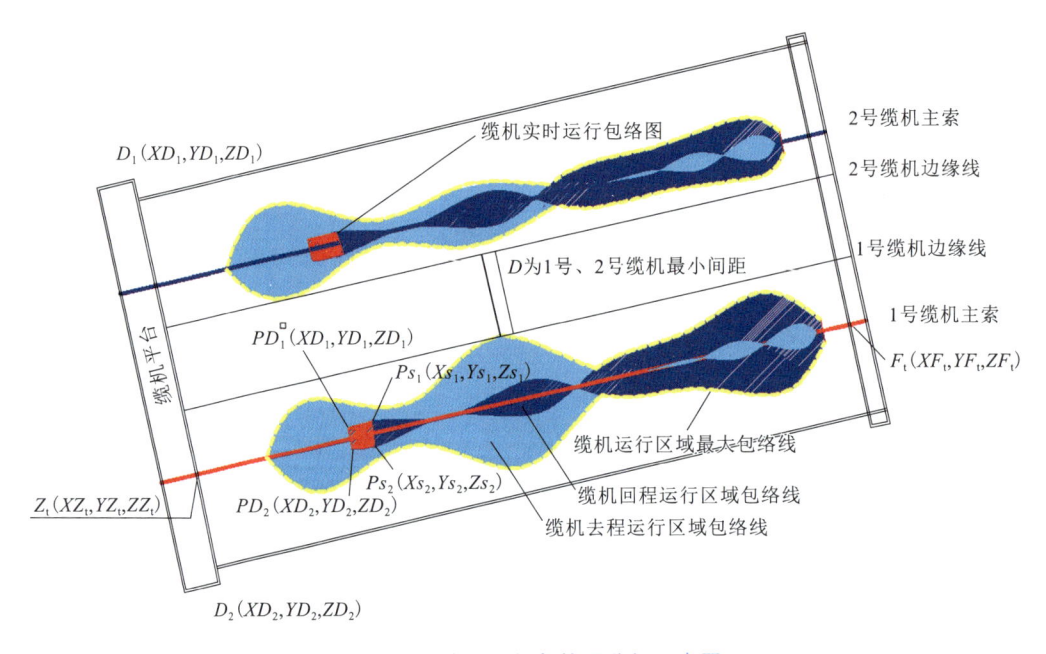

图 7.4-5 缆机运行包络图分析示意图

（3）缆机碰撞风险分析。基于摆幅与运行包络图基础分析数据，进行缆机碰撞风险分析，包括三个方面的内容。第一，分析相邻缆机包络图中吊罐的最小间距，进而分析相邻缆机碰撞风险；第二，基于仓面中的塔机、吊车、平仓机与振捣机等施工机械的位置信息，实时分析缆机吊罐与这些设备的水平与垂直距离，分析缆机与这些施工机械的碰撞风险；第三，结合左右岸边坡表面坐标信息与高坝块高程信息，实时计算缆机与左右岸边坡、高坝块的最小水平、垂直、直线距离，分析缆机吊罐与左右岸边坡、高坝块的碰撞风险。

2. 应用效果

根据缆机实时位置，测得缆机吊罐在不同风速条件下的摆距值，为缆机在大风条件下制定安全运行距离提供技术上的支持。以 2019 年 4 月 20 日 21 时至 22 时这一时间段为例，副塔位置风速达到 20~21 m/s，各缆机吊钩水平运行的轨迹如图 7.4-6 所示，显示本时段缆机间运行轨迹包络线有重合出现，不满足缆机运行防碰撞要求。

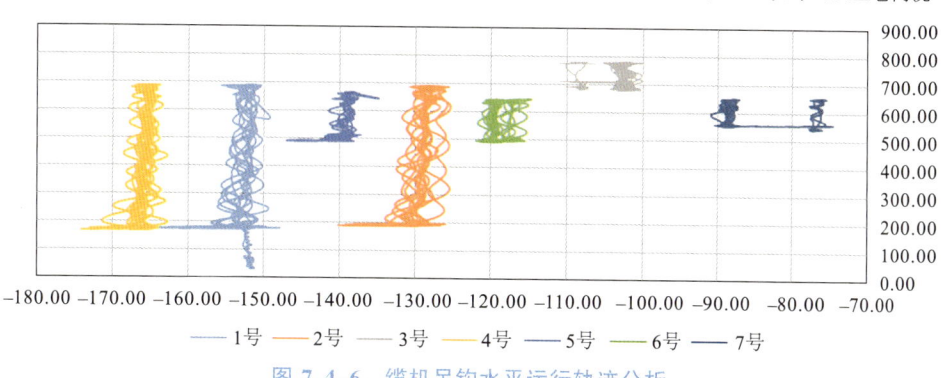

缆机水平运行轨迹图 11号-037、25号-038与8号-014三仓同浇

图 7.4-6 缆机吊钩水平运行轨迹分析

7.4.3 钢丝绳更换标准研究

传统的起重机结构中，钢丝绳的导绕系统多采用钢制滑轮，运行过程中钢丝绳的表层钢丝与钢制滑轮发生摩擦及反复弯折，从而使钢丝绳失效报废。所以，钢丝绳报废标准（GB/T 5972/ISO 4309《起重机钢丝绳保养、维护、检验和报废》）中规定有外表层断丝数量的报废限定值。

该标准最新版本中指明："对于单层缠绕卷筒用的钢丝绳，使用合成材料滑轮或带合成材料绳槽衬垫的金属滑轮时，在钢丝绳表面出现可见断丝和实质性磨损之前，内部会出现大量断丝。基于这一事实，本标准没有给出这种应用组合时的报废基准。"

白鹤滩缆机钢丝绳导绕系统均使用合成材料滑轮，在钢丝绳外层断丝数仅达到钢丝绳报废标准规定的 6 d（d 为钢丝绳公称直径）内 18 丝的 72.2%，30 d 内 35 丝的 42.86% 情况下，曾发生提升绳的破断。经剖解检查，钢丝绳内部出现大量疲劳断丝。

基于以上情况，在无合成材料滑轮或合成材料滑轮与钢制滑轮组合导绕系统下的钢丝绳断丝判定报废法定标准前，进行了这种状态下钢丝绳断丝机理试验研究及钢丝绳更换临时控制标准确定的研究。

7.4.3.1 钢丝绳更换临时控制标准

1. 钢丝绳报废规律统计分析

根据白鹤滩最先更换的 5 台缆机钢丝绳使用寿命进行统计和分析，用于钢丝绳更换的临时控制标准的制定。钢丝绳使用寿命统计见表 7.4-3。

表 7.4-3 钢丝绳使用寿命统计

缆机编号	部位	使用时间/月	作业台时/h	浇筑台时/h	浇筑方量/m³
1号	牵引绳	48.67	18 045.25	13 351.75	585 710.1
	提升绳	38.17	11 266.25	7407.25	262 461.1
2号	牵引绳	35.67	11 380	6144.75	194 794.5
	提升绳	35.67	11 380	6144.75	194 794.5

续表

缆机编号	部位	使用时间/月	作业台时/h	浇筑台时/h	浇筑方量/m³
3 号	牵引绳	43.4	17 562	11 581	496 726
	提升绳	43.4	17 562	11 581	496 726
4 号	牵引绳	40.27	16 072	11 336	570 391
	提升绳	40.27	16 073	11 336	570 391
5 号	牵引绳	22.1	9883.5	6164.75	275 905.1
	提升绳	29.2	14 489.75	10 236.75	510 085.1
合计		376.82	143 713.75	95 284	4 157 984.4
平均值		37.682	14 371.375	9528.4	415 798.44

根据表 7.4-3 可知，钢丝绳使用时间跨度为 22~48 个月，平均使用时间 37.682 个月，混凝土浇筑量在 19 万~58 万 m³ 之间，平均浇筑量为 41.57 万 m³，循环次数在 3 万~6 万次之间。

2. 钢丝绳更换临时控制标准制定

根据统计分析情况，结合国家标准，经分析研判，并从钢丝绳制造厂家获取技术支持，确定了白鹤滩缆机使用的导绕合成材料滑轮的钢丝绳更换临时控制标准。白鹤滩缆机钢丝绳报废标准除遵循 GB/T 5972—2023 标准的规定之外，调整和增加了如下报废规定：

(1) 表面可见断丝数：在全长任意位置 6 d（d 为钢丝绳公称直径）长度范围内达到 12 丝（原标准 16 丝）或 30 d 长度范围内达到 25 丝（原标准 32 丝）时。

(2) 聚集断丝：同股相邻断 3 丝及以上，或相邻股各断相邻的 2 丝及以上。

(3) 断丝数量急剧变化：表面可见断丝数达到上述规定值的 50% 以上，且在周期性（7 天）断丝数量急剧增加。

(4) 循环次数：使用循环次数达到 5 万个工作循环时。

(5) 浇筑方量：浇筑混凝土达到 40 万 m³ 时。

(6) 使用时长：使用时间达到 2 年时必须更换，在使用时间达到 1.5 年时加强钢丝的检查。

3. 应用效果

使用该钢丝绳报废更换临时控制标准后，未发生钢丝绳破断，钢丝绳使用情况良好。

7.4.3.2 钢丝绳断丝试验

1. 试验技术路线

(1) 研制可模拟缆机运行的试验模型和装置，试验平台示意图如图 7.4-7 所示。

(2) 在不同的滑轮导绕系统下模拟缆机的运行，并进行破坏性试验、计量、研究、分析钢丝绳内外部断丝数量和破断拉力的对应关系，研究分析后得出最合理的钢丝绳内部断丝或内外部断丝相结合的报废判定标准。

(3) 在确保试验成果可应用于缆机的前提下，通过扩大样本容量，深化试验成果，使得试验成果可在其他起重设备上进行推广应用。

2. 试验的主要方法

将钢丝绳安装在试验机器上，并施加张力，然后使钢丝绳在试验滑轮中往返运行，直至钢丝绳最终断裂。试验完成后，对试验钢丝绳的断丝特点、物理性能、钢丝绳内部状态，用试验钢丝绳未破断部分检测、研究和分析其残余破断强度等性能参数。拟进行试验用钢丝绳统计见表 7.4-4，试验用钢丝绳断面形式如图 7.4-8 所示。

表 7.4-4 试验用钢丝绳统计

类型	规格一	规格二	规格三
钢丝绳型号	Verpro8 8×k26WS-EPIWRC	6×36WS+IWS	35W×7+IWS
直径/mm	24	24	24
抗拉强度/MPa	1770	1770	1770
最小破断拉力/kN	460	360	330

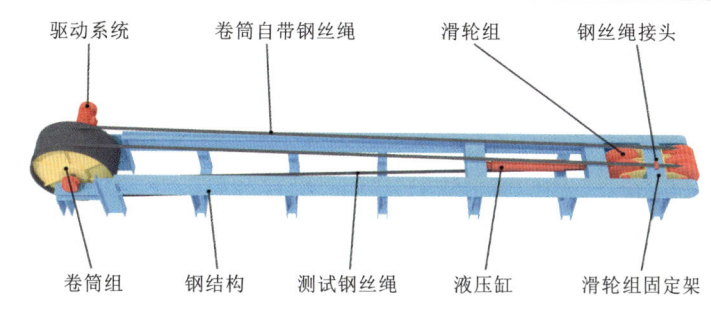

图 7.4-7 试验平台示意图

图 7.4-8 试验用钢丝绳断面形式

将钢丝绳安装在试验机器上，并施加张力，然后使钢丝绳在 5 个试验滑轮中往返运行，直至钢丝绳最终断裂。

试验钢丝绳在模型上往复运行，分析钢丝绳经过滑轮的运动状况可知，两侧钢丝绳的各段分别经过 5 个滑轮、4 个滑轮、3 个滑轮、2 个滑轮、1 个滑轮以及 0 个滑轮，即经过不同数量滑轮的钢丝绳都有 2 段。

每次试验完成后，对钢丝绳的断丝、直径变化及残余破断强度等状况进行分析，将经过不同数量滑轮的两段钢丝绳均用于检测分析，一段先用来确定钢丝绳外部断丝数及钢丝绳直径和捻距的变化，然后将其拆散，检测外股内侧和绳股内部的断丝数，独立钢芯外部和内部断丝，以及单股上独立钢芯和绳股直径和捻距的变化；分析钢丝绳外部断丝及内部断丝的发展变化情况，塑料填充层在钢丝绳不同使用寿命阶段的状况。另外一段用来做破断试验，以评估经过不同滑轮数绳段的残余破断强度。

3. 试验评估

通过试验，可以对钢丝绳在试验工况下的断丝特点、物理性能（包括试验过程中钢丝绳的捻距和直径变化情况）、钢丝绳内部状态（每个阶段塑料填充层的状态）、钢丝绳残余破断强度等进行测量、研究和分析。

4. 试验的预期成果

（1）根据试验结果，提交《缆索起重机钢丝绳内部断丝判定报废标准》专题分析报告，确定面接触钢丝绳在使用合成材料滑轮或带合成材料绳槽衬垫的金属滑轮时的报废判定标准。

（2）为企业标准《缆索起重机用钢丝绳保养、维护和报废》的编制提供重要技术资料。

7.4.4 缆机目标位置保护系统

针对缆机吊运物件过程与复杂的大坝仓面存在干涉的情况，研究开发了缆机目标位置保护系统，该系统投用了三年，使用效果良好，运行稳定。

1. 系统原理

通过读取缆机上吊钩及起重小车的运行轨迹检测系统的位置信息，增设缆机小车前目标位置区（浇筑仓位目标）、后目标位置区（上料平台目标）、吊钩目标位置区（吊钩扬程控制范围）。其中，前目标位作为运行控制区域起点对起重小车和吊钩进行自动限速及限位，后目标位作为运行控制区域终点对起重小车自动限位，建立了一个吊钩（吊罐）安全运行区域，吊钩（吊罐）在此区域根据缆机扬程和起重小车牵引位置设定自动限位。缆机吊钩（吊罐）超出此区域时，司机室执行不同级别的报警、减速直至强制停机。安全限位示意图如图 7.4-9 所示。

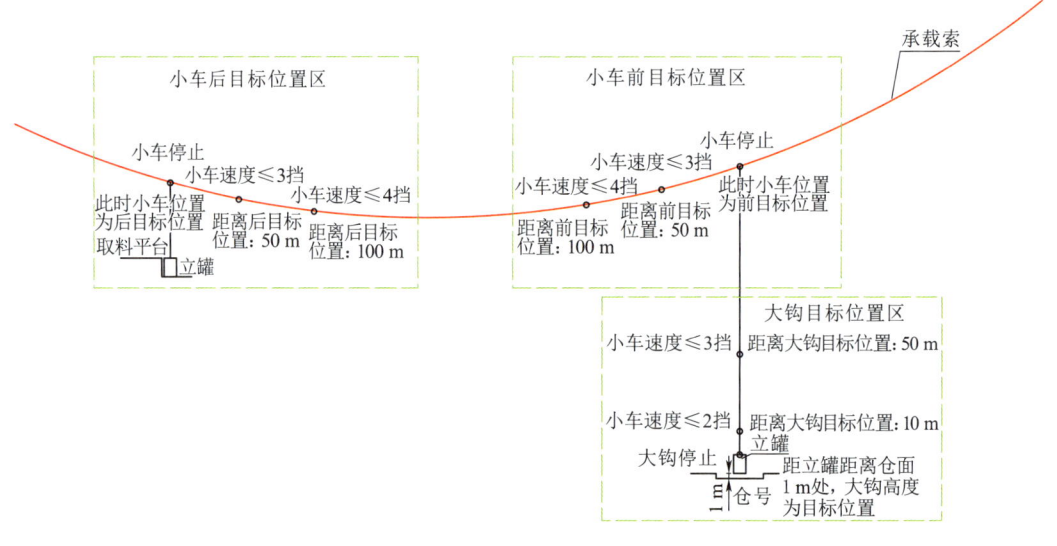

图 7.4-9 安全限位示意图

2. 系统功能

（1）目标位置设定。混凝土浇筑时，对卸料点和取料点进行定位，将此两点上的起重小车及吊钩位置的数据分别设定为小车前目标位和后目标位，系统自动生成"预警区""减速区""停机点"，完成安全运行区域的建立。

当吊罐仅仅在此安全区域内时，操作司机可正常人工操作，系统实时显示吊罐与目标位的水平、垂直距离供司机监控运行状态。

当吊罐接近任意目标位的"预警区"时，系统向司机语音播报减速的提示，司机室显示屏上的安全限位区由绿色变为黄色，同时开始闪烁。随着吊罐的靠近，闪烁频率逐渐加快。

当吊罐接近任意目标位的"减速区"时，系统强制缆机吊钩及起重小车减速。

当吊罐接近任意目标位的"停机点"时，系统强制停机。

目标位置保护系统下的取料和授料功能流程如图 7.4-10 所示。

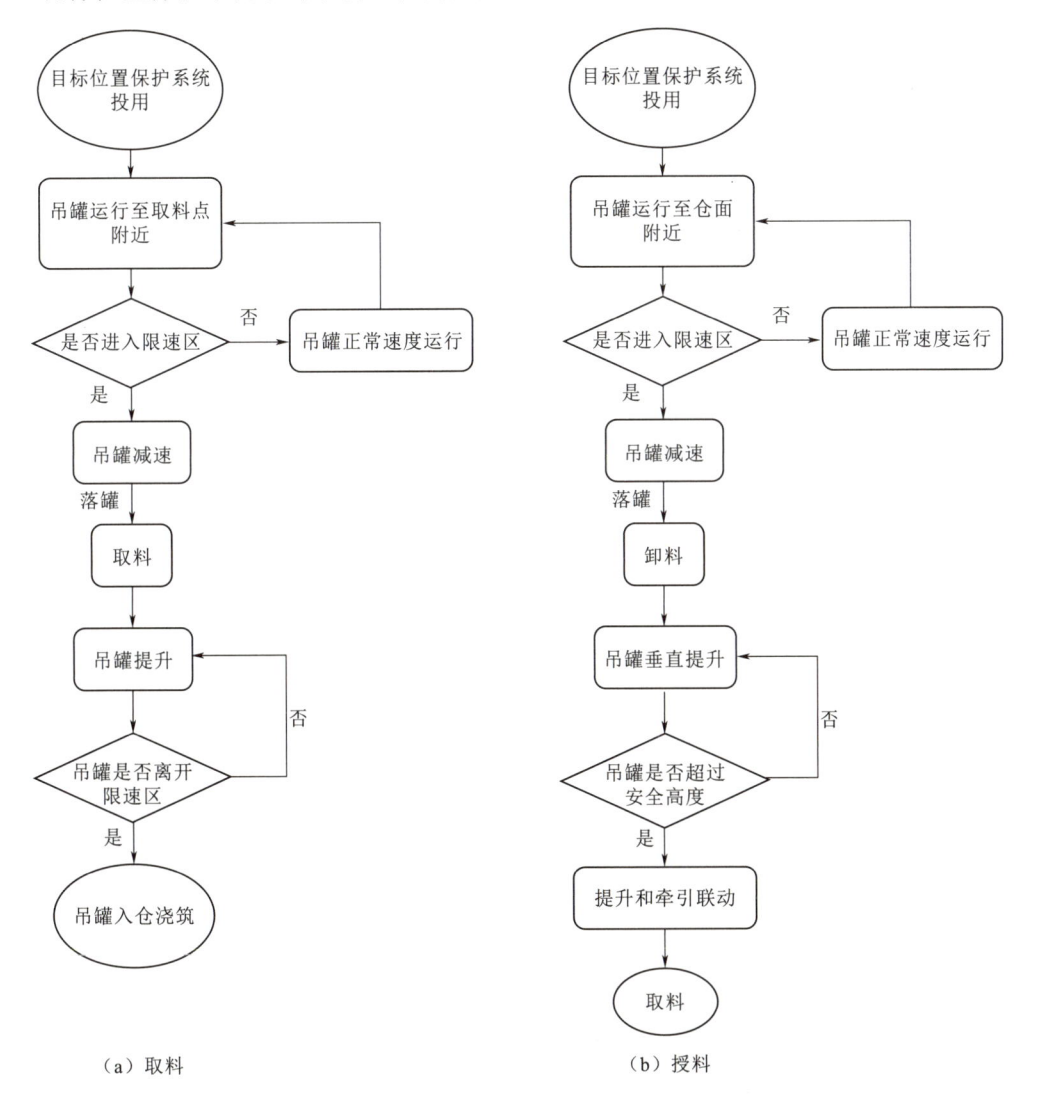

（a）取料　　　（b）授料

图 7.4-10　目标位置保护系统下的取料和授料功能流程

（2）操作员误操作识别。当系统强制执行上述功能时，如操作司机仍有不当操作，系统将判断为"误操作"，直接发出报警信号并停机。

（3）运行轨迹保护。根据施工环境变化，可以在特定情况下限制缆机某个机构的操作或运行速度，保证安全。如具有可以设定吊钩在仓面卸料完成后未达到预设高度时禁止起重小车运行的功能，当吊钩达到安全高度后起重小车才能正常运行。

（4）实现可视化操作。将缆机运行区域在司机室显示器（即上位机）上等比例显示，操作员可实时掌握吊钩同目标位的水平及垂直距离，当吊钩接近目标位置时，上位机上的运行区域显示黄色，并通过语音提醒操作司机。

3. 应用效果

该系统于2017年11月开始研发，2017年12月投入使用，至2022年9月部分缆机拆除，多次避免了司机"误操作"可能导致的安全事故，且系统运行稳定，使用状况良好。

7.4.5 缆机与塔机防碰撞预警系统

1. 缆机与其他设备防碰撞

白鹤滩缆机覆盖范围内塔机数量较多、运行工况复杂，与缆机群运行干涉较大（如图7.4-11所示），为此，研发了一套缆机与塔机的防碰撞系统。该系统于2018年9月投入使用，在白鹤滩缆机大坝施工的复杂环境下，有效避免了碰撞事故的发生。

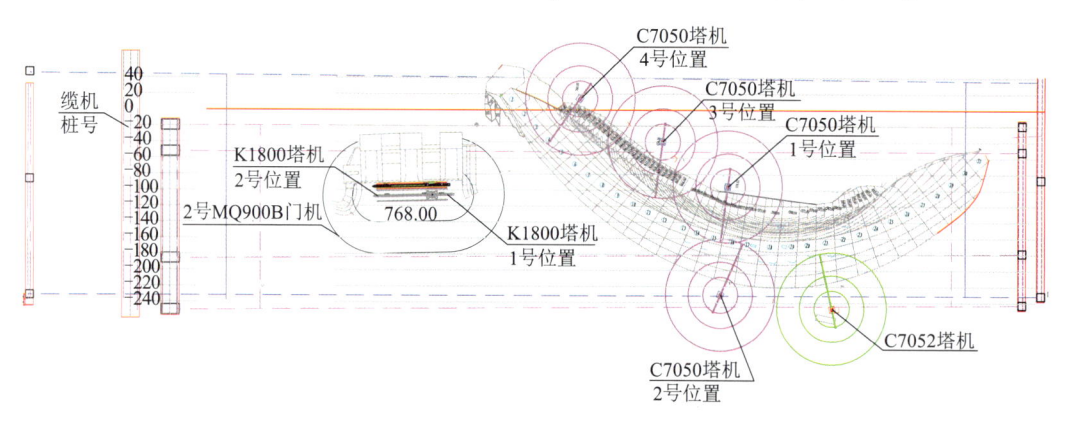

图7.4-11 缆机运行覆盖范围内塔机干扰示意图

缆机运行工况数据采集。分别采集缆机吊钩、起重小车等起升机构及牵引机构编码器数据，将运行数据实时反馈至司机室的工控机上，供防碰撞数据采集及通信系统使用。

在塔机的臂架头部、人字架顶部、行走机构、回转机构和变幅机构安装GPS+北斗定位仪，通过差分定位计算将设备状态数据实时传送到缆机司机室工控机上，供防碰撞数据采集及通信系统使用。

防碰撞系统通信示意图如图7.4-12所示。

防碰撞系统的系统服务器由一套S-1200系列PLC承担，安装在1号缆机司机室，该PLC具有运算速度快、运行稳定、能适应恶劣环境等特点。系统服务器可以与每一台防撞系统涵盖设备上的控制单元进行通信，收集每一台防撞设备的位置和状态数据。服务器建立起大坝施工工地三维数据模型，采集各防撞设备的位置和状态信号，建立各防撞设备

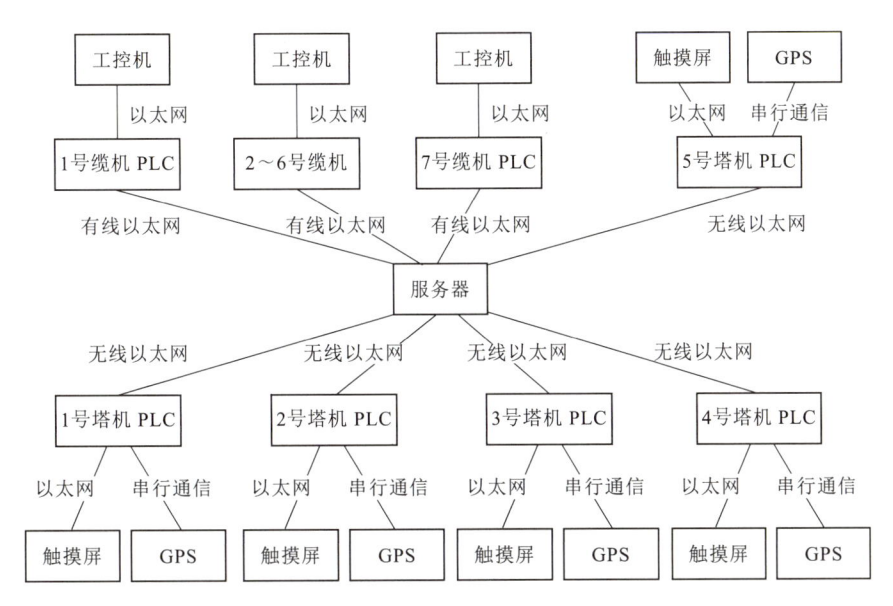

图 7.4-12 防碰撞系统通信示意图

的三维模型，并入大坝三维模型中，以动画的形式显示在每一台设备的触摸屏上，如图 7.4-13 所示。服务器接收到每一台防撞设备的位置和动态信息后，对这些信息进行处理，判断缆机与这些设备是否会发生碰撞。然后把处理过的数据发送到缆机和每一台塔机的防碰撞控制单元。每一台防撞施工设备上控制单元的核心是 PLC，PLC 通过无线以太网接收服务器的防撞报警信号和停机信号，并接收服务器发送的其他防撞设备的位置信号，以动

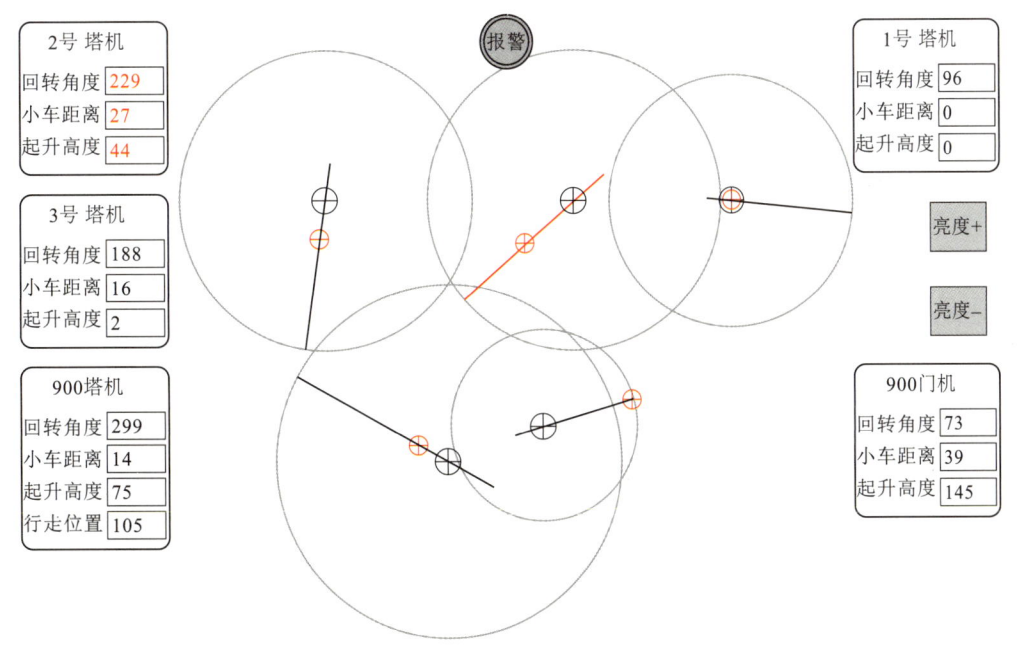

图 7.4-13 缆机触摸屏运行界面

画的形式把所有防撞设备的位置和状态显示在触摸屏上,如图7.4-14所示。当设备之间出现干涉时,安装在司机室内的触摸屏发出断续的声光报警;当有可能碰撞时,发出连续的声光报警,并发出停机指令。

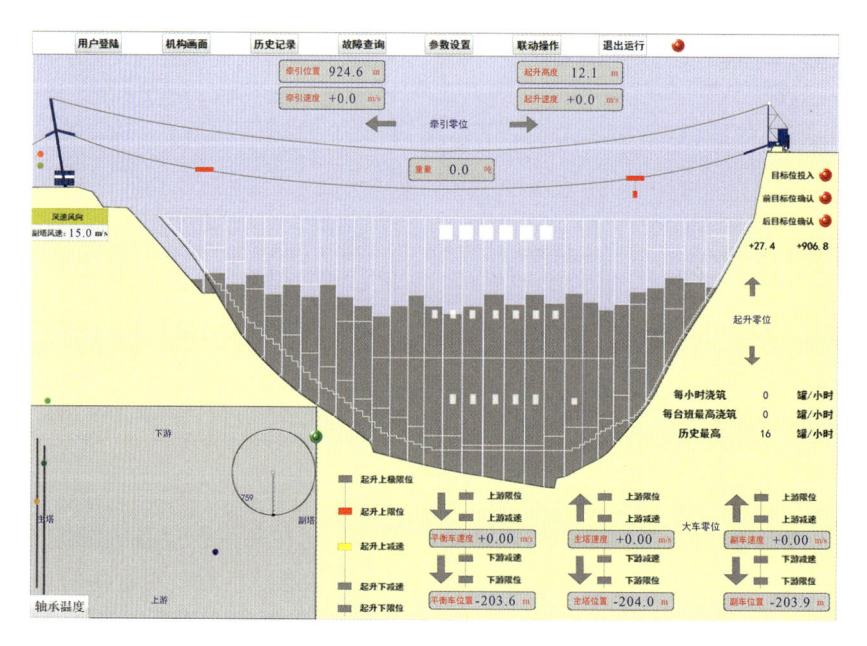

图 7.4-14 缆机显示器运行界面

2. 缆机之间的防碰撞

同平台缆机之间的防碰撞:主要是缆机大车之间防碰撞,可通过缆机自身的硬件限位和软件限位方式实现。

高低缆机之间的防碰撞:高低缆之间的防碰撞主要是吊钩、吊罐、起升绳、牵引绳、承载索、起重小车之间的防碰撞,由系统自带的软限位控制。

3. 大风条件下缆机之间的防碰撞

详见第5章5.6.4大风条件的运行规定。

4. 应用效果

上述系统应用后,有效地发挥了各项功能,相关设备未发生任何碰撞事故。

7.4.6 司机疲劳辨识技术

缆机由于运行速度快,浇筑混凝土时的运行强度高,因而司机在操作时极易产生疲劳,但较多情况下司机对自身疲劳状况不能准确地了解,特别在夜间甚至是不知不觉中瞌睡。为避免司机疲劳导致安全事故的发生,研发了面部疲劳识别系统。该系统利用人脸追踪与辨识、大数据深度学习技术,实时检测司机面部特征,通过眼部闭合情况、眼部张开状态、低头的角度、低头时间等数据,分析司机是否处于疲劳状态,并进行语音提醒。

1. 系统介绍

疲劳检测系统设置在缆机司机室联动台前方,由一个红外摄像头和一个视频处理器组成。摄像头安装在操作员前方 1.2 m 处，摄像头正对着操作员脸部，以 20 帧的频率捕捉操作员脸部状态。提取帧图像检测人脸，眼部粗定位进行肤色分割；通过眼部精确定位，获取眼部特征值对内轮廓进行检测，结合闭眼度与闭眼时间判断是否疲劳操作。

2. 判别原理

（1）提取帧图像检测人脸，眼部粗定位进行肤色分割。

（2）眼部精确定位，获取眼部特征值 K_1，若 K_1 大于阈值 T_1，则进入步骤 3；否则眼部内轮廓特征值 $K_2=K_1/2$，$count=0$ 回到步骤（1），检测下一帧。

（3）提取眼部内轮廓特征值 K_2，若 K_2 大于阈值 T_2，则进入步骤（4），否则 $count=0$，返回步骤（1），检测下一帧。

（4）统计闭眼特征 $count=count+1$，当 $count$ 超过阈值且下一帧的闭眼特征消失，保存 $count$ 到 $Yawn$，$Yawn(i)=count$，$count=0$（$count$ 清 0）回到步骤（1）。

（5）分析完 5 s 内所有图像，计算闭眼特征总数。

（6）计算 $Freq$ 值，超过阈值则发出疲劳提醒。

3. 系统功能

一次闭眼持续 4 s 为中度疲劳，一次闭眼持续 5 s 为重度疲劳，超过中度则发出疲劳提醒。测得为闭眼的连续帧数即保存起来，记录 1 min 内闭眼的次数。

4. 判别标准确定

对司机室司机眼、口、耳部位进行监测，如图 7.4-15 所示，并在司机室设置语音提醒，此系统能准确检测眼、口器官的动作，检测判定及处置情况分为以下几种：

（1）当司机闭眼超过 4 s，系统判定为人员疲劳，即发出语音提醒，使司机集中注意力，或提醒司机申请换班。

（2）当司机嘴唇动作频率较高，同时耳边有其他物体时，系统判定为人员打电话或与旁人长时间交谈，发出语音提醒，提示司机停止与工作无关事项，集中注意力。

（3）当缆机运行时系统检测到人员闭眼、低头超过 5 s，系统也判定为人员疲劳，发出语音提醒，提示司机集中注意力，或提示司机申请换班。

（4）当缆机停机时，如检测到疲劳，只做记录不报警。

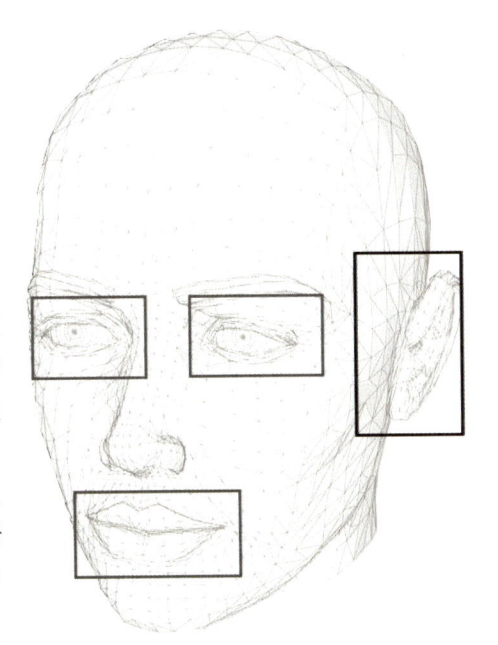

图 7.4-15　司机疲劳辨识系统检测点示意图

5. 应用效果

该系统投用后，系统在操作员疲劳时即可发出语音提醒，提示司机应集中注意力，也可使司机及时了解自己的疲劳状态，使其及时调整状态或申请更换司机。此系统使用后未出现过司机疲劳操作方面的安全风险，达到了预期的使用效果。

此系统于 2018 年 11 月首先增设在 1 号缆机试用，经 1 个月试用后效果良好，于 2018 年 12 月在 7 台缆机上全面使用，至 2021 年 12 月系统预警提示 210 次，有效地起到了对司机的疲劳提醒和警示作用。

7.4.7 轴承温度在线监测系统

缆机塔架导向滑轮轴承为缆机重要的部件，运转速度较高。然而需要重点监控的轴承，都处于封闭状态，且点多面广，尤其是高缆塔架高达 100 m 处还有滑轮轴承，因此，在设备运行过程中难以做到实时全面监控各轴承的运行状况。为了提高设备安全运行的可靠性，增设了缆机重要轴承的在线实时监测系统。

1. 系统组成及监控点布置

系统组成：系统由温度传感器、数据采集传输控制器和上位机组成。

系统构成及监控点布置：主塔侧数据采集传输控制器布置在塔架转接箱内，温度传感器安装位置包括高缆主塔侧 3 个导向滑轮轴承，低缆主塔侧 4 个导向滑轮轴承，即天轮轴承、箱梁内导向滑轮轴承（高缆）、拉板后侧提升导向滑轮轴承（低缆）、提升导向滑轮轴承、上游导向滑轮轴承（低缆）和下游导向滑轮轴承（低缆）。副塔侧数据采集传输控制器布置在副塔控制柜内，高、低缆副塔侧各监测 4 个导向滑轮轴承，包括 2 个天轮轴承、张紧滑轮轴承和拉板侧导向滑轮轴承。

2. 系统的原理

（1）在缆机主塔、副塔重要轴承的滑轮轴端部安装热电阻，用作检测轴承温度，塔架中部设置温度采集控制器，采集轴承温度信息，并将温度信息通过数据线分别传输至主塔和副塔控制器内，主副塔控制器通过缆机通信网络将温度信号传输至缆机司机室，并在上位机上显示轴承温度。

（2）由于轴承温度在夏天和冬天差距较大，为了准确判断轴承的使用情况，应计算轴承的温升而不是轴承的温度绝对值，所以在缆机主副塔塔头处另外设置一个温度传感器，检测环境温度。将所有轴承的温度与环境温度相减获得轴承的温升值，用温升判断轴承使用的状态，提高轴承故障判断的准确性。

（3）为提高温度检测的准确性，还需判断温升是否合理，即需要对温度传感器进行自检，判断当前检测状态是否处于正常状态，以及当前的温度传感器是否处于在线状态，避免出现误判或漏判。

（4）将各轴承的温度及温升值传输至司机室上位机，当温升超过设定标准值，可实现智能报警。

3. 系统功能

按照环境温度为 50 ℃，轴承出故障时，长时间的故障摩擦轴承温度可达 80 ℃以上的经验值，设置如下报警温度：

（1）当轴承温度高于环境温度 30 ℃时，系统进行报警。

（2）当轴承温度高于环境温度 35 ℃时，系统停机。

4. 使用效果

系统投入使用后，可实时观察到关键部位轴承出现的异常，为预防性检修及维护提供了准确数据，还可以及时排除设备隐患，提高设备运行的安全性。

7.5　思考与借鉴

（1）重视设备管理。防止重使用轻保养现象，建立有利于保持设备处于良好状况的管理模式。白鹤滩工程从建设管理单位、监理到使用缆机的单位及缆机运行单位均建立有设备管理和生产管理独立工作、相互协作的管理模式，严格落实定期维护保养制度，备品备件采用建设管理单位采购和运行单位自购相结合的方式，有利于保证备品备件有合理的库存，同时可避免易损件的超期使用，确保缆机处于良好的运行状况。

（2）建设管理单位介入设备管理。发挥建设管理单位总体协调管理优势，深度介入缆机管理，包括缆机故障的处理、设备维护保养、备品备件的管理及更换等过程，从建设管理单位层面主导开展缆机优化、缆机效率提升研究等，提高缆机本质安全和浇筑效率，还可及时发现以避免缆机运行单位因考虑成本因素，某些达到报废标准零部件超时使用的状况。

（3）总承包管理模式设想。目前的缆机管理模式下，缆机设计制造、安装和运行通常作为独立环节由不同的单位承担，各环节管理人员的水平有差异，管理环节关系不密切。通过研究探索缆机总承包管理模式，组建专业化团队负责缆机设计制造、安装、运行和拆除回收等全生命周期管理，形成完整的缆机使用价值链管理。工程建设管理单位只需提供缆机布置所需的土建条件，采用租赁模式或通过采购方式获取缆机吊运服务。该模式权责关系明晰，易于提供优质的专业化的管理模式，还可将缆机再利用，避免工程完工后造成设备的闲置浪费。

（4）智能化系统研发应用。白鹤滩缆机研发应用了缆机目标位置保护技术、司机疲劳辨识系统，应用了防碰撞系统等智能化安全运行监控系统，有效降低了安全风险，减轻了运行人员工作强度，提高了运行效率。后续的缆机配置中，须应用最新的人工智能技术，研发更为先进、功能更多的缆机运行智能化应用系统。

（5）在线监测技术的应用。目前白鹤滩缆机在滑轮轴承等部位使用了在线监测技术。后续缆机应在运转零部件上全面使用，实现较为全面的故障自动诊断和报警功能。研发可靠的钢丝绳断丝在线检测和牵引绳上支垂度在线监测设备，替代人工观测。

第 8 章　价值与未来

白鹤滩工程缆机群是当今世界规模最大的缆机群，也是迄今为止主动安全性能最好、技术最先进的缆机，其承担着白鹤滩大坝施工混凝土及设备材料的吊运工作，被誉为白鹤滩大坝工程的"空中走廊"。

缆机群安全高效运行，使得白鹤滩大坝工程提前 4 个月完成施工任务，取得了巨大的经济效应。白鹤滩缆机的成功应用使国产缆机技术达到国际领先水平，提升了我国缆机设计制造和运行管理水平，推动了我国高端装备设计制造的进步，其多项技术和管理成果在后来的其他相关水电工程中得到了广泛推广应用。

8.1　行业价值

白鹤滩缆机人十年如一日，发扬团结一致、攻坚克难的精神，克服了恶劣天气等不利因素的影响，通过不断进行管理改进和技术创新，实现了缆机技术和管理水平整体提升。

（1）首次在大型高速缆机上采用交流变频调速系统。由于缆机的负载工况比较特殊，调速比要求也比通用型起重机高，所以在白鹤滩工程之前的缆机均采用直流调速系统。但缆机大都用在高山峡谷中的水电站建设，施工电源多数处于地方电网的末端，如果加上电源容量和负载匹配不尽合理，经常会出现电压过低或突然停电现象。起升机构在重载、高速下降过程中如恰遇电压过低或突然停电，极易引起调速装置逆变失败而造成电机损坏，严重时甚至造成停机停工，给工程进度和设备安全带来一定程度的影响。随着交流变频技术在调速性能方面的长足进步，经多方考察、论证，在白鹤滩缆机技术性能讨论时，决定缆机的主要机构采用多传动交流变频调速系统。实践表明：采用交流变频技术后，在整个施工期内缆机从未发生过因电网原因导致的设备故障，设备的稳定性和完好率明显提高；在控制系统中对缆机负载特性做了针对性处理后，调速性能也可媲美直流系统；由于交流变频系统较高的功率因素和较低的谐波含量，对整个施工电网的影响也很小。

（2）全面应用新一代高强度轻质材料的自行式承马。新一代高强度轻质材料的自行式承马，使自行式承马运行的可靠性进一步提高。承马是缆机中特殊且关键的零部件，是缆机能否稳定运行的极其重要因素。自行式承马兼具牵引式承马连接可靠和固定式承马索道简洁的优点，是近年来国产缆机普遍采用的承马形式。为最大限度减少自行式承马对索道系统寿命的影响，白鹤滩缆机前期对自行式承马做了大量试验研究、计算和构造改进，包括改成双行走轮和离合器外置的新型构造、采用计算机辅助设计手段对行走轮接触面的形状设计计算、行走轮采用新一代高强度轻质材料、承马轮和承载索接触疲劳试验（1∶1实物试验）、样机在类似工程缆机上试用等。这些成果在白鹤滩缆机的承马上应用后，克服了前期出现的诸如大坡角工况下易打滑、调整不当时容易对承载索造成损伤等问题，获得了理想的运行效果。

（3）首次在缆机上设置了移动式隔离检修平台。使用移动式隔离检修平台，减小了缆机实际工作跨距，减少索道维护工作量，延长了承马、钢丝绳等零部件的使用寿命；首次采用缆机副塔后垂直轨后置的构造形式，可在不增加副塔平台尺寸的情况下（白鹤滩副塔尺寸减小 1 m），加大了副塔轨距，使副塔运行更稳定，副塔轮压更均匀。

（4）探索了缆机退役零部件在大型水电工程间再利用应用的实践之路。充分利用大型水电工程退役的缆机零部件，对其进行有效的甄别、零件提取、回收、保养、修复及必要的改造，制造出新产品或恢复其原有功能，使其满足使用要求并达到技术性能指标，按标准进行验收后用于另一个大型水电工程，实现对可利用零部件的有效利用，节约成本，减少浪费。

（5）缆机运行安全智能化系统探索与实践。将智能化系统应用于缆机，提高缆机运行安全性和效率。目标位置设置系统和防碰撞系统降低了缆机碰撞风险；司机疲劳辨识系统，可有效辨识司机疲劳，防范因司机疲劳因素引起的安全风险；轴承在线监测系统应用，提高了缆机高速运转机构的安全可控性。

（6）对缆机钢丝绳断丝发展机理进行了探索。对于使用尼龙滑轮或带合成材料衬垫槽钢滑轮导绕的钢丝绳的断丝发展机理有了新认识，有针对性地制定了适用于白鹤滩工程缆机的钢丝绳报废及更换临控标准。

（7）探索出大风天气下缆机安全运行规律。针对大风天气下缆机运行，以白鹤滩地区的气象条件及缆机为研究实体，探索出大风条件下缆机运行吊罐摆动的规律，研究制定了白鹤滩大风天气下缆机安全运行规程。

8.2　未来展望

在我国碳达峰和碳中和战略目标的背景下，水电行业发展将依然向好，与之相应的，缆机生产和使用也将不断向前发展。今后的水电建设主要集中在祖国更加偏僻的西部地区，施工条件将更加艰苦，对缆机的使用要求也将越来越高。希望科研、设计、使用单位齐心协力，在缆机智能化、新技术及新材料应用、检测装备等方面进一步改进和提高，使国产缆机再上新台阶。对此，期望缆机技术能够在以下几个方面取得突破。

1. 智能运行

缆机在水电站施工运输混凝土中，操作方面，除缆机操作司机外，还需配备专门的指挥、监护等人员。此种方式自动化程度低，劳动强度大，协调配合难度高，安全方面不可控因素多。仅仅依赖人工对承载索、工作绳表面断丝进行检查，工作繁琐，且极易出现遗漏。

未来缆机可利用现代通信及人工智能技术，研发全自动控制系统，实现运行线路自动规划，速度自动控制，位置自动识别和对位，达到缆机全自动运行。

研发钢丝绳在线智能监测预警装置，对缆机承载索和工作绳的表面和内部断丝进行实时检测诊断和预警。

2. 新材料应用

现有缆机结构件中,承载索的自重远大于缆机的额定载重量,加上提升绳、牵引绳、承马、起重小车及吊钩等其他架空构件的自重,使得承载索张力主要是由架空构件自重产生的,且吊罐自重大约为所载混凝土重量的1/5。如果架空构件采用新型高强度材料,可较大地减小架空构件产生的承载索张力,提高缆机承载能力;减轻吊罐自重可增加混凝土吊运量,提高有效承载能力。

3. 大型高速缆机的研究

白鹤滩30 t缆机的技术水平、整机性能、安全性能及其他技术指标均优于国内外其他缆机,且技术水平处于不断成熟和完善阶段。突破缆机现有技术和管理水平,进一步提高缆机运行效率将是未来研究的目标和方向。

提高生产效率最直接、最有效的方式是提高缆机的额定起重量,提高缆机的运行速度。以往从10 t缆机配合3 m^3 吊罐,到20 t缆机配合6 m^3 吊罐,再到现在的30 t缆机配合9 m^3 吊罐;起重小车运行速度从6 m/s到7.5 m/s,缆机运行效率均得到了明显的提升。未来若能把缆机的额定起重量提高到40 t甚至更高,配合12 m^3 及以上吊罐进行混凝土浇筑;对于跨度大于1000 m的缆机,把起重小车运行速度从7.5 m/s提高到8 m/s以上;对于起升高度300 m以上的缆机,其满载起升速度和下降速度分别提高至3 m/s和4 m/s以上,缆机的运行效率都将会再次得到提高。

4. 主动抓取型供料平台

传统的人工指挥靠罐、落罐方式效率较低。未来供料平台应借助电磁铁或自动定位等技术手段,设计带智能移动抓取型泊位的供料平台。当空罐高速运行至供料平台周围设定的距离内时,无须人为靠罐、落罐等复杂、耗时的操作过程,供料平台就可自动对位,主动吸取吊罐或自动就位,实现吊罐缓冲、自动定位的功能,提高缆机运行效率。

5. 吊罐防撞缓冲材料

现有吊罐所用防撞缓冲材料为废旧轮胎等简易构件。在未来缆机吊罐防撞缓冲构件选择使用方面,应制造与吊罐外形吻合,便于安装固定的防撞缓冲材料构件。

6. 钢丝绳报废标准进一步研究完善

进一步研究采用合成材料制成的或带有合成材料轮衬的金属滑轮上使用的钢丝绳断丝及损坏机理,制定更加科学、合理的在这类使用条件下的钢丝绳的报废标准,提高缆机使用安全性。

7. 钢丝绳内部断丝无损检测

目前,白鹤滩缆机使用面接触钢丝绳,由于没有可靠的检查设备,只能通过肉眼"目视"检查表面断丝情况判别钢丝绳状况,钢丝绳内部断丝及受损状况无法检测。后续研发可靠的面接触钢丝绳无损检测仪器,可用于钢丝绳运行安全状况的检测。

参考文献

[1] 严自勉,顾斯照.国产缆机的发展概况及与进口缆机的性价比较[J].建设机械技术与管理,2006,10:79-81,84.

[2] 严自勉.国产重型缆索起重机的发展与现状[J].电力机械,2004,3:61-68.

[3] 夏大勇,练柳君.简论国产进口30 t缆索式起重机及其应用分析[C].第二届水电工程施工系统与工程装备技术交流会论文集,2010:87-93.

[4] 阴彬,杨建业,龚远平,等.白鹤滩水电站缆机群运行主要安全风险分析及预防对策[J].中国水利,2019,18,97-98,102.

[5] 张世保,徐一军,姚汉光,等.缆索起重机管理总结[M].北京:中国三峡出版社,2017.

[6] 王树强,吉沙日夫,罗荣海,等.白鹤滩缆机群高低线协同控制系统应用[J].水电与新能源,2018,32(1):26-29,32.

[7] 罗荣海,王德金,王励,等.白鹤滩水电站缆机群安装施工标准化工艺概述[J].电力工程,2018,3:82-85.

[8] 吉沙日夫,王树强,陈志宇.缆机运行目标位置安全限位功能设置及应用[J].水电与新能源,2019,33(2):22-23.

[9] 王树强,吉沙日夫,罗荣海,等.白鹤滩缆机安全监控系统设计与应用[J].人民长江,2020,51(5):149-153.

后记

经过近两年的努力，《白鹤滩水电站缆机工程》终于面世了。

本书编著过程中，曾几易其稿。编著组精心组织编写和修改，专家组全面、认真、细致地审阅和指正，前后经历了二十多轮的修改和审查，只为能给读者更好地展现白鹤滩缆机工程全貌。

本书凝聚了中国三峡建工（集团）有限公司、流域枢纽运行管理中心、杭州国电大力机电工程有限公司、湖南江海科技发展有限公司、中国电建集团水利水电第四工程局有限公司、二滩国际工程咨询有限公司和华电郑州机械设计研究院有限公司的智慧和心血，汇聚了几十名编著人员的辛劳和汗水。全书得到了汪志林、何炜和陈文夫等领导的悉心指导。中国长江三峡集团有限公司张世保、王毅华、姚汉光、熊志刚、王晖、谭志国、王励，杭州国电大力机电工程有限公司徐一军，武汉大学夏大勇等行业专家为本书的修改和升华提出了诸多宝贵意见。中国三峡出版传媒有限公司为本书提供了许多照片资料。在此，谨向各位同行朋友给予的热情关心和大力支持表示衷心的感谢！希望本书能为后续水电工程缆索起重机管理提供帮助。